王习胜◎主编

主编教你怎么教

《逻辑与思维》

教师用书

安徽师范大学出版社
ANHUI NORMAL UNIVERSITY PRESS
·芜湖·

图书在版编目(CIP)数据

主编教你怎么教.《逻辑与思维》:教师用书 / 王习胜主编.—芜湖:安徽师范大学出版社,2021.8(2024.1重印)

ISBN 978-7-5676-5211-8

Ⅰ.①主… Ⅱ.①王… Ⅲ.①政治课—高中—教学参考资料 Ⅳ.①G633.203

中国版本图书馆CIP数据核字(2021)第118804号

主编教你怎么教《逻辑与思维》教师用书 王习胜◎主编

ZHUBIAN JIAO NI ZENME JIAO LUOJI YU SIWEI JIAOSHI YONGSHU

责任编辑:陈 艳 李晴晴 责任校对:刘 翠

装帧设计:丁奕奕 责任印制:桑国磊

出版发行:安徽师范大学出版社

芜湖市北京东路1号安徽师范大学赭山校区

网 址:http://www.ahnupress.com/

发 行 部:0553-3883578 5910327 5910310(传真)

印 刷:苏州市古得堡数码印刷有限公司

版 次:2021年8月第1版

印 次:2024年1月第3次印刷

规 格:880 mm × 1230 mm 1/16

印 张:13.5

字 数:384千字

书 号:ISBN 978-7-5676-5211-8

定 价:60.00元

前　言

《普通高中思想政治课程标准(2017年版2020年修订)》颁布之后,新一轮统编教材的编写工作便紧张而有序地开展。在多方的共同努力下,历经几年的艰苦工作,新编教材已经投入使用。"逻辑与思维"也与其他思想政治科目一起成为广大中学生的选择性必修课程。

从普通高中思想政治科目"逻辑与思维"的师资培训及其意见反馈的情况看,教师和学生反映的比较集中的问题是《思想政治 选择性必修3 逻辑与思维》(以下简称《逻辑与思维》)的"教"与"学"辅助材料太少。就教师而言,想要教好这门课程,既需要充实逻辑与思维方面的知识储备,也需要知道如何才能适当地展开教材内容进行有效教学的方法。就学生而言,既有"教师如何教"的问题,即授课的老师对这门课程的把握尚待熟悉和深入的问题,也有"学生如何学"的问题,即自己如何才能学深学透这门课程。面对这些"教"与"学"的现实而且迫切的问题,也为了更好地实现党和国家设置这门新课程的教育教学目的,真正达到训练中学生的科学思维,提升中学生的科学思维素养,培育中学生的科学精神之目的,《逻辑与思维》教材的主要编写者决定再次联袂,编写这套"教"与"学"的辅导书。

作为一门新课程,市面上"逻辑与思维"的辅导材料尚不多。除了《逻辑与思维》教科书之外,人民教育出版社编辑出版的厚重的93万多字的《思想政治 选择性必修3 逻辑与思维 教师教学用书》当是"当家"材料。人民教育出版社的教师教学用书,对《逻辑与思维》每个单元的地位、内容结构,以及每一课的教育教学目标、教材内容分析、重点难点分析、教学建议和教学资源链接等作了尽可能细致的描述和推介。应该说,这本教师教学用书对老师们熟悉教材、扩展逻辑与思维的知识是有帮助的。但是,限于篇幅,也限于编写的要求,教师教学用书并没有在如何讲好这门课程的技术层面,比如,教学设计的方面给予充分的说明和展示,仅仅是作了四个框题的示例,这是远远不够的,是有很大的补充空间的。为此,安徽师范大学出版社约请我们,就教师教学中存在的亟待解决的教学设计方面的技术问题,编写《主编教你怎么教〈逻辑与思维〉教师用书》,以满足老师们的需求。

《主编教你怎么教〈逻辑与思维〉教师用书》,不再重复人民教育出版社的教师教学用书的栏目设计及其主要内容,本着"少而精""讲管用"的原则,主要针对教师备课和讲课中的困难而设置"课标链接""重点难点""教学设计""疑难解答"四个板块,重心在"教学设计",对每个框题的内容都严格按照最新的教学设计版式要求进行了规范性展示,相信会对广大一线教师有所帮助。

我们真诚地期待着与广大一线教师共同努力,把"逻辑与思维"课程讲好讲透,让广大中学生真正受益,真正实现党和国家设置这门新课程的教育教学目的。

参加本书编写的人员是:王习胜(《逻辑与思维》教科书和教师教学用书主编,二级教授,博士生导师)、杨希(《逻辑与思维》教科书和教师教学用书核心作者,副教授,硕士生导师,博士)、余多星(《逻辑与思维》教科书和教师教学用书核心作者,副教授,博士)、戴家芳(《逻辑与思维》教师教学用书作者,副教授,博士,硕士生导师)、季爱民(副教授,博士,硕士生导师)、陈勇(副教授,硕士生导师,博士)。

目　录
CONTENTS

第一单元　树立科学思维观念

第一课　走进思维世界 ……3

第一框　思维的含义与特征 ……3

第二框　思维形态及其特征 ……10

第二课　把握逻辑要义 ……15

第一框　“逻辑”的多种含义 ……15

第二框　逻辑思维的基本要求 ……21

第三课　领会科学思维 ……29

第一框　科学思维的含义与特征 ……29

第二框　学习科学思维的意义 ……33

综合探究　学会科学思维　提升思维品质 ……38

第二单元　遵循逻辑思维规则

第四课　准确把握概念 ……45

第一框　概念的概述 ……45

第二框　明确概念的方法 ……51

第五课　正确运用判断 ……58

第一框　判断的概述 ……58

第二框　正确运用简单判断 ……64

第三框　正确运用复合判断 ……73

第六课　掌握演绎推理方法 …… 85
第一框　推理与演绎推理概述 …… 85
第二框　简单判断的演绎推理方法 …… 92
第三框　复合判断的演绎推理方法 …… 102
第七课　学会归纳与类比推理 …… 115
第一框　归纳推理及其方法 …… 115
第二框　类比推理及其方法 …… 121
综合探究　把握逻辑规则　纠正逻辑错误 …… 127

第三单元　运用辩证思维方法

第八课　把握辩证分合 …… 133
第一框　辩证思维的含义与特征 …… 133
第二框　分析与综合及其辩证关系 …… 139
第九课　理解质量互变 …… 145
第一框　认识质量互变规律 …… 145
第二框　把握适度原则 …… 150
第十课　推动认识发展 …… 158
第一框　不作简单肯定或否定 …… 158
第二框　体会认识发展的历程 …… 164
综合探究　领悟辩证精髓　处理复杂问题 …… 169

第四单元　提高创新思维能力

第十一课　创新思维要善于联想 …… 175
第一框　创新思维的含义与特征 …… 175
第二框　联想思维的含义与方法 …… 180
第十二课　创新思维要多路探索 …… 186
第一框　发散思维与聚合思维的方法 …… 186
第二框　逆向思维的含义与作用 …… 191
第十三课　创新思维要力求超前 …… 197
第一框　超前思维的含义与特征 …… 197
第二框　超前思维的方法与意义 …… 202
综合探究　结合社会实践　勇于开拓创新 …… 207

1

第一单元
树立科学思维观念

★ 第一课 走进思维世界

★ 第二课 把握逻辑要义

★ 第三课 领会科学思维

★ 综合探究 学会科学思维 提升思维品质

第一课　走进思维世界

第一框　思维的含义与特征

课标链接

这一框题与《普通高中思想政治课程标准(2017年版2020年修订)》选择性必修3《逻辑与思维》"1.1"相对应:"1.1描述常见的思维活动,体会思维是人所特有的属性,了解思维的基本形态和特征;懂得正确思维的基本条件。"从教科书的内容看,这一框内容对课标有所调整,没有完全呈现"1.1"的要求,只是呈现了思维的属性和特征等内容。

背景分析

人人都有思维的能力,只要在"思",在"想",也就是在"思维"过程之中,但是,很少有人去反思"思维",去问"思维"到底是什么样的?怎么才能知道自己的"思维"情况,怎么才能知道不同的人有什么样的思维?不同的人的思维有什么共同性?本框是"逻辑与思维"课程的开场,要引导学生对日用不觉的"思维"进行反思,学会将"思维"作为认识对象进行辨析和认识。为此,可以引导学生从做"思维游戏"开始,让学生在感受到"思维"的存在之后,再慢慢深入对"思维"的认识,了解"思维"的属性和特征。

学习目标

这一框的学习目标是把握思维的含义和属性,了解思维的主要特征。要实现这个目标,首先必须实现学生认识方式的转换。在没有专门学习思维知识之前,学生习惯将认识对象定格在自然界和人类社会方面,学习关于自然规律的知识,比如数学、物理学、化学、生物学等;学习关于人类社会的知识,比如哲学、历史、政治、文化、道德等方面的知识。宽泛地说,英语等语言类的知识,也是人类社会方面的知识。现在学习的思维知识,实际上是第三大类的知识。自然界、人类社会和思维都是人们的认识对象。只有把"思维"作为认识对象去了解,才会去追问:思维是什么,有什么属性,有哪些特征。而能对这些问题进行正确回答,就是本框要实现的学习目标。

重点难点

1.重点:描述常见的思维活动,体会思维是人所特有的属性。

2.难点:把握思维的间接性、概括性和能动性等特征。

课前准备活动

搜集一些关于"思维"的知识,在大脑中形成"思维是什么的"初步的认识。同时,找一些"思维"训练的素材,比如,脑筋急转弯等思维游戏。想一想,脑筋急转弯的问题问的方法,与通常问题的问法有什么不同?而回答脑筋急转弯的问题,与通常的回答又有什么不同?再如,分析一下老师给的命题作文,想一想，为什么同样的作文题目，班里的同学写出来的作文内容却是不同的？同学们的作文都是从哪个地方破题的，又是怎么展开的？撇开作文的具体内容，那些破题的角度、内容展开的方式，能不能帮助我们认识他们的“思维”？

教学设计

活动与议题	情境与任务	表现与评析	教学提示
导 入	 【任务】 “九点连线”是一道著名的数学题，你能用一笔画4条连续的直线段，把图中所有的9个点都连起来吗？	【学生表现】 有的同学能够画出，有的同学画不出，让画出来的同学谈谈思路。 【教师评析】 在学习和生活中，我们随时随地都会遇到一些问题。有了问题怎么办，我们要“想一想”怎么解决！“想”属于思维活动。“想”的方法不同，效果大不一样。“思维”有动词和名称两种解释，动词的思维是“想”的过程，其英文是thinking；名词的思维是“想”的结果，其英文是thought。“逻辑与思维”课程要认识的思维是“thought”。要认识这样的“thought”就要以人们的语言、行为、思维作品等为媒介进行分析和把握。	本环节旨在调动学生认识“思维”的兴趣，确立认识“思维”的方式，也就是通过语言、行为、思维作品等去认识“思维”，理解“思维”是什么。
【议题1】 思维的含义	【情境1】 【探究与分享】(教材第2页) 秋水时至，百川灌河，泾流之大，两涘渚崖之间，不辩牛马。于是焉河伯欣然自喜，以天下之美为尽在己。顺流而东行，至于北海，东面而视，不见水端，于是焉河伯始旋其面目，望洋向若而叹曰：“野语有之曰，‘闻道百以为莫己若者’，我之谓也。且夫我尝闻少仲尼之闻而轻伯夷之义者，始吾弗信；今我睹子之难穷也，吾非至于子之门则殆矣，吾长见笑于大方之家。”	【学生表现】 学生交流与分享各自不同的看法。 【教师评析】 黄河之神河伯以其感性认识感知自己的广阔，到北海之后产生新的感知认识，发现之前所看到的自己的“河面之广阔”，相比于之后看到的“北海的海面之广阔”，差距太大了。正是因为有前后两次感知认识的比较，他才产生了“望洋兴叹”的感慨。 由于感知认识的局限性，井底之蛙、夏天之虫等不能知道感知范围之外的事物，这种认识的局限也说明它们的思维是狭窄的。怎样才能突破基于感性认识的思维局限呢？那就是要将认识由感性阶段上升到理性阶段。 感性认识主要是通过感觉、知觉和表象进行的。感觉是主体对事物的最初反映，是主体的感官对内外环境适宜刺激物的反映形式。它反映事物的表面的个别属性，例如，可见光线(波长在380～780纳米之间的电磁波)通过主体的眼睛转化为神经过程，产生视觉；一定的声波(频率为20～20000赫兹之间的声波)作用于主体的耳朵，引起神经兴奋，产生听觉。感觉因分析器官的不同可分为视觉、听觉、嗅觉、味觉、机体觉等不同种类。	本环节要解决以下问题： ①思维是什么。

续　表

活动与议题	情境与任务	表现与评析	教学提示
【议题1】 思维的含义	北海若曰："井蛙不可以语于海者，拘于虚也；夏虫不可以语于冰者，笃于时也；曲士不可以语于道者，束于教也。今尔出于崖涘，观于大海，乃知尔丑，尔将可与语大理矣。" 【任务】 1. 黄河之神河伯由欣然自喜到望洋兴叹，这种态度变化的原因是什么？ 2. 除了亲历感知之外，我们还有哪些办法突破井底之蛙、夏天之虫的思维局限？	感觉是意识的最初转化形式。 知觉是对客观事物表面现象或外部联系的综合反映，它为主体提供客观对象的整体映象。知觉不是感觉的简单总和，它是主体依据以往的经验和知识对感觉所提供的各种特征和外部联系分析和综合的产物。知觉已经显示出事物的主要外部特征以及现象的各要素之间的整体联系。知觉的整体性结构是主体进行新的概括、形成表象的基础。 表象是曾经作用于感官的事物的外部形象在人的意识中的保存、再现或重组。表象按其性质可分为记忆表象（又称再现性表象）和想象表象（又称预见性表象）；按照概括的程度，可分为个别表象和一般表象。表象不是知觉形象的简单重复，它再现的不是客观事物的全部联系和特性，而仅仅是那些最有代表性的、对人的实践活动最重要的特征。 由感觉到知觉再到表象，是人的认识由个别的属性和特征上升到完整的形象，由当下的感知达到印象的保留和概括的再现的过程，其间反映出认识由部分到全体、由个别到一般、由直接到间接的趋向。但是，从人的完整认识过程来看，这些感性认识形式仍然是对事物的表面特征的描述，还不能揭示事物的本质。 所以，人的认识不能停留在感性阶段，还要突破感性认识的局限性，上升到能够揭示事物本质的理性认识阶段，否则就会成为井底之蛙、夏天之虫。	②明确思维是人所特有的属性。
	【情境2】 【探究与分享】（教材第3页） 有这样一道推理能力测试题。一位想招聘助手的商人，将前来应聘的A、B两人带进办公室，向他们展示了两顶红色、三顶黑色的帽子。然后，他关掉灯，在一片漆黑的情况下，要求A和B各摸一顶帽子戴上，他自己也戴了一顶，并将其余两顶藏了起来。	【学生表现】 有的学生凭直觉能给出自己的答案，并说明理由；有的学生可能给不出答案。 【教师评析】 对学生给出的答案进行简要点评，要特别点明这里暗含的一个条件"过了一会儿"。"过了一会儿"这个现象说明，B是看到A和商人头上的帽子是什么颜色的，但无法断定自己头上的帽子颜色，这就给A一个暗示。A正是根据这个暗示，加上他看到的B和商人头上帽子的颜色，从而得出了他自己头上帽子的颜色的。 在相同的条件下，A为什么比B聪明，因为A的反应比B要快，思维的快慢正是聪明与否的表现。	

续 表

活动与议题	情境与任务	表现与评析	教学提示
【议题1】 思维的含义	开灯后，商人要A、B尽快说出各自头上戴的是什么颜色的帽子。A、B看到商人戴的是红色帽子。过了一会儿，A喊道：“我戴的是黑帽子。”商人询问了A的推理后，决定录用A。 【任务】 1.A是如何得出他的结论的？ 2.在相同的条件下，A为什么比B聪明？	教师要进一步说明，这个推理活动表明，人的认识固然离不开感性认识，但并不是只有感性认识，思维也可以以逻辑推理这种理性认识的方式认识无法或者没有直接感知的事物。 由此，教师得出思维是什么的结论： 思维有广义和狭义之分。广义的思维与意识同义，狭义的思维与理性认识同义。感性认识是人脑对客观事物的现象和外部联系的反映，是认识的初级阶段。“逻辑与思维”中所说的“思维”主要是从狭义角度来讲的，指认识的高级阶段，是对事物的本质及其规律的反映。 虽然有些灵长类动物也有初级的思维，比如，大猩猩就有初级的处理问题的思维能力，但是，它们没有运用概念、判断、推理等理性思维的能力，所以，我们才说，思维是人所特有的属性。	
	【情境3】 面对十分复杂的国内外环境，面对各种难以预见的风险和挑战，肩负繁重执政使命的中国共产党人要保持经济持续健康发展和社会大局稳定，要不断开辟前进道路、创造光荣业绩，迫切需要增强斗争本领、永葆斗争精神，迫切需要提高战略思维、历史思维、辩证思维、创新思维、法治思维、底线思维能力，迫切需要善于从纷繁复杂的矛盾中把握规律，不断积累经验、增长才干。 【任务】 请同学们思考：战略思维、历史思维、辩证思维、创新思维、法治思维、底线思维等，是广义的思维，还是狭义的思维？	【学生表现】 学生发表各自的意见，交流与分享。 【教师评析】 这些思维都不是感性认识阶段的思维，而是理性认识阶段的思维，是人们认识事物本质、把握事物规律的重要的思维方式，对我们的实践工作具有指导性和针对性，是科学的思想方法和工作方法。	③理解思维有广义和狭义之分。

续　表

<table>
<tr><th>活动与议题</th><th>情境与任务</th><th>表现与评析</th><th>教学提示</th></tr>
<tr><td rowspan="2">【议题2】
思维的特征</td><td>【情境1】
【探究与分享】(教材第4页)
两个分别以3×10^5千米/秒和5×10^4千米/秒的速度运动的物体，人们很难凭感官直接感知其速度上的差别。然而，人们依据科学知识却能够理解这样的问题：假设有星际飞船以5×10^4千米/秒的速度飞向某一遥远星球，它的速度比光速慢了多少？
【任务】
人们依据科学知识能理解光速，这反映了思维具有什么特征？</td><td rowspan="2">【学生表现】
学生交流与分享各自不同的看法。
【教师评析】
人人都有思维，也都会思维，但不同的人有不同的思维风格。不同风格的思维在速度、方式、品质乃至结果上有很大的差异。存在这些差异，并不说明人的思维没有共同性。那么，人的思维究竟有哪些共同性呢？
假设星际飞船以5×10^4千米/秒的速度飞向某一遥远星球，它的速度比光速慢了多少？这里有一个“它的速度比光速慢了多少”的比较问题，“比较”是理性思维的认识方式，通过比较等理性思维，我们能够认识感性思维所无法企及的未知事物。
人们虽然不能对所要认识的每一个事物都直接感知，也不能直接感知到事物的本质和规律，但是人们的思维可以凭借感性材料、已有的经验和知识，通过思维抽象的方式，对未知事物进行认识。材料中人们依靠科学知识，以抽象思维的比较、推理等方式达到了对光速的理解，而居维叶则用了这样一个推理：
凡有蹄的动物都是食草的，性情都是比较温顺的，
我看到的是有角和蹄子的动物，
所以，这些动物应该是食草的，而且性情都是比较温顺的。
现在听到的却是凶狠的叫声，说明它是有人以恶作剧的方式假装的。
以上材料说明，人的思维具有间接性。</td><td rowspan="2">本环节要解决以下问题：
①不同风格的思维包含着共同的特征。
②思维具有间接性。</td></tr>
<tr><td>【情境2】
有则故事说，曾经有位调皮的学生，戴着有角的面具，双手套上蹄子，发着怪声，露出凶相，想吓唬午睡中的居维叶(法国动物学家和地质学家，也是比较解剖学和古生物学的奠基人)。居维叶被吵醒了，对这个“怪物”打量了一番之后，又安然地睡大觉。那位学生问居维叶为什么不害怕，居维叶告诉他：凡有蹄的动物都是食草的，而且性情也比较温顺。我看到的是角和蹄子，听到的却是凶狠的叫声，就知道这不过是恶作剧罢了。
【任务】
在这个故事中，居维叶用了一个推理，而不是通过自己的直接感知经验，就得出了一个正确的结论，说明思维具有怎样的特征。</td></tr>
</table>

续 表

活动与议题	情境与任务	表现与评析	教学提示
【议题2】 思维的特征	【情境3】 【探究与分享】(教材第4页) 我们平时所看到的树,或高或矮,或直或曲,或粗或细,或阔叶或针叶,或乔木或灌木,或落叶或常绿……具有不同的个体特征。"树"这个概念,揭示了一切树所具有的共同属性,即木本植物。 【任务】 上述材料反映了思维具有什么特征? 【任务指向】 理解思维的概括性。	【学生表现】 学生交流与分享各自不同的看法。 【教师评析】 人们平时所看到的树,不仅品种不同,而且各具形态,或高或矮,或直或曲,或粗或细,或阔叶或针叶,或乔木或灌木,或落叶或常绿……但人们在说到"树"这个概念时,却不再拘泥于各种树的个体特征,而认为"树"就是木本植物。 同样,人有男有女,有老有少,有黄种人、白种人、黑种人……"人"这个概念,反映是的有思维、有语言、会制造和使用工具的动物。这是对各种各样的"人"的概括。 思维是能够从不同认识对象及其各种各样的属性中,舍去它们表面的、非本质的属性,而抓住它们内在的、共同的、本质的属性,这就是思维所具有的概括性。 层次越高的思维概括越是能够把握事物的深层本质,抓住事物存在和发展的内在规律。在牛顿之前,科学家们已经在行星绕日、月亮绕地、物体落地等方面取得了许多认识成果。牛顿的伟大之处就在于,他把这些表面上看起来毫不相干的现象联系起来进行了划时代的概括:宇宙间的一切物体都有引力,这就是万有引力。	③思维具有概括性。 ④思维具有能动性。
	【情境4】 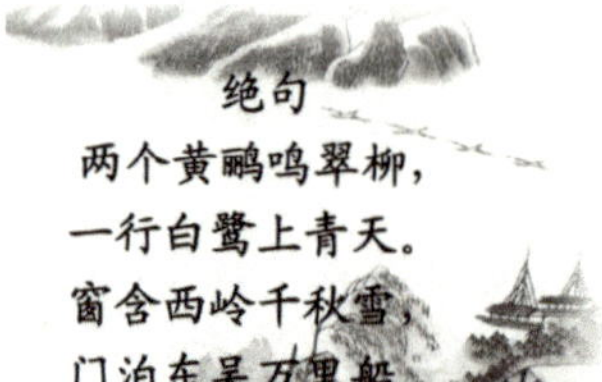 有人推断:既然是"门泊东吴万里船",那么,在成都杜甫草堂前原先应该有水道,否则,这首名诗就有问题。据此,有人开始勘察,果然找到了旧时水道的遗迹。 【任务】 这个材料反映了思维具有什么特征?	【学生表现】 学生交流与分享各自不同的看法。 【教师评析】 思维对认识对象的反映并不是机械的、消极被动的,而是主动的、创造性的,也就是具有能动性的。 思维的能动性就是思维能够将相关材料进行加工、重组,通过联想、想象等方式,构造出新的认识。正如马克思曾经说过的:"蜜蜂建筑蜂房的本领使许多建筑师相形见绌。但是,最蹩脚的建筑师从一开始就比最灵巧的蜜蜂高明的地方,是他在蜂箱里建筑蜂房以前,已经在自己的头脑中把它建成了。"最蹩脚的建筑师之所以从一开始就比最灵巧的蜜蜂高明的地方,就是建筑师能够在实践的基础上发挥思维的能动性,从而自觉地、有目的地、有计划地反作用于客观世界,在头脑中构建基于客观世界又不同于客观世界的主观世界。 当然,我们也应该注意,思维具有的这种能动性是有两面性的,一方面它有助于人们正确地反映认识对象,另一方面也有可能构造不符合事物本来情况的虚假认识,误导人们歪曲地反映认识对象。 不论是正确的认识还是错误的认识,它们都是思维发挥其能动性的结果。学习逻辑与思维知识,就是要掌握正确思维的条件,要发挥思维能动性的积极方面。	

续　表

活动与议题	情境与任务	表现与评析	教学提示
总 结	【任务指向】 思维的间接性、概括性和能动性等特征，是各自独立的，还是相互联系的？	【学生表现】 学生交流与分享各自不同的看法。 【教师评析】 思维的间接性、概括性和能动性等特征不是完全独立的，而是相互联系的。间接性中有概括性，概括性中有间接性；概括性中有能动性，能动性中有概括性；同样，间接性中有能动性，能动性中有间接性。其实，思维除了这些特征，还有其他的特征，比如，创造性。这里只是列举了主要特征，便于同学们把握不同思维风格中包含的共同性质。 从思维的共同性角度说，所有思维都是在实践中产生、在实践中发展的，同时又反作用于实践，在实践中发挥主观能动性的作用。	本环节要解决以下问题：从辩证唯物主义角度看思维的本质：思维在实践中产生、发展，又反作用于实践。

资源与拓展

1. 品读《哲学与文化》教科书中的物质与意识、存在与思维的相关内容，谈谈《哲学与文化》中的“思维”与《逻辑与思维》教科书中的“思维”之异同。

2. 画出《再别康桥》的思维导图，谈谈其“思维”的特征。

3. 画出《拿来主义》的思维导图，谈谈其“思维”的特征。

疑难解答

1.“逻辑与思维”课中所讲的“思维”，与哲学、心理学、神经生理学等学科讲的“思维”有什么区别？

“思维”是哲学、心理学和神经生理学等多学科研究的对象，哲学研究的“思维”，主要是从意识的层面看思维，它的对应概念是物质或存在，实际上是从意识或观念的角度谈思维的，并不研究这样的思维有什么样的结构等。相对于哲学研究的“思维”，“逻辑与思维”研究的“思维”，是要研究它的结构、运行方式，以及获取正确的思维应依据什么样的规则等具体的问题。心理学研究的“思维”，主要是从心理发生和发展的过程看思维的，这里的思维是心理的反应过程，是不断变化的。相对于心理学研究的“思维”，“逻辑与思维”研究的“思维”，是心理反应过程之后的结果，虽然“逻辑与思维”也探讨思维的过程，但其是从结果回溯过程的，并不是思维发生、发展的动态过程。神经生理学研究的“思维”，主要是从神经生理的角度研究思维发生的神经生理状况，并不关注思维的结构、规则等问题，相对于神经生理学研究的“思维”而言，“逻辑与思维”并不关注神经生理层面的思维的发生、发展问题，而是关注思维的形式和结构的问题。

2.《逻辑与思维》中所讲的“思维的特征”，是否包含思维的所有特征？

“逻辑与思维”中所讲的思维的特征，只是思维的主要特征，并不是思维的所有特征。人们可以从不同的角度，比如，不同学科的角度、不同认识的角度等，对思维的特征作出不同的概括。即便是从“逻辑与思维”的角度概括思维的特征也有很多，比如，思维的创造性等。教科书限于篇幅问题，只能就思维的主要特征进行阐释。

第二框　思维形态及其特征

课标链接

这一框题与《普通高中思想政治课程标准(2017年版2020年修订)》选择性必修3《逻辑与思维》“1.1”相对应:“1.1描述常见的思维活动,体会思维是人所特有的属性,了解思维的基本形态和特征;懂得正确思维的基本条件。”本框所呈现的内容是“1.1”中的“了解思维的基本形态和特征”的要求。

背景分析

认识“思维”,不仅要认识思维是什么,也就是思维的含义是什么,还要了解思维有哪些类型。犹如我们对“人”的认识,首先要知道什么是“人”,当别人告诉我们,“人就是有思维、有语言、会制造和使用工具的动物”,我们就知道了“人是什么”。知道“人是什么”,还不是对人的全面了解,我们还要知道“人有哪些”,只有我们既知道了“是什么”,又能够区分它“有哪些”,我们才是对其有了全面的了解。对“思维”的认识也是这样。上一框内容是说明“思维是什么”,有什么样的特征,这一框内容就要告诉我们“思维有哪些类型”,这些类型的思维又有什么特征。

学习目标

这一框的学习目标是把握思维的类型及其特征。根据不同的分类标准,人们可以对思维进行不同类型的区分。《逻辑与思维》教材中就涉及发散思维与聚合思维、分析思维与综合思维、辩证思维与形而上学思维等。在这个框题中应该弄清楚,这些思维类型都是怎么来的。本框题的主要任务是弄清楚思维类型中的两种基本类型,即抽象思维与形象思维。既要弄清楚这两种思维类型的各自含义和特征,也要弄清楚它们之间的关系,实现二者的优势互补。

重点难点

1. 重点:区分不同思维形态的根据是什么。

2. 难点:抽象思维、形象思维的含义及其特征。

课前准备活动

搜集同一主题的作品,比如,以“呼唤和平”为主题的议论文、散文、诗歌、绘画、短视频、小品、舞蹈等,比较一下,这些相同主题的作品为什么会有不同的表现形式,不同的表现形式又有什么样的特征?从思维的角度看,这些特征说明了什么?

教学设计

活动与议题	情境与任务	表现与评析	教学提示
导　入	材料一：天净沙·秋思 枯藤老树昏鸦，小桥流水人家，古道西风瘦马。夕阳西下，断肠人在天涯。 材料二：秋色赋（节选） 时序刚刚过了秋分，就觉得突然增加了一些凉意。早晨到海边去散步，仿佛觉得那蔚蓝的大海，比前更加蓝了一些；天，也比前更加高远了一些。 回头向古陌岭上望去，哦，秋色更浓了。 【任务】 请同学们朗读下列两则材料，谈谈两则材料在表达方式上有什么差异。	【学生表现】 学生甲：都有诗情画意…… 学生乙：《天净沙·秋思》的每一个词，都是一个画面；《秋色赋》是一个语句才构成一个画面…… 【教师评析】 同样是描写秋色的，同样都是文学作品，前者是元曲，属于诗词类，后者是散文。但是，它们表达景色时的用词用语是不同的。语词和语句是表达思维的工具。透过这些语词和语句的差异，我们可以发现，它们在思维表达方面也是有差异的。上堂课我们了解了思维是什么，这堂课我们就来了解思维有哪些类型，不同的类型是怎么划分的。思维类型中的基本类型是什么，又有什么特征。	本环节主要是引发学生对思维类型认识的兴趣，文学作品有较强的形象感，不抽象，中学生愿意接受。随后，教师再引导学生区分材料中思维表达的差异性，为讲解比较抽象的思维类型作铺垫。
【议题1】 思维形态的区分依据	【情境】 【探究与分享】（教材第5页） 一百多年来，人类经历了血腥的热战、冰冷的冷战，全人类的共同愿望就是和平与发展。各国相互联系、相互依存，全球命运与共，和平力量的上升远远超过战争因素的增长，和平、发展、合作、共赢的时代潮流更加强劲。 在《和平是一棵树》这首诗中，诗人写道：“和平是白天鹅的翅膀，是翅膀掠过宁静的湖水，是水底映出的云影；和平是开向四方的门，是门里圆桌上斟满的红酒，是酒上照耀的灯……” 【任务】 比较上述材料在思维表达上的差异。 【任务指向】 区分论证中采用的抽象思维与诗歌表达中的形象思维。	【学生表现】 学生交流与分享：同样是表达“和平”的主题，不同表达方式的背后，到底有什么差异？ 【教师评析】 人们对某一对象的认识，在知道它是什么的基础上，还要知道它有哪些类型，类型也是对象存在的样态或者叫形态。思维，也是如此，也有存在的形态。 出于不同的目的，依据不同的标准，人们对思维的形态有不同的认识和分类。 从思维的方向看，有向不同方向扩散的发散思维和向同一方向收敛的聚合思维；从思维对认识对象的思考角度看，有整体地认识对象的综合思维和分别地认识对象的分析思维；从思维反映认识对象的方式看，有用联系、发展、全面的观点看待事物和思考问题的辩证思维和用孤立、静止、片面的观点看待事物和思考问题的形而上学思维；等等。 这些不同的思维类型是根据不同的依据或标准划分出来的。除了教材中讲的思维类型之外，我们还可以以其他的依据对思维类型进行区分。比如，依据思维主体是个人还是群体，可以将思维分为个体思维和群体思维。大家一定要注意：每一种思维类型，至少都包含两种相应的思维，比如，与发散思维相对应的是聚合思维。 同学们也可以进一步思考：与创新思维相对应的思维类型是什么？与超前思维相对应的思维类型又是什么？	本环节要解决以下问题： ①思维有不同的存在形态。 ②区分不同思维形态的依据是什么。 ③教科书中涉及的思维形态，在这里能否找到根据。

续 表

活动与议题	情境与任务	表现与评析	教学提示
【议题2】 思维的基本形态：抽象思维与形象思维	【情境】 【探究与分享】(教材第6页) 材料一：小明与小芳讨论选修哪门课时，针对思想政治课中的“逻辑与思维”，两个人有以下对话。 小明：“学习科学思维方法有用吗？” 小芳：“当然有用啦，科学思维方法是知识创新的工具嘛。” 小芳的话，组合起来就是一个推理： 知识创新的工具是有用的， 科学思维方法是知识创新的工具， 所以，科学思维方法是有用的。 这个推理的前提之一“知识创新的工具是有用的”是不言而喻的，在对话中被省略了。将这个推理分解开来，就是三个判断：“知识创新的工具是有用的”，“科学思维方法是知识创新的工具”，这两个判断是前提；“科学思维方法是有用的”，这个判断是结论。 再分解下去，每个判断都由“是”联结着两个概念。比如，在“知识创新的工具是有用的”这个判断中，就含有“知识创新的工具”和“有用的”两个概念。 【任务】 1. 其他两个判断分别由哪两个概念构成？ 2. 结合此例，剖析抽象思维的基本形式。	【学生表现】 学生根据自己的理解，谈谈各自的认识，交流与分享。 【教师评析】 抽象思维和形象思维也是对思维类型进行的区分，两者之间是相互对应的。也就是说，抽象思维是相对于形象思维而言的，而形象思维也是相对于抽象思维而言的。 区分抽象思维和形象思维的依据在于：思维运行的基本单元是什么。 如果人的思维抽象和概括了事物的共同属性，通过语词巩固下来，形成了概念，并以概念作为思维的基本单元，就属于抽象思维。 抽象思维反映认识对象，先将认识对象反映为概念，然后，将概念进行组合构成判断，判断经过特定的逻辑联系形成推理，推理再构成推理系列，就构成人们的思想。反之，一个人的思想又可以被分解成若干系列的推理，各个系列的推理可以分解为单个的推理，单个的推理又可以分解成两个或两个以上的判断，最后，判断再可以被分解为一个一个的概念。 复杂思想(若干系列的推理) ↑ ↓ 单个的推理 ↑ ↓ 两个或两个以上的判断 ↑ ↓ 一组概念 (左侧↑：思想的构成形式；右侧↓：思想的分解形式) 如果人的思维抽象和概括的是事物的形象特征，并以感性形象作为思维的基本单元，就属于形象思维。 比如，《天净沙·秋思》：枯藤老树昏鸦，小桥流水人家，古道西风瘦马。夕阳西下，断肠人在天涯。 我们分解得到的就是：枯藤、老树、昏鸦，小桥、流水、人家，古道、西风、瘦马，夕阳西下、断肠人、在天涯。 给我们展现的是“枯藤，老树，昏鸦……”一个个感性的形象，而不是抽象的概念。	本环节是本框题的重点，要解决以下问题： ①抽象思维和形象思维是依据什么标准划分的。 ②抽象思维和形象思维分别具有怎样的结构。

续　表

<table>
<tr><th>活动与议题</th><th>情境与任务</th><th>表现与评析</th><th>教学提示</th></tr>
<tr>
<td>【议题2】
思维的基本形态：抽象思维与形象思维</td>
<td>材料二：下图是毕加索的名画

《少女与和平鸽》
【任务】
1. 查阅毕加索创作《少女与和平鸽》的相关背景材料，谈谈这幅画表达了画家怎样的思想。
2. 结合此例，谈谈你对形象思维的基本形式的理解。
【任务指向】
1. 区别抽象思维与形象思维。
2. 理解抽象思维与形象思维的特征。</td>
<td>由于抽象思维与形象思维的基本单元不同，因而，它们的运行方式以及通过思维运行得到的结果也有所不同。抽象思维以概念为基本单元，通过判断和推理运行；形象思维以感觉、知觉和表象为基础形成的感性形象为基本单元，通过联想、想象和幻想等方式运行。为此，它们的特征如下：
<table><tr><td>类型</td><td>基本单元</td><td>运行方式</td><td>思维表达</td></tr><tr><td>抽象思维</td><td>概念性</td><td>推导性</td><td>严谨性</td></tr><tr><td>形象思维</td><td>形象性</td><td>想象性</td><td>情感性</td></tr></table></td>
<td>③抽象思维和形象思维分别具有什么特征。</td>
</tr>
<tr>
<td>【议题3】
抽象思维与形象思维的关系</td>
<td>【情境1】
据爱因斯坦回忆，在他16岁时，就曾在头脑中设想过一个追光实验：“如果我以速度c（真空中的光速）追随一条光线运动，那么我就应当看到，这样一条光线就好像一个在空间中震荡着而停滞不前的电磁场。”
爱因斯坦是一位伟大的科学家，相对论是严密的科学理论体系，但相对论的起因却是他16岁时的一个想象。
【任务】
想象是形象思维的运行方式，为什么对形成抽象思维成果有帮助？</td>
<td>【学生表现】
学生发表各自的意见，交流与分享。
【教师评析】
抽象思维与形象思维的区分是相对的，不是绝对的，各有其独特的功用，同时具有对立统一和相辅相成的关系。
一方面，就形象思维对抽象思维的依赖而言，通过形象思维得到的感性形象并不是认识对象原封不动地在大脑中的再现，而是思维主体将相应的认识对象的客观形象加以提炼和整合，使之抽象化的产物。这里的抽象化不可能不用到抽象思维；思维主体在构造形象思维的认识对象之形象时，必然要对认识对象的表象进行关注和聚焦，在这样的关注和聚焦中也要用到抽象化的理性思维。
另一方面，就抽象思维对形象思维的依赖而言，抽象思维的基本单元“概念”的形成要借助于形象思维的表象来形成。按照思维加工的时间次序，人的意识对于认识对象总是先形成表象，然后才形成概念。人们认识事物总是先对认识对象形成表象，然后经过分析、提取和升华，才使生动具体的表象升华为反映事物本质属性的概念。这种从个别到一般、从直接到间接、从表面到深刻的过程，也是形象思维的表象升华为抽象思维的概念的过程；再就抽象思维运行过程看，在信息不足或由于经验事实的链条中断造成思维的逻辑通道受阻时，人们往往要借助形象思维的想象等方式弥补思维条件的不足，打开或打通抽象思维中的推理思路。</td>
<td>本环节是本框题的重点，要解决以下问题：
①抽象思维和形象思维是什么关系。</td>
</tr>
</table>

续 表

活动与议题	情境与任务	表现与评析	教学提示
【议题3】 抽象思维与形象思维的关系	【情境2】 意大利的达·芬奇不但是大画家,还是大数学家、力学家、地质学家和工程师,他在许多领域都作出了举世瞩目的贡献。 【任务】 很多人认为,艺术是形象思维的,科学是抽象思维的。你怎样看待达·芬奇取得如此巨大成就? 【任务指向】 抽象思维和形象思维之间是什么关系,应该怎样对待这两种思维的基本形态?	有人认为,艺术工作运用的是形象思维,科学研究工作运用的是抽象思维。其实在艺术工作中也有判断和推理等抽象思维的运用,没有抽象思维的运用,艺术工作就不可能聚焦,就无法通过某个主题表达艺术工作者的思想和情感。同样,科学研究工作者也不是抛弃形象思维的,科学史一再表明,很多重大科学发现和发明都离不开形象思维。因此,我们只能说,不同性质的工作在形象思维与抽象思维的运用方面各有侧重。 其实,每个人的思维中都有抽象思维和形象思维,不存在只有其中一种思维方式的人。学习逻辑与思维,就是要把在我们身上自发地发生作用的抽象思维和形象思维,自觉地结合、协调起来。比如,我们在学习数学、物理、化学、生物等科学知识的同时,也要抽时间欣赏诗歌、音乐,参加文娱活动,从而尽可能地发挥思维在认识事物、分析问题和解决问题方面的整体性的功能。	②如何发挥抽象思维和形象思维的协同功能,提高思维创新的效率。

资源与拓展

1. 搜索科学发展史相关资料,探究伟大的科学发现和发明中形象思维(包括联想、想象等)在其中发挥了怎样的作用。

2. 结合自己的学习体会,分别谈谈形象思维与抽象思维对你思考问题有什么帮助。

3. 画出本框内容的思维导图,谈谈其中的思维结构,看看它是属于抽象思维还是形象思维,有什么特征。

疑难解答

1. 思维的形态与抽象思维、形象思维的关系。

不论是抽象思维还是形象思维都是思维存在的方式,都可以在马克思主义认识论中得到合理的解释。形象思维偏重于认识对象的特殊性的感知形象,抽象思维偏重于对事物普遍性的理性抽象。不论是感知形象还是理性抽象,都是认识过程中的必要环节。要正确认识对象,揭示事物的本质和规律,就必须将形象思维和抽象思维结合起来,发挥二者的整体性作用。

2. 如何从语言上区分抽象思维与形象思维?

一段文字或者是一篇文章,究竟是抽象思维的还是形象思维的,可以从几个方面看其思维表达,比如,它的基本单元是概念性的还是形象性的,它的运行过程是推导性的还是想象性的,它对思维结论的表达是严谨性的还是情感性的,从这些方面去衡量,就不难区分某种思维究竟属于抽象思维还是属于形象思维。

第二课

把握逻辑要义

第一框 “逻辑”的多种含义

课标链接

这一框题与《普通高中思想政治课程标准(2017年版2020年修订)》选择性必修3《逻辑与思维》“2.4”相对应:“2.4辨析常见的逻辑错误,掌握形式逻辑的三个基本规律。”从教科书的内容看,这一框内容虽对课标有所调整,却完全呈现了“2.4”的要求。从具体内容来看,主要展现了“逻辑”的四种主要含义以及狭义逻辑学和广义逻辑学的含义等内容。

背景分析

初次接触逻辑学,总让人感觉它是一门很抽象、玄奥甚至难以学习的科学。其实,我们每天都在接触和使用逻辑。要想准确地表达思想,思维必须符合逻辑。那么,逻辑到底是什么? 这是我们首先要回答的问题。本框是“逻辑与思维”课程的“破题”环节,要引导学生厘清“逻辑”的基本含义。为此,可以引导学生从“逻辑”的不同用法开始,让学生在感受到“逻辑”的不同含义之后,再慢慢加深对“逻辑”四种基本含义的理解,讲解狭义逻辑学、广义逻辑学的意涵以及形式逻辑的相关内容。

学习目标

这一框的学习目标是了解“逻辑”的多种含义,理解狭义逻辑学与广义逻辑学的含义,认识到学习狭义逻辑学的基本知识与方法是学习广义逻辑学的基础。要实现这个目标,教师必须要阐述“逻辑”的多种意涵,讲解广义逻辑学和狭义逻辑学的含义。在此基础上,教师引导学生把握逻辑学研究思维的方法,以及形式逻辑研究思维的核心任务,从而使学生领会日常思维中的论证、论辩与逻辑的关系,引导学生运用有效推理进行论证和论辩。

重点难点

1. 重点:“逻辑”的多种含义,区分不同语境中的“逻辑”意涵;狭义逻辑学与广义逻辑学的含义。
2. 难点:形式逻辑的含义及其研究思维的核心任务。

课前准备活动

查阅关于“逻辑”含义的资料,了解“逻辑”的多种含义。同时,引导学生联想日常生活中人们使用“逻辑”的具体情形,归纳总结这些“逻辑”的不同含义。此外,引导学生搜集资料,把握“形式逻辑”概念。长期以来,人们对“形式逻辑的对象究竟是什么”存在着不同的看法。在国外,有些学者把形式逻辑定义为“研究推理和论证的科学”。在国内,当前的一些逻辑教材对形式逻辑所下的定义各有不同。教师可以引导学生查阅这些不同定义,从而加深学生对形式逻辑的理解。

教学设计

活动与议题	情境与任务	表现与评析	教学提示
导　入	①电影《菊豆》中主人公的命运是符合生活的逻辑的。 ②说“知识越多越反动”，这真是奇怪的逻辑！ ③语法、修辞、逻辑都是工具性的课程。 ④写文章要讲逻辑，就是说，要注意整篇文章的结构，开头、中间、结尾要有一种关系，要有一种内容的联系，不要互相冲突。 【任务】 请指出上面各段议论中的“逻辑”一词的含义。	【学生表现】 有的同学能够表达出“逻辑”准确的含义，有的同学表达不了，让能够表达出准确“逻辑”含义的同学谈谈自己的理解。 【教师评析】 “逻辑”一词最初是从英语“logic”音译而来，而英语的这个词则是由古希腊语“λδγoζ”（逻各斯）经过拉丁文“logos”演变而来。它最早出现在古希腊唯物主义哲学家赫拉克利特的著作中，原意比较复杂，有理性、思想、言辞、规律、推理等多种含义。之后，历史上的唯心主义哲学家曾对“逻各斯”作出过种种唯心主义的解释，把它说成是“命运”，是与神同一的“道”，是“上帝”“绝对精神”等。 西方学者常用“逻辑”一词来指称研究推理论证的学说。西方逻辑学在传入日本时曾被译为“论理学”，明朝末年传入我国时曾被译为“名理探”（李之藻），而我国近代学者则多将“逻辑”意译为“名学”（严复）、“辩学”（王国维）、“论理学”（梁启超）、“理则学”（孙中山）等。严复首次将英语中的“logic”音译为“逻辑”，后经章士钊等人的推广，“逻辑”一词逐渐在国内流行。 在现代汉语中，“逻辑”仍然是一个多义词。就本节导入所列举的四个议论中的“逻辑”而言，第一个“逻辑”的含义为规律；第二个“逻辑”的含义为认识问题的某种思维方法；第三个“逻辑”指逻辑学这门学科；第四个“逻辑”指的是逻辑规律与规则。	本环节主要是调动学生认识“逻辑”的兴趣，增强对“逻辑”含义的理解，也就是通过具体的语境来感悟“逻辑”，理解逻辑的不同含义。
【议题1】 “逻辑”的不同用法	【情境1】 【探究与分享】（教材第7页） 小明正在专心致志地读一本有关逻辑的书，几位同学纷纷点赞。 毛主席曾号召大家都要学一点儿逻辑呢。 学逻辑也要合乎学习的逻辑，先易后难，不能揠苗助长。 逻辑太重要了，逻辑混乱的文章别人看不懂，不讲逻辑的人别人懒得理。	【学生表现】 学生交流与分享各自不同的看法。 【教师评析】 “逻辑”在现代汉语中是一个多义词。其最基本的含义有四种，即规律、逻辑规律与规则、认识问题的某种思维方法和逻辑学。 “毛主席曾号召大家都要学一点儿逻辑呢。”这里的“逻辑”，指的是逻辑学这门学科。 “学逻辑也要合乎学习的逻辑，先易后难，不能揠苗助长。”这里有两个“逻辑”，第一个“逻辑”指逻辑学这门学科；第二个“逻辑”其含义为“规律”。 “逻辑太重要了，逻辑混乱的文章别人看不懂，不讲逻辑的人别人懒得理。”这里包含三个“逻辑”，其中第一个和第三个“逻辑”的含义是逻辑规律与规则；第二个“逻辑”的含义是认识问题的某种思维方法。	本环节要解决以下问题： ①“逻辑”的含义是什么。 ②“逻辑”不同用法之间的区别与联系。

续　表

活动与议题	情境与任务	表现与评析	教学提示
【议题1】 “逻辑”的不同用法	【任务】 1.上述议论中的“逻辑”分别是什么意思？ 2.“逻辑”的不同用法之间的区别与联系。	我们要精确把握“逻辑”的四种基本的含义，在此基础上，把握它们之间的区别与联系。具体而言，作为客观规律的逻辑是事物发生发展的规律；逻辑规律是思维领域的客观规律；逻辑规则是根据逻辑规律制定的要求。符合逻辑规律与规则的思维又被称为逻辑思维，逻辑思维是众多思维方式中的一种。逻辑学是关于逻辑规律与规则的知识体系。	③不同语境下“逻辑”的具体含义。
	【情境2】 体会下列表述中“逻辑”的含义。 ①要研究中国革命的逻辑。 ②只许州官放火，不许百姓点灯。这是哪一家的逻辑？ ③这个人说话挺有逻辑的。 ④为了搞好管理工作，实现科学决策，学点逻辑是十分必要的。 【任务】 请同学们思考上述语句中“逻辑”的含义。	【学生表现】 学生发表各自的意见，交流与分享。 【教师评析】 “要研究中国革命的逻辑。”这里的“逻辑”指的是规律。 “只许州官放火，不许百姓点灯。这是哪一家的逻辑？”这里的“逻辑”指的是认识问题的某种思维方法。 “这个人说话挺有逻辑的。”这里的“逻辑”指的是思维的规律与规则。 “为了搞好管理工作，实现科学决策，学点逻辑是十分必要的。”这里的“逻辑”指的是逻辑学这门学科。	本环节要解决以下问题： ①进一步理解“逻辑”的含义。 ②熟练把握不同语境下“逻辑”的具体含义。
【议题2】 狭义逻辑学与广义逻辑学	【情境1】 【探究与分享】(教材第8页) 爱好逻辑的小华在网上购买逻辑学入门书籍。不看不知道，一看吓一跳，原来有那么多的逻辑学：形式逻辑、辩证逻辑、法律逻辑、科学逻辑、论辩逻辑、逻辑学……	【学生表现】 学生查阅资料，交流与分享。 【教师评析】 逻辑学的核心是形式推理，而形式推理的核心是必然性推理和或然性推理。必然性推理的重心在于逻辑规律和规则，或然性推理的重心在于结论的可信程度。人们在这两个重心之上开展了很多研究，取得了很多成果，将逻辑学逐渐发展成为一个现代学科群。这个学科群的家族谱系大致如下： 首先是逻辑的核心成员，主要是演绎逻辑、归纳逻辑和辩证逻辑。它们主要研究逻辑自身的技术性问题。逻辑观念的重大变革以及逻辑技术的革新换代，都是在这些核心成员身上反映出来。	本环节要解决以下问题： ①为什么逻辑学有不同的分支。

续 表

活动与议题	情境与任务	表现与评析	教学提示
【议题2】 狭义逻辑学与广义逻辑学	【任务】 1.查阅资料，谈谈这些逻辑学之间的关系。 2.逻辑学分支的主要研究方向是什么？	其次是对逻辑核心成员进行反思的成员，其中包括三个方面。一是哲学方面。当中至少又包括两个方面的内容：一方面是关于逻辑的基本哲学问题；另一方面是分支逻辑中的哲学问题。二是逻辑学方面。这个方面的研究主要包括逻辑思想史研究，逻辑社会学、逻辑文化学的研究，逻辑学派、逻辑社会组织的研究，逻辑与政治、逻辑与社会、逻辑与宗教的研究等。它是对逻辑的社会文化功能的研究。三是逻辑科学方法论方面。包括演绎逻辑科学方法论、归纳逻辑科学方法论、辩证逻辑科学方法论。 最后是对逻辑理论应用的成员。应用逻辑与逻辑应用不同，应用逻辑是逻辑在应用领域的新分支，逻辑应用是对逻辑原理的运用，二者在形式系统的程度上是有差异的。一般而言，只要是运用了逻辑原理的，都可以称之为逻辑应用，但只有将逻辑原理系统而非零散地应用于某一学科或领域，而且还在应用中形成了逻辑系统特别是形式系统的，才可称之为应用逻辑。 因此，逻辑学是关于逻辑规律与规则的知识体系。形式逻辑是从形式结构方面研究思维规律的，辩证逻辑是从抽象的思维内容方面研究思维规律的。归纳逻辑与演绎逻辑相对应，主要是从前提与结论之间是否具有必然联系来划分的。哲学认识论也从个别与一般的前提和结论关系来看归纳逻辑。法律逻辑、科学逻辑和论辩逻辑是逻辑理论和方法在具体领域中的应用，都是应用逻辑的分支学科。	②逻辑学不同分支之间有何关系。
	【情境2】 【探究与分享】(教材第9页) 一天，初学逻辑的小明和小芳一起进行推理练习。 小明构造了一个推理： 所有马都是动物，所有白马都是马，所以，所有白马都是动物。 小芳也构造了一个推理： 所有马都是动物，所有牛都不是马，所以，所有牛都不是动物。	【学生表现】 学生发表自己的见解，交流与分享。 【教师评析】 一个演绎推理要保证结论真实必须具备两个条件：前提真实，推理形式有效。前提真实是指作为前提的判断都是真判断，推理形式有效是指推理遵守逻辑规律和规则。如果一个推理不具备这两个条件，就不能必然推出真实的结论。因此，当一个推理的结论虚假的时候，我们可以断定或者它有虚假的前提，或者它的推理形式非有效。但是，当一个推理的结论是真实的时候，我们也不能断定这个推理没问题。一个推理的前提虚假或者形式非有效，都可能得出真实结论，只是这种结论不是必然的、可靠的。	本环节要解决以下问题： ①理解推理的基本结构。

续　表

活动与议题	情境与任务	表现与评析	教学提示
	【任务】 两位同学进行推理的前提都是真的，推出的结论却不都是真的，为什么？ 【任务指向】 如何理解逻辑学研究的推理的真取决于推理的形式结构。	我们需要明确，推理的前提和结论是否真实，是属于推理内容方面的问题，不是逻辑应该回答的。逻辑主要从推理形式方面来研究一个推理是否有效，它所提供的是从推理形式方面保证推理的正确性的知识，以便我们从真实的前提必然地推出真实的结论。我们平时所谓合乎逻辑的推理就是指形式有效的推理，即前提与结论的联结方式合乎逻辑规律和规则，否则，就不是合乎逻辑的推理。 可见，结论必然真实的推理都是合乎逻辑的，而合乎逻辑的推理则不一定是结论必然真实的推理。	②为什么说逻辑学研究推理的“真”取决于推理的形式结构。
【议题2】 狭义逻辑学与广义逻辑学	【情境3】 判断下列推理是否有效。 ①凡有用的都是真理，所以，凡真理都是有用的。 ②凡语言都是交流思想的工具，汉语也是交流思想的工具，所以，汉语也是语言。	【学生表现】 学生发表各自不同的看法，交流与分享。 【教师评析】 推理中前提内容的真实性（是否合乎实际）和推理形式的有效性（是否遵守了推理的规律、规则）的相互关系问题是逻辑学中的一个核心问题。 对此，我们认为最简便的方法是列出全部有关的情况： ①前提真实且形式有效 例1：所有的金属都是可塑的，所有的铜都是金属，所以，所有的铜都是可塑的。 在这个推理中，前提符合事实，推理过程遵守了规则，结论必然是真实的。 ②前提真实而形式非有效 例2：所有的金属都是可塑的，所有的铜都是可塑的，所以，所有的铜都是金属。 在这个推理中，前提都是符合事实的，但推理过程违反了规则，结论是真实的。 ③前提不真实而形式有效 例3：所有可塑的都是金属，所有塑胶都是可塑的，所以，所有塑胶都是金属。 在这个推理中，有一个前提是不符合事实的，但它的推理过程却是符合规则的，结论是不真实的。 ④前提不真实且形式非有效 例4：所有可塑的都是金属，所有塑胶都是金属，所以，所有塑胶都是可塑的。 在这个推理中，两个前提都是不符合事实的，推理过程也违反了规则，结论却是真实的。 从上面的四种情况来看，我们可以得出如下结论：	本环节要解决以下问题： ①推理的真实性问题。

续 表

活动与议题	情境与任务	表现与评析	教学提示
【议题2】 狭义逻辑学与广义逻辑学	【任务】 这两个推理反映了形式有效性具有何种特征？	首先，前提的真实性和形式的正确性既是统一的，又是相对独立的。当前提真实时，形式可以是有效的(如例1)，也可以是非有效的(如例2)；同时，当前提不真实时，形式可以是非有效的(如例4)，也可以是有效的(如例3)。如果认为前提真实时形式一定有效，或者前提不真实时形式一定非有效，则是不符合实际情况的。 其次，只有前提真实并且形式有效的推理，才能必然地得出真实的结论(如例1)。前提不真实或者形式不正确的推理，都不能保证必然地得出真实的结论(如例2、3、4)。有时，虽然前提不真实或者形式非有效，结论却是真实的(如例4)，但是必须说明，这个真实的结论并不是从前提中必然得出的。 最后，还要特别注意，当前提真实并且结论也真实时，形式未必是有效的(如例2)。当前提不真实而形式有效时，结论未必不真实，例如：所有可塑的都是金属，所有的铜都是可塑的，所以，所有的铜都是金属。在这个推理中，有一个前提是不符合事实的，形式是符合推理规则的，结论是真实的。但是，如果推理形式是有效的，结论是不真实的，那就可以断定前提中一定包含不真实的前提(如例3)。 就情境3中的两个推理而言，第一个推理的前提是虚假的，推理形式也非有效，结论却是真实的。第二个推理的前提真实，而推理形式非有效，结论也是真实的。这两个推理的结论都不是必然地得出的。因此，推理的有效性只和推理的形式有关，与推理的内容无关。	②推理的形式有效性问题。
总 结	【任务指向】 如何理解日常思维中的论证、论辩与逻辑的关系？	【学生表现】 学生交流与分享各自不同的看法。 【教师评析】 在日常思维中，人们常常运用推理进行论证和论辩。把推理的理由讲出来作为“论点”的“论据”，就构成了通常所说的“论证”。用这样的论证方式去说服人，让他人接受自己的观点，或者用这样的方式去反驳别人的观点，就构成了“论辩”。论证和论辩中使用的推理是否有效，直接影响说服的效果。 一个论证或论辩只有经过合理性的评估之后，才能判别其是不是好的、令人信服的。论证或论辩评估可分为两个部分，一是对论证的前提进行评估，二是对从前提到结论的推理进行评估。论证或论辩的评估既涉及论证或论辩的内容，也涉及论证或论辩的推理形式，因此，评估论证或论辩时要从三个方面进行衡量：(1)理由的可接受性；(2)理由和结论之间的相干性；(3)理由对结论支持的充分性。	本环节要解决以下问题：理解论证、论辩与逻辑的关系。

资源与拓展

一、请同学们运用所学相关知识,谈谈下列语句中“逻辑”的含义。

1.列宁演说中的逻辑好像万能的触角,用钳子从各方面把你钳住,使你无法脱身:你不是投降,就是完全失败。

2.无故打人者反而有理,这种逻辑让人搞不懂。

3.在一般人的印象中,逻辑很难学。

4.跨过战争的艰难路程之后,胜利的坦途就到来了,这是战争的自然逻辑。

二、请同学们运用所学相关知识,谈谈下列推理是否有效。

1.本案作案人是去过作案现场的,张三去过作案现场,所以,张三是本案作案人。

2.法官都是懂法律的,他不是法官,所以,他不懂法律。

3.所有好干部都是密切联系群众的,所以,不密切联系群众的是不好的干部。

疑难解答

1.如何理解“掌握学习狭义逻辑学的基本知识与方法是学习广义逻辑学的基础”?

人类对正确推理和错误推理的“推理理论”展开系统研究,就形成了逻辑学的核心。人们在研究推理的时候,有两大思路。一种是仅仅从思维形式角度去研究,所有能够将真前提安全过渡到真结论的推理都是必然性推理;从真前提不能保证安全过渡到真结论的推理是或然性推理。另一种是从思维的内容角度去研究,主要是反映思维对象相反相成属性的思维方法和方式。有人在哲学层面上把这种推理称为辩证法,在思维层面上称为辩证思维,在逻辑层面上称为辩证逻辑。目前,逻辑学界对这种“逻辑”究竟是不是“逻辑”,是什么性质的“逻辑”等,尚未形成共识。因此,逻辑学的核心仍然在形式推理,而形式推理的核心又在必然性推理和或然性推理。必然性推理的重心在逻辑规律和规则上,或然性推理的重心在结论的可信程度上。人们把研究思维形式结构及其规律的形式逻辑称作狭义逻辑学,同时人们把含有狭义逻辑学和研究辩证思维中的规律、规则和方法的辩证逻辑等视为广义逻辑学。狭义逻辑学的核心是演绎逻辑,其他逻辑研究和逻辑应用都是建立在演绎逻辑基础上的。

2.正确思维的必要条件是什么?

遵守形式逻辑的规律与规则,是正确思维的必要条件。正确思维一定是合乎逻辑的思维,合乎逻辑的思维是遵守逻辑的规律与规则的思维。我们这里所讲的逻辑思维规律是指思维的同一律、矛盾律和排中律。逻辑的规则一般是指人们在使用概念、进行判断、构造推理时所要遵循的一系列规范的统称。

第二框　逻辑思维的基本要求

课标链接

这一框题与《普通高中思想政治课程标准(2017年版2020年修订)》选择性必修3《逻辑与思维》“2.4”相对应:“2.4掌握形式逻辑的三个基本规律,掌握形式逻辑的三个基本规律。”从教科书的内容看,这一框内容按照课标的要求,完全呈现“2.4”的要求,展现了同一律、矛盾律和排中律的含义与要求,以及违背相关思维规律的错误表现、如何避免违反逻辑规律等内容。

背景分析

人们在正确地进行逻辑思维时，既要正确运用各种逻辑方法和推理形式，还要遵守最基本的思维法则，这就是逻辑思维的基本规律。逻辑思维的基本规律是关于思维形式的基本规律，是人们正确运用各种思维形式的概括、抽象和总结。逻辑思维规律包括同一律、矛盾律和排中律，遵守由这些规律所决定的思维规范是正确思维的基本要求。本框内容主要告诉我们同一律、矛盾律和排中律的基本内容，违反依据这些规律所制定的思维规范会犯什么样的逻辑错误，以及运用这些思维规范应该注意哪些问题。

学习目标

这一框的学习目标是了解逻辑基本规律的内容和要求，正确理解它们的性质和作用范围，并能在实际思维中自觉遵守逻辑的基本规律，揭露并纠正违反逻辑规律的各种错误。在此基础上，教师引导学生理解同一律、矛盾律和排中律之间的关系，以及它们与正确的思维活动、社会实践之间的关系，引导学生把握遵循形式逻辑的要求与培养科学思维的关系。

重点难点

1.重点：同一律、矛盾律、排中律的含义、思维规范及应注意的问题。

2.难点：同一律、矛盾律和排中律的联系和区别。

课前准备活动

查阅资料，帮助学生明确亚里士多德提出逻辑基本规律的背景。此外，还可以引导学生列举一些常见的逻辑错误及这些错误违反形式逻辑基本规律的表现。

教学设计

活动与议题	情境与任务	表现与评析	教学提示
导入	请同学们找出这则材料中存在的逻辑错误。 《郑伯克段于鄢》一文中记载，郑庄公因恨其母姜氏而发誓说："不及黄泉无相见也！"后来却又"阙地及泉，遂而相见"。	【学生表现】 有的同学能够准确地找出材料中的逻辑错误，有的同学找不到，让能够准确找出材料中逻辑错误的同学谈谈自己的理解。 【教师评析】 逻辑的基本规律是思维的规律，它对思维的基本要求是思想的确定性。思想的确定性具体表现为同一性、不矛盾性和明确性。同一律是保证思想具有同一性的规律，矛盾律是保证思想具有不矛盾性（或前后一惯性）的规律，排中律是保证思想具有明确性的规律。遵守这几条规律，思想才会有确定性。违反这几条规律，思想就会出现含糊不清、自相矛盾、模棱两不可的逻辑错误。所以，逻辑的基本规律是正确思维必须遵守的起码准则，是运用概念、作出判断、构造推理的必要前提。	本环节主要是引导学生对日常生活中常见的逻辑错误进行辨识，能够对逻辑基本规律之同一律有基本的理解。

续　表

活动与议题	情境与任务	表现与评析	教学提示
导　入	【任务】 上述材料中是否存在逻辑错误？上述材料体现了逻辑思维的什么要求，又是如何体现的？	逻辑规律是思维领域里的规律，同时又是客观事物在人的主观意识中的正确反映。尽管客观事物千变万化，但是，具体事物在一定时间、一定条件下总是有质的规定性。这种质的规定性反映到人的思维中，就要求人的思想具有同一性、不矛盾性、明确性。总之，要求我们的思维和表达思维的语言具有确定性，这就是逻辑基本规律的客观基础。 材料就存在违反同一律的情况，犯了“偷换概念”的逻辑错误。郑庄公说：“不及黄泉无相见也！”后来却又“阙地及泉，遂而相见”。事实上，郑庄公把“不死不相见”偷换成了“到地道里相见”，把“及黄泉”的引申义偷换成本义。	
【议题1】 同一律：思维的确定性要求	【情境1】 【探究与分享】（教材第10页） 甲：“你们这样通宵达旦、吵吵闹闹地在宿舍打牌，影响别人休息。” 乙：“影响别人，又不影响你。别人没有怨言，你有什么不平的？” 【任务】 甲与乙的对话中有没有逻辑问题？谈谈你的理由。 【任务指向】 认识同一律，思考违反同一律会出现什么样的逻辑错误，懂得正确思维要遵循同一律的要求。	【学生表现】 有的学生提出乙的话违反了同一律的要求，有的学生提出乙的话违反了矛盾律的要求，由此可以引导学生明确乙所犯的是“偷换概念”的逻辑错误。 【教师评析】 同一律是指在同一思维过程中，每一思想必须与其自身保持同一性，不能混淆概念或偷换概念，也不能转移论题或偷换论题。我们可以分两种情况来理解：一是就概念来说，人们所使用的概念必须保持同一，不能任意变更，不能直接或间接地把不同概念当作同一概念来使用；二是就判断来说，人们在使用判断的过程中必须与其自身同一，不能无意或故意违反同一律关于判断的逻辑要求，用另外一个与原论题无关的论题来代替原本需要论证的论题。 以上要求具体表现为以下两个方面：一方面，由于概念本身是同一的，这就要求在同一思维过程中不能用另外一个概念来代替原来的概念；由于概念自身是同一的，这就要求概念保持自身的确定性，要与其他概念加以区别，不得把两个概念混为一谈。因此，如果人们在使用概念时没有遵守同一律，就会犯“偷换概念”或“混淆概念”的逻辑错误。另一方面，就判断来说，同一律要求在同一思维过程中作出的断定必须与其自身同一，不能任意更换。也就是说，不能直接或间接地把不同判断当作同一个判断来使用。如果人们在使用判断的过程中没有遵守同一律，就会犯“偷换论题”或“转移论题”的逻辑错误。	本环节要解决以下问题： ①同一律的含义。 ②违反同一律所犯的逻辑错误。 ③同一律的作用及应注意的问题。

续 表

活动与议题	情境与任务	表现与评析	教学提示
【议题1】 同一律:思维的确定性要求	【情境2】 某工厂召集各车间主任汇报产品质量,在会上有个主任发言:“我认为我厂的产品质量问题是由于领导思想上不重视。我老家村里有个打铁的老人,手艺很高明,但思想保守,不愿把技术传给别人,唯独只传给他第三个儿子。后来,他和老三都死了,手艺也就失传了,这很可惜。因此,质量问题是由于领导思想保守引起的。” 【任务】 请同学们思考这个主任的发言有无逻辑错误。 【任务指向】 思考违反同一律会出现什么样的逻辑错误。	【学生表现】 这个主任的发言存在逻辑错误。主任的发言违反了同一律,犯了“转移论题”的逻辑错误。 【教师评析】 这个主任的发言违反了同一律关于同一思维过程中应当保持判断同一性的要求。实际上在主任的发言中,他作出的判断是“我厂的产品质量问题是由于领导思想上不重视”,但他却围绕“我厂的产品质量问题是由于领导思想保守”这个判断进行论证,所以犯了“转移论题”的逻辑错误。	本环节要解决以下问题: ①加深理解同一律的要求。 ②熟练掌握违反同一律所犯的逻辑错误。
【议题2】 矛盾律:思维的一致性要求	【情境1】 【探究与分享】(教材第11页) 《韩非子·难一》载:“楚人有鬻盾与矛者,誉之曰:‘吾盾之坚,物莫能陷也。’又誉其矛曰:‘吾矛之利,于物无不陷也。’或曰:‘以子之矛陷子之盾,何如?’其人弗能应也。夫不可陷之盾与无不陷之矛,不可同世而立。” 【任务】 这位楚人为什么“弗能应”? 【任务指向】 认识矛盾律,思考违反矛盾律会出现什么样的逻辑错误,懂得正确思维要遵循矛盾律的要求。	【学生表现】 楚人之所以“弗能应”,乃在于问话者的问题显示出其论断中有逻辑矛盾,“吾盾之坚,物莫能陷也”和“吾矛之利,于物无不陷也”。 【教师评析】 矛盾律指的是:在同一时间、从同一方面、对同一对象所形成的论断“A”和它的否定论断“非A”不能同真,其中必有一假。 矛盾律要求人们:在同一时间、从同一方面、对同一对象形成的论断“A”和“非A”,不能断定它们都成立。具体而言,它要求认知主体不能直接或间接地断定同一对象既具有某属性,同时又不具有该属性;不能直接或间接地断定同一组对象既具有某种关系,同时又不具有该关系;不能直接或间接地断定同一判断既是真的,同时又不是真的。需要强调的是,这里的“认知主体”不限于任何一个人,它可以包括任何特定的认知共同体,还可以包括当代人工智能主体。如果人们在使用概念、进行判断时没有遵守矛盾律,就会犯“自相矛盾”的逻辑错误。	本环节要解决以下问题: ①矛盾律的含义。 ②违反矛盾律所犯的逻辑错误。 ③矛盾律的作用及应注意的问题。

续　表

活动与议题	情境与任务	表现与评析	教学提示
【议题2】 矛盾律:思维的一致性要求	【情境2】 【探究与分享】(教材第12页) 某电站外高挂告示牌,上面用醒目的大字写着:“严禁触碰电线! 千伏高压,一触即死,违者法办。” 【任务】 该告示牌上的话是否成立,为什么? 【任务指向】 思考违反矛盾律会出现什么样的逻辑错误。	【学生表现】 学生搜集日常生活中违背矛盾律的要求、犯“自相矛盾”错误的论断或案例,以小组为单位进行交流分享。 【教师评析】 矛盾律的作用范围是在同一时间、从同一方面、对同一对象所形成的论断,对于同一对象从不同方面揭示它的不同属性,不是矛盾律的作用范围,同时矛盾律不否认以矛盾方式进行的修辞。也就是说,如果对于同一对象在不同的时间给予相反的断定,并不违反矛盾律。比如,我们断定“中国处于新民主主义革命阶段”,又断定“中国处于社会主义革命阶段”,其对应时间分别是1949年以前和1949年以后,这并不矛盾。再如,著名的诗人臧克家在一首诗里写道:“有的人死了,他还活着;有的人活着,他已经死了。”前后两句诗中“死了”与“活着”分指对象的生理与精神两个方面,因而是可以并存的,并不矛盾。	本环节要解决以下问题: ①加深理解矛盾律的要求。 ②熟练掌握违反矛盾律所犯的逻辑错误。
	【情境3】 【探究与分享】(教材第12页) 下列论断有些是自相矛盾的,有些不是。 小明想画一个方的圆。 蝉噪林逾(愈)静,鸟鸣山更幽。 人类的认识能力既是无限的,又是有限的。 这几周的军训太紧张了,但已经不知不觉地过去了。 【任务】 请你作出判断,并说明理由。 【任务指向】 区分逻辑矛盾和辩证矛盾。	【学生表现】 学生发表各自不同的看法,交流与分享。 【教师评析】 矛盾律的作用在于保证思想的无矛盾性。这种无矛盾性也是限定在同一思维过程中的,也就是指在同一时间、从同一方面、对同一对象所形成的论断不能自相矛盾。 谈到矛盾律的时候,我们必须将逻辑矛盾和辩证矛盾区别开来。我们承认客观世界普遍存在着矛盾,同时要致力于在思维中正确反映这种矛盾,但这种“矛盾”是指客观事物的“对立统一”及其在思维中的反映,而不是形式逻辑所讲的“自相矛盾”,决不可把这两个“矛盾”概念混为一谈。逻辑矛盾与辩证矛盾的根本区别是:包含逻辑矛盾的判断即自相矛盾的判断都是直接或间接地既断定事物具有某种属性,同时又断定事物不具有该属性;而辩证矛盾反映的是事物同时具有两种对立统一、相反相成的属性。 因此,逻辑矛盾是需要拒斥的,而辩证矛盾是对客观事物变化发展的对立统一性的正确反映,是需要揭示和把握的。	本环节要解决以下问题: ①巩固认识,理解必须拒斥违反矛盾律的自相矛盾。 ②理解唯物辩证法关于把握对立统一的辩证矛盾的要求。 ③知道辩证矛盾是在客观事物存在和发展中普遍存在的,不同于逻辑矛盾。

续 表

活动与议题	情境与任务	表现与评析	教学提示
【议题3】 排中律：思维的明确性要求	【情境】 【探究与分享】(教材第12页) 在一次讨论会上，关于某部古典作品是不是中国文学史上的优秀作品，出现了两种截然相反的评价意见。有人认为它是一部优秀的文学作品，也有人认为它不是一部优秀的文学作品。讨论结束时，会议主持人表态说："我反对第一种意见，也反对第二种意见。" 【任务】 会议主持人的话是否合乎逻辑，为什么？ 【任务指向】 认识排中律，思考违反排中律会出现什么样的逻辑错误，懂得正确思维要遵循排中律的要求。	【学生表现】 学生发表各自不同的看法，交流与分享。 【教师评析】 排中律指的是：在同一时间、从同一方面、对同一对象所形成的论断"A"和它的否定论断"非A"不能同假，其中必有一真。 排中律要求人们：在同一时间、从同一方面、对同一对象形成的论断"A"和"非A"，不能都否定，要拒斥"两不可"，不能对"是"与"非"各打五十大板。具体而言，它要求认知主体不能直接或间接地既否认对象具有某种属性，同时又否认对象不具有该属性；不能直接或间接地既否认某组对象具有某种关系，同时又否认该组对象不具有该关系；不能直接或间接地既否认某判断是真的，同时又否认该判断不是真的。如果人们在使用概念、进行判断时没有遵守排中律，就会犯"两不可"的逻辑错误。	本环节要解决以下问题： ①知道合乎逻辑的思维是具有明确性的思维。 ②知道违反排中律会出现什么逻辑错误。
总 结	【任务指向】 逻辑基本规律与科学思维的关系。	【学生表现】 有学生回答它们都是思维的基本规律，能够用来规范我们的思维。 【教师评析】 同一律、矛盾律和排中律是形式逻辑的基本规律。这些基本规律是人们在长期的社会实践中，对认识客观事物的正确思维活动的总结。它们不是逻辑学家头脑中固有的，也不是哪个权威规定的。人们通过无数次的社会实践，既认识到了客观事物的规律，也认识到了思维自身的规律。实践证明，只有遵循形式逻辑基本规律的思维，才有可能是科学思维；而违背形式逻辑基本规律的思维，则不可能是科学思维。	本环节要解决以下问题：阐明同一律、矛盾律和排中律的客观基础。

资源与拓展

一、请同学们根据同一律的知识，指出下列各段话有无逻辑错误，并说明理由。

1.南极地区鸟的种类很少，但鸟的数量却很多。

2.在20世纪，达尔文的学生赫胥黎教授和大主教威尔勃福斯曾就“人类是由猿演变而来的”论题进行了一场有名的辩论。大主教拿不出任何有说服力的证据，却将原论题变成了“人是由猴子变的”，并对其加以批驳，质问赫胥黎：“有哪个人不是父母所生，是猴子变的？又有哪一只猴子变成了人？”还对赫胥黎进行人身攻击：“请问赫胥黎教授，猴子的资格是从祖父那里得到的，还是从祖母那里得到的？”

二、请同学们根据矛盾律的知识，指出下列各段话有无逻辑错误，并说明理由。

1.第二次世界大战时，某国空军曾制定出这样一条军规：如果飞行员被医生断定有精神病，他可以不参加作战飞行，在退出作战以前，他应当提出不参加战斗的理由；而假如他意识到自己有病不能参加战斗，那就证明他头脑健全，没有精神病。

2.一对新婚夫妇吵架，最后妻子再也忍受不住了，大哭起来，“我跟你一刀两断，收拾东西回我娘家去。”“好啊，亲爱的。”丈夫说，“路费在这儿。”她数了数钱问：“回来的路费呢？”

三、请同学们根据排中律的知识，指出下列各段话有无逻辑错误，并说明理由。

1.基本粒子是又间断又连续，若断若续、非断非续，续中有断、断中有续；可能愈分愈小，也可能愈分愈大。

2.讽刺小说《官场现形记》中描述：贾大少进京买官，问华中堂，见了上头要不要磕头。华中堂闪烁其词。贾大少又问徐大军机，徐对贾大少说：“应磕头的时候你磕头，不应磕头的时候还是不磕为妙。”

疑难解答

1.为什么有的逻辑书不把矛盾律表述为“两个矛盾关系或反对关系的思想不能同真”？

反对关系的思想不能同真，是由矛盾关系的思想不能同真所包容着的。或者说，是由矛盾关系的思想不能同真推出来的。因此说，“两个矛盾关系或反对关系的思想不能同真”是成立的。

但是，这样的表述不理想。因为“反对关系的思想不能同真”与“矛盾关系或反对关系的思想不能同真”不在同一个层次上，后者是从前者推导出来的。作为逻辑基本规律的表述应当表达最基本的思想，即所谓“通道必简”。

2.同一律、矛盾律和排中律之间有何联系和区别？

同一律、矛盾律和排中律都是思维确定性的表现，它们在一起构成逻辑思维的基本规律。逻辑思维的基本规律是关于思维形式的基本规律，是人们正确运用各种思想形式的概括、抽象和总结。逻辑规律与其他学科刻画的客观规律一样，都是不以人的主观意志为转移的。因而，与我们应依据各种具体科学规律来制定实践规范一样，我们也应当依据逻辑规律来制定思维规范。

逻辑基本规律的逻辑公式分别是：“A是A”“并非(A并且非A)”“A或者非A”。将这些逻辑公式刻画成逻辑形式就变成：“A®A”“$\neg(A\wedge\neg A)$”“$A\vee\neg A$”。从复合判断之间的关系来看，三者是等值的，可以互相推出。

它们之间的区别在于：同一律是从肯定方面表述思想的自身同一，是“可能的可能”“意义的条件”；矛盾律在同一律的基础上进一步对思维的确定性给予展开，指出既肯定又否定的思想是逻辑矛盾，不能同真，它最直接地体现“逻辑之所舍”；排中律指出两个互相矛盾的思想不能同假，必有一真，它最直接地体现“逻辑之所取”。三条基本规律虽然都是为了保证思维具有确定性，避免逻辑矛盾，但又是从不同的侧面来表述思想的确定性的，因而它们的内容、要求、作用都有区别。同一律从正面表述思想的确定性，指出思想的同真同假，从而提出在同一思维过程中思想必须保持同一的要求。矛盾律和排中律则进一步揭示在一个思维中相互否定的思想不能同真，必有一假，相互矛盾的思想不能同假，必有一真，并由此提出各自的逻辑要求。

第三课 领会科学思维

第一框 科学思维的含义与特征

课标链接

这一框题与《普通高中思想政治课程标准(2017年版2020年修订)》选择性必修3《逻辑与思维》“1.2”相对应:“1.2区分抽象思维和形象思维;掌握科学思维的特点,体悟学会科学思维的意义。”本框所呈现的内容是“1.2”中的“掌握科学思维的特点”的要求。

背景分析

学生学习了思维的含义与基本特征、了解了逻辑的多种含义、理解了逻辑思维的基本要求之后,对思维与逻辑有了初步的了解。在此基础之上,就有了对思维好坏的评判问题。本框关注“科学思维”,在前期学习基础之上再深入一步,探讨对思维如何进行评价,引导学生思考什么才是好的思维,好的思维与不好的思维相比有什么特征,进而引出“科学思维”这个重要概念。本框是《逻辑与思维》第一单元的最后一课,也是本单元的落脚点,从思维的含义、特征、形态到逻辑思维,最终引导学生在此基础上关注和追求科学思维。

学习目标

明确科学思维的两个基本条件,任何思维都是内容和形式的统一,内容真实和形式正确是科学思维的两个基本条件;把握科学思维的基本含义,注意辨析科学思维与逻辑思维、辩证思维、创新思维之间的联系和区别;把握科学思维的基本特征,科学思维的特征是在和不科学思维的比较中确立的。

重点难点

1. 重点:理解科学思维的含义,把握科学思维与不科学思维的区别以及科学思维与逻辑思维、辩证思维和创新思维之间的关系。

2. 难点:把握科学思维的客观性、预见性、可检验性等主要特征。

课前准备活动

要求学生搜集一些不科学思维的案例,包括相对主义、诡辩论、形而上学思维的具体案例,结合对课本的预习,请他们分析出现这些问题的原因。

教学设计

活动与议题	情境与任务	表现与评析	教学提示
导 入	播放中国工农红军第一次到第五次反“围剿”战争的相关视频。 【任务】 为什么前四次反“围剿”获得了胜利，第五次反“围剿”却失败了？从思维角度如何来解释？	【学生表现】 大部分同学能够答出来第五次反“围剿”失利的原因，但是不少人尚不能从思维角度进行分析。 【教师评析】 红军第五次反“围剿”失利的客观原因是敌我力量悬殊。主观原因是王明“左”倾错误路线，这也是最主要最根本的原因。1933年，王明等“左”倾领导人逐渐掌握苏区领导权，毛泽东被排挤出领导核心，他的正确军事指挥思想没有得到贯彻。王明、博古等人推行一系列过“左”的社会、政治、经济政策，损害了党和民众的关系。面对国民党百万大军的疯狂进攻，他们不顾当时的实际情况，主要依靠共产国际派来的军事顾问、德国人李德负责军事指挥，放弃了过去几次反“围剿”中毛泽东坚持的积极防御的正确方针，主张“御敌于国门之外”，使红军陷于被动地位；在进攻遭受挫折后，又采取消极防御方针，实行分兵防御、“短促突击”，企图用阵地战代替游击战和运动战，同装备优良的国民党军队拼消耗，最终导致第五次反“围剿”失利。 从思维角度看，王明、博古等党的领导人犯了形而上学的思维错误。“左”倾的表现主要是政治思想上超越客观实际，脱离社会现实条件，陷入空想、盲动和冒险，表现为急于求成，主观地夸大革命力量，轻视敌人力量和客观困难，采取盲目的冒险的行动。这实际上是以孤立、片面、静止的观点看问题，这就是形而上学的错误思维。	本环节通过从思维角度对第五次反“围剿”失利的解释，一方面能够拓展学生对党史的认知，另一方面能够引出思维的评价问题，为科学思维的“出场”铺垫基础。
【议题1】 科学思维的含义	【情境1】 【探究与分享】(教材第14页) 坚持创新发展、协调发展、绿色发展、开放发展、共享发展，是关系我国发展全局的一场深刻变革。这五大发展理念相互贯通、相互促进，是具有内在联系的集合体，要统一贯彻，不能顾此失彼，也不能相互替代。新发展理念是解决当前我国发展面临的突出问题和挑战的战略指引，有利于解决好发展不平衡不充分问题，反映了党对经济社会发展规律认识的深化。	【学生表现】 学生讨论并交流对新发展理念的科学性的理解。 【教师评析】 五大发展理念符合人类社会发展规律和社会主义建设规律，在思想认识和理论方法上都是正确的。五大发展理念是解决当前我国发展面临的突出问题和挑战的重要理论指导，有助于解决我国社会发展面临的动力不足、不平衡不充分、贫富差距拉大、人与环境关系紧张等一系列问题，从而走出创新、协调、绿色、开放、共享的发展新路。习近平同志指出：“准确把握我国不同发展阶段的新变化新特点，使主观世界更好符合客观实际，按照实际决定工作方针，这是我们必须牢牢记住的工作方法。”基于这一科学方法论提出的五大发展理念，正当其时、恰逢其时，实现了客观决定性与主观能动性、合目的与合规律的有机统一，是科学的思维方式。	本环节要解决以下问题： ①思维有科学与不科学之分。 ②正确思维的条件。 ③科学思维的含义。

续　表

活动与议题	情境与任务	表现与评析	教学提示
	【任务】 从思维的角度，谈谈你对新发展理念的科学性的理解。 【任务指向】 对科学思维的理解与认识。	对学生的讨论进行简要点评，指出五大发展理念具有真实的内容和正确的形式，体现了以习近平同志为核心的党中央在解决我国经济社会发展面临的问题时所展现出的科学的思维方式。	
【议题1】 科学思维的含义	【情境2】 到底什么是科学思维？逻辑思维、辩证思维、创新思维是不是科学思维？不科学思维与科学思维的区别是什么？ 【任务】 结合对科学思维概念的理解，思考科学思维与不科学思维的区别。	【学生表现】 学生探讨科学思维的概念。 【教师评析】 教师指出科学思维的概念：科学思维泛指符合认识规律、遵循逻辑规则的思维，是能够达到正确认识结果的思维。“科学思维”是一个偏正结构的复合短语，“科学”是“思维”的限定语，是“科学的”意思，“科学思维”可以简单地理解为“科学的思维”，是正确、合理、高效的思维方式。 引导学生理解科学思维与逻辑思维、辩证思维、创新思维的关系：它们不是并列的关系，科学思维不是特指某种具体的思维类型，而是对实践中遵循逻辑思维要求、运用辩证思维方法、创新性解决问题的思维方式的总称。 结合导入环节的案例，指出科学思维与不科学思维的区别。说明不科学思维是主观臆想的、不合逻辑的、片面僵化的思维。	④科学思维与逻辑思维、辩证思维、创新思维的关系。 ⑤不科学思维的主要特征。
【议题2】 科学思维的特征	【情境1】 【探究与分享】(教材第15页) 《隋书·律历志》载：“宋末，南徐州从事史祖冲之，更开密法，以圆径一亿为一丈，圆周盈数三丈一尺四寸一分五厘九毫二秒七忽，朒数三丈一尺四寸一分五厘九毫二秒六忽，正数在盈朒二限之间。密率，圆径一百一十三，圆周三百五十五。约率，圆径七，周二十二。”早在南北朝时期，祖冲之就推算出圆周率的值介于3.141 592 6和3.141 592 7之间，并提出圆周率的密率为$\frac{355}{113}$，约率为$\frac{22}{7}$。今天，人们仍然在使用圆周率这个数值。	【学生表现】 有的学生会凭直觉给出自己的答案，并说明理由；个别学生可能给不出答案。 【教师评析】 对学生给出的答案进行简要点评。祖冲之推算出的圆周率之所以到今天仍有适用性，因为他的计算结果是正确的，这是他运用科学思维进行分析计算得出的正确结果。	本环节要解决以下问题： ①科学思维追求认识的客观性。

续 表

活动与议题	情境与任务	表现与评析	教学提示
	【任务】 南北朝时期祖冲之推算出的圆周率为什么直到今天仍有适用性? 【任务指向】 对科学思维特征的理解。	教师引导学生得出结论:祖冲之的圆周率直到今天仍适用说明了科学思维追求认识的客观性。科学思维总是从实际出发,力图如实地反映认识对象。科学思维不盲目崇拜权威,不盲目相信书本结论,它尊重实践检验的结果,注重实事求是的推理和论证,坚持以理服人,努力把握和遵循客观规律。	
【议题2】 科学思维的特征	【情境2】  在广义相对论中,爱因斯坦提出了几个与观测有关的预言,如光线在经过巨大星体时,在引力场的作用下会发生弯曲。1919年5月29日,借助出现日全食的机会,英国天文学家爱丁顿(1882—1944)等人率领两支考察队,分别在非洲西部几内亚湾的普林西比岛和南美洲巴西的索布腊尔进行观测,测得两地星光经过太阳时的平均偏转值为1.79",与爱因斯坦预言的1.75"相差无几。 【任务】 爱因斯坦在广义相对论中提出的预言,为什么能够成功预测光线的弯曲现象?	【学生表现】 学生发表各自的看法,交流与分享。 【教师评析】 教师总结:爱因斯坦的预言,是运用科学思维进行判断和推理的结果,是科学的理论。因此科学思维的产物——科学的理论就可以准确预测事物,并且被实践所检验。 教师由此总结出科学思维的另外两个特征: 科学思维的结果具有预见性。科学思维总是通过对事物历史与现实材料的分析,找出事物发展的规律,并对事物的发展趋势、发展前景作出合乎逻辑的推断。由于科学思维能够把握事物发展的规律,因而它的论断具有超前性。 科学思维的结论具有可检验性。思维的结果必须接受实践的检验。越是复杂的事物,对它的认识越要经过实践的反复检验。科学思维能够以实事求是的态度接受实践的严格检验,修正错误,坚持真理。	②科学思维的结果具有预见性。 ③科学思维的结论具有可检验性。
总 结	【任务指向】 科学思维的客观性、预见性、可检验性等特征,是各自独立的,还是相互联系的?	【学生表现】 学生发表各自的看法,交流与分享。 【教师评析】 科学思维的客观性、预见性、可检验性等特征不是完全独立的,而是相互联系的。客观性中有预见性和可检验性,预见性中有客观性和可检验性,可检验性中也有客观性和预见性。科学思维除了这些特征之外,还有其他的特征,比如普适性、创造性等。这里只是列举了主要特征,便于同学们把握其中的主要性质。	本环节要解决以下问题:总结科学思维特征。

资源与拓展

1.思考为什么会有不科学的思维。

2.阅读《关于思维科学》(钱学森主编，上海人民出版社1986年版)、《中国思维科学研究报告》(郭京龙、郭志族主编，中国社会出版社2007年版)，了解思维科学的基本常识。

疑难解答

1.为什么科学思维的定义是描述性的?

科学思维不是一种与逻辑思维、辩证思维、创新思维并列的单独的思维类型，而是对逻辑思维、辩证思维、创新思维等正确的思维的总称。因此，教材对科学思维的定义是描述性的，而非“属+种差”等一般定义方式。“科学”一词至少包含两层语义：一是作为名词，“反映自然、社会、思维等的客观规律的分科的知识体系”；二是作为形容词，指“合乎科学的”属性。因此，关于科学思维，我们也可以有两个层面的不同理解。第一，把“科学”理解成名词，并且理解成狭义上的自然科学，科学思维即为“科学方法”“科学中的思维方式”(the way of thinking in science)，尤其是在近代自然科学的巨大成就基础上的统御自然科学各学科的思维方式，即理解和认识自然事物的法则，这是一种科学本体层面的理解。第二，把“科学”理解成形容词，是“好的”“正确的”“合理的”，因此“科学思维”就是科学的思维方式，就是正确、合理、高效的思维方式(the scientific way of thinking)，这是一种价值层面的理解。我们从事任何工作都需要思维的参与，而科学的思维方式能够使我们的工作更加高效、行为更加合理。教材中提到的“科学思维”就应该这样理解，因此教材就用描述的方式对科学思维的概念进行定义。

2.教材里所讲的“科学思维的特征”，是否包含科学思维的所有特征?

教材中所讲的科学思维的特征，只是科学思维的主要特征而非全部特征。人们可以从不同的角度，如不同学科的角度、不同认识的角度等，对科学思维的特征作出不同的概括。即便是从“逻辑与思维”的角度进行概括，科学思维的特征也有很多，如科学思维的创造性特征等。限于篇幅，教材只能就科学思维的主要特征进行阐释。

第二框　学习科学思维的意义

课标链接

这一框题与《普通高中思想政治课程标准(2017年版2020年修订)》选择性必修3《逻辑与思维》“1.2”相对应：“1.2区分抽象思维和形象思维；掌握科学思维的特点，体悟学会科学思维的意义。”本框所呈现的内容是“1.2”中的“体悟学会科学思维的意义”的要求。

背景分析

前面一课，学生学习了科学思维的基本概念、主要特征，对科学思维有了初步的了解。在此基础之上，我们要进一步探讨学习科学思维有什么作用的问题。本框关注“学习科学思维的意义”，在前期学习的基础之上再深入一步，探讨学习科学思维对中学生的意义，使其进一步坚定信心，提升学习科学思维的积极性和主动性。本框是《逻辑与思维》第一单元第三课的最后一框，通过前面对科学思维含义、特征的学习，最终引导学生在此基础上理解学习科学思维的重要性，从而增强其学习科学思维、提高思维品质的积极性和主动性。

学习目标

明确学习科学思维的重要意义。学习科学思维，有利于我们纠正逻辑错误，驳斥诡辩，捍卫真理；有利于我们把握事物的本质和发展规律；有利于提高我们的创新能力；还有助于准确把握历史方位，提高政治站位，提升思想水平和政治觉悟；有助于我们发扬科学精神，投身社会实践，促进国家发展。

重点难点

1. 重点：理解学习科学思维的思维素养意义和思想政治意义。

2. 难点：提高学习科学思维的积极性和主动性。

课前准备活动

要求学生阅读鲁迅的《"有名无实"的反驳》全文，并了解文章撰写的时代背景，认识不科学思维的危害。查阅习近平总书记在中国政法大学考察时的讲话以及在省部级主要领导干部坚持底线思维着力防范化解重大风险专题研讨班开班式上的重要讲话等相关内容，了解习近平总书记关于科学思维的重要论述，体会学习科学思维的重要意义。

教学设计

活动与议题	情境与任务	表现与评析	教学提示
导 入	鲁迅曾在《"有名无实"的反驳》中批评当时国民党军队中的一位排长，他写道："以为不抵抗将军下台，'不抵抗'就一定跟着下台了。这是不懂逻辑：将军是一个人，而不抵抗是一种主义，人可以下台，主义却可以仍旧留在台上的。"	【学生表现】 部分同学能够回答出来，但也有部分学生回答不上来。 【教师评析】 《"有名无实"的反驳》这篇文章大家应该都看过，这是鲁迅先生创作于1933年5月18日的一篇杂文。1931年9月18日，日本驻中国东北地区的关东军突然袭击沈阳，以武力侵占东北，当时驻守东北的张学良奉蒋介石"绝对抱不抵抗主义"的命令，将东北拱手让给日本，张学良当时被国人骂为"不抵抗将军"。1933年3月日军又侵占热河(中华民国时期东北四省之一，今内蒙古自治区赤峰市全境、通辽市大部，辽宁省义县、锦州市以北，彰武县以西区域，河北省承德市大部)，蒋介石为推卸责任，平抑民愤，又迫令张学良"引咎辞职"。 1933年5月17日，上海著名的报纸《申报》刊登了一篇特约通讯《战区见闻录》，该文记载了当时张学良军队中的一名排长对张学良奉行不抵抗政策表现出的不满及对其下台流露出的喜悦。鲁迅这篇文章假借批驳这位排长的不满言论，讽刺和揭露了国民党反动派投降卖国的卑劣行径。	本环节通过品析鲁迅的杂文《"有名无实"的反驳》，分析排长所犯的逻辑错误及其原因，引出学好科学思维的重要意义和价值。

续 表

活动与议题	情境与任务	表现与评析	教学提示
导 入	【任务】 鲁迅为什么说这位排长“不懂逻辑”？	鲁迅为什么说这位排长“不懂逻辑”呢？因为这位排长把“不抵抗将军”与“不抵抗主义”两个不同的概念混淆了，他把“不抵抗将军”下台理解成“不抵抗主义”下台。事实是虽然“不抵抗将军”下台了，但是“不抵抗主义”并没有下台，仍然是国民党反动派对日的主要策略。这说明，在一个思维过程中，不能混淆概念，也不能转移论题，必须遵循逻辑思维的同一律原则，否则就会犯逻辑错误。这也说明，学会科学思维意义重大。	
【议题1】 学习科学思维的思维素养意义	【情境1】 甲：“我能证明‘一个人有三个头’。” 乙：“愿闻高见。” 甲：“每个人有一个头，没有人有两个头，一个人比没有人多一个头，所以，一个人有三个头。” 乙：呃…… 虽然乙明明知道甲的论证是错误的，但不知道如何去反驳。 【任务】 如果是你，你会如何去反驳甲的谬论？ 【任务指向】 学习科学思维的思维素养意义。	【学生表现】 学生有一些模糊的直观认识，但是很难从逻辑上进行有效驳斥，也无法从理论上加以合理阐释。 【教师评析】 对学生的讨论进行简要点评，教师着重分析：这是一个典型的偷换概念的逻辑错误，经常用于诡辩之中。如果不能很好地辨别，则难以有效驳斥。在甲的论证中，“没有人”这三个字前后出现两次，但两次所要表达的意思是不一样的。在前一个表述“没有人有两个头”中，“没有”是一个否定词，它否定的是“有人有两个头”这一判断，这里的“没有”是一个全称否定判断，意思是说“所有的人都没有两个头”。而在后一个表述“一个人比没有人多一个头”中，“没有”这个否定词否定的是“人”这个概念，因而“没有人”在这里表达的是一个独立的否定概念——“无人”，即“一个人也没有”。所以，甲的论证是利用字面或语词的相同，暗中偷换了概念，甲违反了同一律的逻辑要求，用一个概念去代换另一个不同的概念，从而得出荒谬的结论，实现了自己诡辩的目的。诡辩在表面上总能迷惑一部分人，但是其根源存在逻辑错误，诡辩论者往往有意利用人们的思维缺陷从而达到歪曲事实的目的。 教师进一步引导学生：学习科学思维非常重要，它有助于我们纠正逻辑错误，驳斥诡辩，捍卫真理。科学的抽象思维一定是符合逻辑要求的思维，违背逻辑要求的思维不是科学思维。通过学习逻辑知识，我们可以更好地担当起维护真理的责任。	本环节要解决以下问题：①学习科学思维有助于我们纠正逻辑错误，驳斥诡辩，捍卫真理。

续 表

活动与议题	情境与任务	表现与评析	教学提示
【议题1】 学习科学思维的思维素养意义	【情境2】 抗日战争爆发后，国内存在着中国必定灭亡的消极悲观的“亡国论”和中国很快胜利的盲目乐观的“速胜论”两种观点，毛泽东认为最后的胜利是中国的，但这是一场持久战。在《论持久战》中，毛泽东指出：中日战争是半殖民地半封建的中国和帝国主义的日本在20世纪30年代进行的一场决死的战争。这是对中日战争矛盾的总分析。具体而言，“敌强我弱、敌退步我进步、敌小我大、敌寡助我多助”，所以，这场战争会经历防御、相持、反攻三个阶段。在不同的阶段，我们应该采取不同的战略方针。经过持久战，最后的胜利一定是属于中国的。 实践证明毛泽东得出的结论是科学的。 【任务】 中国革命为什么最后能夺取胜利？如何看待毛泽东分析问题的思维方式？ 【任务指向】 对科学思维特征的理解与认识。	【学生表现】 有的学生会凭直觉给出自己的答案并说明理由，不少学生可能给不出答案。 【教师评析】 教师对学生给出的答案进行简要点评，并介绍《论持久战》的基本内容：《论持久战》是毛泽东1938年在延安抗日战争研究会上的演讲稿。在总结抗日战争初期经验的基础上，针对中国国民党内部分人的中国“必亡论”和“速胜论”，以及中国共产党内部分人轻视游击战的倾向，毛泽东系统阐述了中国实行持久战以获得对日作战胜利的战略。 在《论持久战》中，毛泽东运用辩证唯物主义的思维方法，用联系的、发展的、全面的观点看待中日战争，对战争性质、战争特点、战争发展阶段、战争战略策略、战争依靠力量等问题进行科学分析，论证了抗战的发展规律，阐明了争取抗战胜利的道路，批判了各种错误认识。这是闪耀辩证法光辉的人民战争思想，是指导中国抗日战争取得胜利的思想武器。 教师引导学生得出结论：毛泽东的辩证思维是科学的思维方式，有利于我们把握事物的本质和发展规律。世界是普遍联系、变化发展的。认识世界，不仅要认识事物的部分、方面、阶段，而且要认识事物变化发展着的整体。学会辩证思维方法，我们可以更为全面、动态地把握客观事物。“必亡论”和“速胜论”者都犯了形而上学的思维错误，他们只看到了眼前的情况和片面的内容，其思维方式是主观和片面的。 教师进一步分析：学习科学思维还有助于我们把握新情况、解决新问题，从而有所发现、有所发明、有所创造，提高我们的创新能力。	②学习科学思维有助于我们把握事物的本质和发展规律。 ③学习科学思维有助于我们把握新情况，解决新问题，提高创新能力。
【议题2】 学习科学思维的思想政治意义	【情境1】 2017年5月3日，习近平总书记在中国政法大学考察时指出，青年时期是培养和训练科学思维方法和思维能力的关键时期，无论在学校还是在社会，都要把学习同思考、观察同思考、实践同思考紧密结合起来，保持对新事物的敏锐，学会用正确的立场观点方法分析问题，善于把握历史和时代的发展方向，善于把握社会生活的主流和支流、现象和本质。	【学生表现】 学生发表各自的看法，交流与分享。 【教师评析】 教师总结：青少年是成长的拔节孕穗期，学习科学思维对青少年的成长意义重大。习近平总书记在全国高校思想政治工作会议上指出：要教育引导学生正确认识世界和中国发展大势，正确认识中国特色和国际比较，正确认识时代责任和历史使命，正确认识远大抱负和脚踏实地。	本环节要解决以下问题： ①学习科学思维有助于提升我们的思想水平和政治觉悟。

续　表

活动与议题	情境与任务	表现与评析	教学提示
	要充分发挥青年的创造精神，勇于开拓实践，勇于探索真理。养成了历史思维的习惯、辩证思维、系统思维、创新思维的习惯，终身受用。 【任务】 学习科学思维对我们成人成才有什么意义？ 【任务指向】 学习科学思维的思想政治意义。	只有以科学思维为指导，才能做到“四个正确认识”，从而把握我们所处的历史方位和时代使命，才能树立正确的世界观、人生观、价值观，成长为可堪大任的时代新人，为实现中华民族伟大复兴的中国梦贡献力量。 习近平提到的历史思维、辩证思维、系统思维、创新思维都属于科学思维。	
【议题2】 学习科学思维的思想政治意义	【情境2】 【相关链接】(教材第17页) 科学精神是人们在认识世界和改造世界中表现出来的精神取向。我们所倡导的科学精神是以事实为依据、以实践为检验认识的真理性标准的求真务实的精神。发扬科学精神，就是要用马克思主义基本立场、观点和方法，观察事物、分析问题、解决矛盾；就是要解放思想、实事求是，对当代中国的经济、政治、文化、社会和生态文明建设实践作出科学的解释、正确的判断和合理的选择。 【任务】 如何理解学习科学思维有助于发扬科学精神？	【学生表现】 学生发表各自的看法，交流与分享。 【教师评析】 教师总结：学习科学思维，有助于我们发扬科学精神，积极投身于当代中国广泛而深刻的社会变革、宏大而独特的实践创新，以锐意进取的态度和负责任的行动促进社会和谐，助力国家强盛和民族复兴。科学精神是以事实为依据、以实践为检验认识的真理性标准的求真务实的精神，其本质是求真，而科学思维则以求真为目标取向，二者具有内在的统一性。科学精神还要求对问题进行科学分析，提出有效的应对思路与策略，为问题的解决提供理论和实践的指导，这些都需要科学思维作为思维方法发挥有效的支持作用。	②学习科学思维有助于我们发扬科学精神。
总　结	【板书】 1.学习科学思维的思维素养意义：逻辑思维、辩证思维、创新思维。 2.学习科学思维的思想政治意义：提升思想水平和政治觉悟、发扬科学精神。	【教师评析】 把握科学思维的精髓，学会运用科学思维方法，可以帮助我们正确认识事物，提高学习和工作效率；可以帮助我们树立正确的世界观和人生观，成为有理想、有本领、有担当的时代新人，更好地报效国家、服务社会、造福人类。	本环节要解决以下问题：点明思想政治课中的核心素养即科学精神。

资源与拓展

1.请同学们结合习近平总书记考察中国政法大学时的讲话，谈谈如何培养和提高科学思维能力。

2.阅读《领导干部思维方法论研究丛书》(夏锦文主编，江苏人民出版社2015年版)，了解历史思维、底线思维、辩证思维、法治思维、互联网思维等思维方法。

3.阅读《思维与方法》(陈光主编，西南交通大学出版社2008年版)，了解科学思维对科学研究、领导决策、工作学习的指导意义。

疑难解答

1.科学思维方法与科学方法是什么关系？

科学思维方法不能等同于科学方法。科学方法主要是指人们在认识世界和改造世界的过程中的方法问题。它既包括具体的实践活动所采用的方法，如具体的工作方法、科学实验的方法等，也包括人们思考问题、认识问题的方法，而科学思维方法主要是指科学地思考问题的方法，包括认识问题、分析问题的方法。科学方法包括科学实践方法和科学思维方法，科学思维方法包含于科学方法之中。

2.习近平总书记在中国政法大学考察时提出的历史思维、系统思维是不是科学思维？它们与教材着重提到的逻辑思维、辩证思维、创新思维等是什么关系？

习近平总书记高度重视思维方法的重要意义，除了历史思维、系统思维之外，还在不同场合多次提到战略思维、底线思维、法治思维等思维方法。第一课第一框中提到的这些思维方法是对人类理性认识方式的高度概括，都是人们认识事物本质、把握事物规律的重要思维方式，是具有指导性和针对性的科学的思想方法和工作方法，它们都是科学思维，与教材着重提到的逻辑思维、辩证思维、创新思维等科学思维之间有内在的联系。逻辑思维、辩证思维、创新思维是科学思维的条件、形态和应用方式，而历史思维、系统思维、战略思维、底线思维、法治思维等则是科学思维在某些领域或方面的具体运用。而科学思维的正确运用，离不开对同一律、矛盾律、排中律等逻辑规律的遵循，离不开对事物内部各要素之间以及事物与事物之间相互制约、相互联系的辩证审视，也离不开迁移、想象等创新的思维活动。历史思维、系统思维、战略思维、底线思维、法治思维等科学思维方式，着重于从某一个特定角度来展示科学思维的运用，如历史思维重视对历史经验教训的汲取、过去历史的回溯和将来的展望，系统思维侧重于立足整体，从整体与部分、事物与环境的相互作用过程来认识和把握整体等。限于篇幅，教材着重介绍逻辑思维、辩证思维、创新思维等最基本的科学思维。

综合探究　学会科学思维　提升思维品质

教学提示

1.联系实际，探究人的思维特征、思维形态的差异，说明不同思维形态的独特功用，以及彼此相辅相成的关系。

2.列举生活中正、反两方面的事例，通过故事讲述、主题演讲等形式，分享如何运用科学思维处理生活、学习中遇到的困难。

3.联系科学思维与文学想象的差异，讨论逻辑思维与形象思维的特点，探究二者的关系。

背景分析

前三课分别学习了思维的含义与特征、思维形态及其特征、“逻辑”的多种含义和逻辑思维的基本要求、科学思维的含义与特征，以及学习科学思维的意义。通过上述内容的学习，学生们具备了基本的关于“思维”“逻辑思维”“科学思维”的知识，也对相关内容进行了初步的练习，这里是对所学知识点的综合运用。

学习目标

将第一单元三课的理论知识和人们的生活实际结合起来，在“课程内容活动化”“活动内容课程化”的探究活动中，帮助学生了解学习科学思维应该掌握的知识体系，应该达到的能力目标，应该形成的追求正确的思维方式之情感、态度和应该培育的“科学精神”的核心素养。

重点难点

1. 重点：理解正确思维的基本条件。
2. 难点：科学思维与文学想象的差异，逻辑思维与形象思维的特点。

课前准备活动

复习前三课的内容，领会其中的要义，为所学知识在实践中的贯通应用做好准备。

教学设计

活动与议题	情境与任务	表现与评析	教学提示
【议题1】 分析具体案例，理解正确思维的基本条件	【情境1】 20世纪50年代初，到处是儿童的现象给正在浙江调研的经济学家马寅初（1882—1982）留下了深刻的印象。他多次进行人口调查，通过分析人口增长与生产力发展之间的矛盾，提出了“控制人口数量”的主张，并有针对性地建议：进行人口普查，宣传晚婚节育。	【学生表现】 部分同学能够回答出来，也有部分学生的回答可能不够准确。 【教师评析】 马寅初的认识是正确的。科学思维是坚持实事求是态度的思维，是通过对事物历史与现实材料的分析，揭示事物发展的规律性，并对事物发展趋势、发展前景作出合乎逻辑推断的思维。由于科学思维能够把握事物发展的规律性，因而它的结果具有超前性和预见性。马寅初观察到“到处是儿童的现象”，又经过多次人口调查，通过分析人口增长与生产力发展之间的矛盾，即在生产力发展水平较低的情况下，人口的过度增长不利于经济社会的发展。由此，他提出了“控制人口数量”的主张，并有针对性地建议：进行人口普查，宣传晚婚节育。	本环节通过情境设置，引导学生对正确思维的基本条件进行思考，将前三课学习的分散的知识点进行综合性贯通，学会对问题进行整体性思考，同时，又能够对整体性中的有机组成部分进行分层次把握。

续 表

活动与议题	情境与任务	表现与评析	教学提示
【议题1】 分析具体案例,理解正确思维的基本条件	【任务】 1.马寅初的上述认识正确吗? 2.他的主张与我国实行计划生育政策有什么关系? 3.怎么看待我国现在实施的三孩生育政策?	马寅初“控制人口数量”的思维基于实事求是的态度,遵循了人口增长和生产力发展水平之间的规律,是科学思维的表现。党和国家接受这种主张和建议,实行计划生育的基本国策,是遵循客观规律、尊重科学思维的体现。今天,我国的经济社会发展达到了新的水平,而且,通过几十年的计划生育,人口的增长与经济社会的发展水平之间又出现了新的矛盾,党和国家审时度势,及时调整生育政策,也是实事求是的体现。	本环节通过情境设置,引导学生对正确思维的基本条件进行思考,将前三课学习的分散的知识点进行综合性贯通,学会对问题进行整体性思考,同时,又能够对整体性中的有机组成部分进行分层次把握。
	【情境2】 1759年3月13日,一颗明亮的彗星拖着扫帚般的尾巴出现在星空之中。这颗彗星的出现,引起了人们无限的感慨。因为早在几十年以前,英国天文学家哈雷(1656—1742)就曾预言:这颗彗星将会在此时出现! 【任务】 哈雷为什么能够在几十年前预言这颗彗星将在此时出现? 【任务指向】 正确思维的基本条件。	【学生表现】 学生发表各自的看法,交流与分享。 【教师评析】 哈雷的预言之所以能够被检验,是因为他的预言建立在科学地揭示星体特别是彗星运行的规律基础之上。 教科书中指出:科学思维,也即正确思维,是泛指符合认识规律、遵循逻辑规则的思维,是能够达到正确认识结果的思维。符合认识规律、遵循逻辑规则,是正确思维的基本条件。符合认识规律是从思维内容的角度规定的,遵循逻辑规则是从形式的角度规定的。而任何正确的思维都必须是内容真实和形式正确的。	

续　表

活动与议题	情境与任务	表现与评析	教学提示
【议题2】 辨析常见的思维错误，领悟合乎逻辑思维的要义	【情境】 日前，有些报刊热烈讨论关于什么是男子汉的问题。有人议论开了："男子汉绝非'奶油小生'，而是有理想、有抱负，敢作敢为，有铮铮铁骨的男人。它是勇敢、坚毅、力量的代名词。可惜目前中国的男子汉太少了。据说，光是北京市，就有上万名找不到男子汉的大龄姑娘。不过，人口普查时，统计数字表明，男子与女子的比例并没有失调。可见，我国的男子汉并不算少，大概是分布不合理。" 【任务】 这段文字中有没有逻辑错误？如果有，是什么错误？ 【任务指向】 逻辑思维的要义。	【学生表现】 学生们大都能够发现这里的逻辑错误。 【教师评析】 教师对学生的讨论进行简要点评，教师着重分析这里违背了"同一律：思维的确定性要求"，犯了混淆概念的逻辑错误。 因为这段文字的前半部分所说的，"男子汉绝非'奶油小生'，而是有理想、有抱负，敢作敢为，有铮铮铁骨的男人。它是勇敢、坚毅、力量的代名词"，而后半部分所说的"男子汉"是与大龄姑娘相对应的男性。 教师要进一步引导学生认识到逻辑思维是遵循同一律、矛盾律和排中律的思维，概念明确、判断准确、推理正确的思维，才是真正的科学思维。	本环节主要帮助学生进一步理解逻辑思维的要义。第一单元第二课主要是从逻辑基本规律角度说明逻辑思维的，因此，这里也可以从逻辑基本规律角度解说。如果有的学生预习了后面的课文，也可以从概念的内涵和外延的角度进行说明，以引导学生进一步学习第二单元的内容。
【议题3】 把握科学思维的特征，体悟学习科学思维的意义	【情境】 材料一：1960年7月的一天，袁隆平在早稻田里发现了一蔸鹤立鸡群的稻子。这蔸稻有10余穗，每穗有壮谷160多粒。第二年，他把这些种子适时地播种到实验田里，结果变异现象严重，原有的优势没有发挥出来。袁隆平困惑不解。后来，他想到孟德尔(1822—1884)和摩尔根(1866—1945)的遗传理论，认识到那蔸特殊的稻子是天然杂交稻。受此启发，袁隆平决心进行杂交水稻的研究，经过艰难的攻关，终于获得了成功。	【学生表现】 学生发表各自的看法，交流与分享。	本环节要解决以下问题： ①将科学思维的学习由思维训练、思维效率上升到正确、科学思维的认识，由思维训练的工具性认识上升到对科学精神的培养的认识。

续 表

活动与议题	情境与任务	表现与评析	教学提示
【议题3】 把握科学思维的特征，体悟学习科学思维的意义	材料二：德国年轻科学家舍恩1998年加入美国新泽西的贝尔实验室，2002年，通过伪造数据，声称制造出了一种振荡电路板。在同事的帮助下，他的论文在《自然》《科学》上刊登。舍恩的一些创新性的超导实验让人称之为神奇之作，比如不带任何损失地进行电子超导、首个“有机电子激光”、第一台“散光”晶体管，他甚至自称用纳米技术做出了只有单一分子大小的超微型电脑。舍恩在论文中称，他的“纳米晶体管”以碳为基础，包含氢和硫的有机半导体分子为晶体管材料，以金原子层为电极，利用范德瓦尔斯力让三个电极安装在一个分子上。如果这些实验是真的，就改变了物质的绝缘、半导和超导等属性的传统观念，意味着电学从硅时代走向有机时代，硅芯片将走向灭亡，电器会更便宜，微型电脑也将成为现实。但后来科学界证明，舍恩在造假。于是，一位极有可能获得诺贝尔奖的青年被踢出了科学界。 【任务】 1. 从思维角度看，袁隆平的成功说明了什么？ 2. 查阅科学造假的事例，谈谈学会科学思维、培养科学精神的思想政治意义。 【任务指向】 体悟学习科学思维的意义。	【教师评析】 教师总结：通过正反两个典型事例的比较，我们应该明白，其一，科学思维是追求客观性的思维，追求客观性就是追求事物发展的规律性，是不能主观臆想、胡编乱造的。逻辑思维中也有规律性，科学思维必须是符合逻辑规律的思维。其二，学习科学思维，培养科学精神，要把聪明才智用到社会发展和人类福祉之上，不能因迷恋个人私利而不惜造假，要胸怀开阔，这是开展科学研究、展现科学思维、体现科学精神的基本品质。	②由思想训练的实用性上升到正确思想的价值性，实现党和国家设置这门独特的思想政治课程的工具性和价值性相结合的教育教学目的。

2

第二单元
遵循逻辑思维规则

★ 第四课 准确把握概念

★ 第五课 正确运用判断

★ 第六课 掌握演绎推理方法

★ 第七课 学会归纳与类比推理

★ 综合探究 把握逻辑规则 纠正逻辑错误

第四课 准确把握概念

第一框　概念的概述

课标链接

这一框题与《普通高中思想政治课程标准(2017年版2020年修订)》选择性必修3《逻辑与思维》“2.1”相对应:“2.1知道概念是反映事物本质属性的思维形式;理解任何概念都是内涵和外延的统一。”从教科书的内容看,这一框内容完全呈现了“2.1”的要求,展现了概念的含义和概念的基本特征等内容。

背景分析

概念是思维的要素,是逻辑研究的起点。概念是逻辑思维的细胞,细胞出了问题,机体就会产生故障。同样,概念出了问题,相关的思维就会不正确。因此,我们要引导学生正确认识并准确把握概念,为形成逻辑思维打下坚实的基础,认识到这一点,有助于提高学生学习概念相关知识的积极性和主动性。

学习目标

这一框的学习目标是理解概念的含义,把握概念的基本特征。具体来说,就是要懂得概念在逻辑思维中的重要性,理解概念与其反映的事物之间的关系。把握概念与语词的关系,避免引起概念混淆。掌握什么是概念的内涵和外延,把握概念的内涵和外延之间相互联系、相互制约的关系,进而掌握不同概念的外延之间的关系,正确认识和区分概念外延之间相容关系、不相容关系的几种情况。

重点难点

1. 重点:概念的基本特征,认识任何概念都是内涵和外延的统一,不同概念的外延关系,认识和区分概念外延之间相容关系、不相容关系的几种情况。

2. 难点:概念的客观性与主观性,概念的抽象性与概括性。

课前准备活动

引导学生查阅资料,了解概念与语词之间的关系。

教学设计

活动与议题	情境与任务	表现与评析	教学提示
导 入	孩子:妈妈给我10元钱。 妈妈:干什么? 孩子:我要买本书。 妈妈:什么书要10元钱? 孩子:是《三元》。 妈妈:那剩下的7元呢? 【任务】 材料中的问题出在哪里? 【任务指向】 防止简单地把相同语词当作相同概念,在运用语词表达概念时,应尽量避免语词歧义,力求使之能够准确表达所要表达的概念。	【学生表现】 学生讨论交流各自不同的看法。 【教师评析】 概念用词或短语表达,词和短语统称为语词。概念与语词相对应,任何概念都必须用语词表达。这种对应关系是思维与语言对应关系的具体表现。由于概念与语词分属于思维与语言的不同范畴,加之思维与语言的区别,概念与语词的对应关系并不是机械的,而是表现为不完全的对应。这可以从以下三个方面来看。 首先,有些语词表达概念,有些语词不表达概念。名词、动词、形容词等实词表达概念,如“山”“河”“说”“笑”“可以”“伟大”等。助词、叹词等虚词不表达概念,如“啊”“吗”“噢”“哎呀”等。 其次,同一个概念可以用不同的语词表达。例如,“母亲”和“妈妈”是不同的语词,但表达的是同一个概念。“土豆”和“马铃薯”也是这样。 最后,同一个语词在不同的语境中可以表达不同的概念。例如,“先生”这个语词,既可以指“老师”,也可以指“医生”,还可以指“尊者”等。又如,“书”这个语词,可以表达“书本”“书信”“书写”等不同概念。因此,在思维或论辩过程中需要注意结合特定的语言环境,准确地把握语词实际表达的概念。	本环节主要是调动学生发现日常生活中运用语词表达概念时容易出现的问题,初步形成对概念与语词关系的了解。
【议题1】 概念的概述	【情境1】 【探究与分享】(教材第22页) 《新论·鄙名第十七》载:“庄里有人,字其长子曰盗,次子曰殴,盗持衣出耨,其母呼之曰:‘盗!’吏因缚之。其母呼殴殴喻吏,遽而声不转,但言:‘殴!殴!’吏因殴之,盗几至于殪。” 【任务】 这种情况是由什么原因引起的? 【任务指向】 理解概念与语词的关系,明确准确表达概念的重要性。	【学生表现】 学生进行讨论、交流,发现和查找现实生活中的类似情况,从而思考如何避免概念混淆。 【教师评析】 概念只有通过语词才能表达出来,但一个语词并非在任何场合都一定表达同一个概念。不同的语词可以表达同一个概念。同一个语词在不同的场合也可以表达不同的概念。如果对此不加以区分,就容易引起概念混淆。 “庄里有人,字其长子曰盗,次子曰殴”中的“盗”和“殴”分别是两个人的名字。“其母呼之曰:‘盗!’”母亲是喊其儿子的名字“盗”,而抓捕的官差误将这里的“盗”理解成盗贼。“但言:‘殴!殴!’”母亲喊小儿子的名字“殴”,但是抓捕的官差误以为这个母亲叫他们殴打盗贼。官差之所以出现误解,是因为他们所理解的“盗”与“殴”和母亲理解的“盗”与“殴”的含义不同。由此,可引导学生了解语词相同,含义不同,所表达的概念也就不同的情形。	本环节要解决以下问题: ①同一语词可以表达多个概念。 ②理解一词多义现象。 ③明确概念的重要意义。

续 表

活动与议题	情境与任务	表现与评析	教学提示
【议题1】 概念的概述	【情境2】 据报载，1997年1月3—4日，北京连降大雪。4日中午，刘某偕同家人到某酒家吃午餐，不慎在酒家门前滑倒摔伤后住院治疗。为此，刘某以《北京市人民政府关于扫雪铲雪管理规定》中“昼间降雪，随时清扫”为据，认为酒家在自己责任区内没有按规定履行义务，造成自己滑倒摔伤的后果，故向法院起诉，要求酒家赔偿损失。而酒家辩称：在下雪过程中，店方及时派人清扫了责任区的积雪，刘某摔倒，责任自负。这里，如何理解“随时清扫”的含义，显然就成了解决此案的关键。 【任务】 日常生活中如何避免材料中所反映的类似问题？ 【任务指向】 理解语词与概念之间的关系。	【学生表现】 学生讨论交流各自不同的看法。 【教师评析】 在现实生活中，某个语词究竟表达什么样的概念，并不都是那么清楚的。特别是有些概念，由于表达它们的语词的准确性不够，极容易给人们造成理解上的困扰。 就材料来说，需要确定“随时清扫”的真正含义，根据北京市环卫局工作人员的解释：“随时清扫是指雪停后应及时清扫，并不是指在降雪过程中扫雪，也不是指不停地扫雪。”作如此解释后，本案该如何解决便不言自明。当然，如果规定中选用比“随时清扫”更清楚确切的用语，这起官司就可以避免了。所以，概念和语词既密切联系又有区别。知道这一点，我们在说话、写文章时就能够做到概念明确、用词恰当、避免思维混乱。	本环节要解决以下问题： ①语词与概念之间的关系。 ②注意使用语词的准确性。
【议题2】 概念的基本特征	【情境1】 【探究与分享】(教材第23页) 为了证明“白马非马”的论题，公孙龙提出了很多理由。比如：如果求“马”，那么“黄马”“黑马”都可以满足这一要求；如果求“白马”，那么“黄马”“黑马”就不合要求。“马”讲的是马的形体，“白”讲的是马的颜色。讲颜色不同于讲形体，所以“白马非马”。 【任务】 你是否同意公孙龙的论证，为什么？ 【任务指向】 概念的外延以及概念外延之间的关系。	【学生表现】 学生从概念外延之间的关系角度对“白马非马”进行理解，其中“白马”的外延小于“马”的外延。 【教师评析】 概念的外延是指具有概念所反映的本质属性的事物的范围，即通常所说的概念的适用范围。 概念之间的关系有多种，如“属种关系”和“种属关系”。就“属种关系”而言，它指的是第一个概念的外延范围大于第二个概念的外延；就“种属关系”而言，它指的是第一个概念的外延范围小于第二个概念的外延。 材料中公孙龙提出了“白马非马”的观点。理解“白马非马”命题，关键在于如何理解“非”。如果把这里的“非”理解为“不是”，“白马非马”就是错误的命题，也就是人们通常认为的公孙龙是在诡辩。如果把“非”理解为“不等于”，“白马非马”就是正确的命题。因为“白马”是种概念，“马”是属概念，种概念的含义与属概念的含义是不同的。从材料中看，公孙龙“白马非马”是正确的命题，不是诡辩。	本环节要解决以下问题： ①理解概念的外延。 ②掌握概念外延之间的关系。

续 表

<table>
<tr><th>活动与议题</th><th>情境与任务</th><th>表现与评析</th><th>教学提示</th></tr>
<tr><td rowspan="2">【议题2】
概念的基本特征</td><td>【情境2】
【探究与分享】(教材第24页)
“《史记》的作者”与“司马迁”
“动物”与“马”
“马”与“动物”
“中学生”与“球迷”
【任务】
上述每组概念之间有什么关系?
【任务指向】
概念外延之间的相容关系。</td><td>【学生表现】
有的同学能够分析出这四组概念之间的关系,有的同学不能够分析出其中的关系,请能够分析出这四组概念之间关系的同学分享自己的见解。
【教师评析】
根据概念外延之间是否重合,可以把概念分成相容关系和不相容关系两大类。判断概念外延之间的关系主要是考虑两个或两个以上概念的外延是否有公共外延分子,如果有,有多少的情况。如果两个概念在所指范围上具有相同的部分,则为相容关系;不具有相同部分,则为不相容关系。
依据所指范围相同部分的多少,概念外延的相容关系分为以下四种:一是全同关系,指两个概念的外延完全相同;二是属种关系,指第一个概念的外延真包含第二个概念的外延;三是种属关系,指第一个概念的外延真包含于第二个概念的外延;四是交叉关系,指两个概念之间有且只有一部分外延是相同的。</td><td>本环节要解决以下问题:
①概念外延之间的不同关系。
②概念外延之间的相容关系的具体情况。</td></tr>
<tr><td>【情境3】
【探究与分享】(教材第25页)
“有效合同”和“无效合同”
“输”和“赢”
【任务】
上述每组概念之间有什么关系?
【任务指向】
概念外延之间的不相容关系。</td><td>【学生表现】
学生发表各自不同的看法,交流与分享。
【教师评析】
不相容关系又称为全异关系。设A和B为任意两个外延不相容的概念,其不相容关系可以用图表示为:
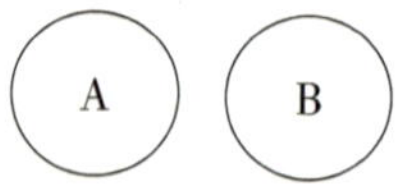
全异关系
矛盾关系和反对关系是不相容关系中的两种特殊情况。矛盾关系指的是两个具有全异关系的概念包含在一个属概念中,并且它们的外延之和等于该属概念的外延;反对关系指的是两个具有全异关系的概念包含在一个属概念中,并且它们的外延之和小于该属概念的外延。</td><td>本环节要解决以下问题:
①把握概念外延之间的不相容关系。
②掌握不相容关系的两种情况。</td></tr>
</table>

资源与拓展

一、请同学们从下面的材料中感悟语词运用的准确性问题。

材料一：唐代诗人贾岛曾作《题李凝幽居》一诗，其中的前四句是：闲居少邻并，草径入荒园。鸟宿池边树，僧敲月下门。

其中第三、四句是历来传诵的名句，据传这两句诗还包含着一个锤词炼句的故事：一天，贾岛骑驴缓行在大街上，忽得佳句"鸟宿池边树，僧推月下门"，但又觉得"推"字不如"敲"字，于是在驴背上用手作推、敲之势，反复斟酌，不觉一头撞到京兆尹韩愈的车仗队伍，其被押到韩愈面前。贾岛便将作诗而选词未定的事情告诉了韩愈。韩愈听后不仅没有责备他，反而立马思之，为其出主意。最后对贾岛说"作'敲'字佳矣"。后来，二人还因此事而成了朋友。

材料二：相传北宋著名诗人苏轼、黄庭坚和苏轼的妹妹苏小妹在一起评文论诗。苏小妹说："有这么两句：'轻风细柳，淡月梅花'，如果当中各嵌一字，该填什么字才恰当呢？"她提出了一个用词恰当的问题。而用词恰当不仅涉及用词的生动、形象问题，也涉及用词的准确问题。而用词准确首先涉及对语词的运用能否恰如其分地适应具体情境需要。下面，我们来看苏轼、黄庭坚是如何回答苏小妹提出的问题的。

苏轼经过一番思索，提出了加"摇""映"两字，于是这两句便成了：轻风摇细柳，淡月映梅花。应当说，这两个字是嵌得相当不错、颇合原句意境的。但苏小妹却说："这是常人用的俗字，平直、无味。"换句话说，即缺乏诗句应有的含蓄和意境。于是，苏轼又改用"舞"和"隐"两字。这样，两句诗便成为：轻风舞细柳，淡月隐梅花。显然，一个"舞"字，一个"隐"字，动静结合，把"轻风"与"细柳"、"淡月"与"梅花"之间的关系描绘得颇为生动、形象且富有诗意。然而，苏小妹却仍不满意。一旁的黄庭坚见苏轼的两次填字都遭否定，就一再请苏小妹自己填字。苏小妹说："前加'扶'，后增'失'，就成了'轻风扶细柳，淡月失梅花'，淡雅，不俗。"苏、黄二人听了，不觉拊掌叫好。

二、阅读我国的唐诗宋词，进一步体会中国传统文化中用词的巧妙。

三、请用欧拉图表示下列概念之间的关系。

1. 学校(A)、教师(B)、中年教师(C)、青年教师(D)

2. 中国(A)、安徽省(B)、合肥市(C)

3. 成年人(A)、年满18周岁的人(B)、老年人(C)、已满14周岁未满16周岁的人(D)、45周岁以下的人(E)

4. 知识分子(A)、北京人(B)、上海人(C)

5. 能被2整除的数(A)、能被3整除的数(B)、能被6整除的数(C)

疑难解答

1. 概念究竟反映什么？

关于概念究竟反映什么的讨论，主要是针对当前出版的几本逻辑著作中给概念所下的定义而展开的。讨论中涉及的具体问题很多，根本的问题是：概念所反映的是事物的特有属性还是本质属性。在这个问题上，大致有三种不同的观点。

第一种观点，肯定概念所反映的是事物的本质属性。认为事物的本质属性是相对于非本质属性而言的。所谓本质属性，是决定某一事物之所以成为该事物并区别于其他事物的属性，本质属性又可分为特殊的本质属性和共同的本质属性，即概念所反映的事物的本质属性既包括该事物所特有的本质属性，又包括该事物与其同类事物所共有的本质属性。持这种观点的学者不同意概念只反映事物特有属性的观点。其理由是：其一，如果认为概念只反映事物的特有属性，而不是反映事物的本质属性，那么定义就会过宽，无法区别理性认识的概念与感性认识的表象等形式，就会否定概念的抽象性和概括性；其二，如果认为概念只反映事物特有属性，那就会与概念理论中的属种概念的内涵与外延的反变关系、概念的限制与概括、概念的划分与定义等理论发生冲突，也就给逻辑理论体系造成了混乱和矛盾。

第二种观点，肯定概念所反映的是事物的特有属性，认为在事物的属性中，有些是特有属性，有些却是偶有属性。某类事物的特有属性，就是某类事物都具有而别的事物都不具有的那些属性。在事物的特有属性中，有些是本质属性，有些是固有属性。某类事物的本质属性，就是某类事物的有决定性的特有属性；某类事物的固有属性，就是某类事物的派生的特有属性。持这种观点的学者不同意概念都是反映事物本质属性的观点。其理由是：认识是不断发展的，概念也是不断发展的。人们认识事物的外部特征、派生的特有属性的概念是初步的概念。人们认识事物内部本质、决定性的特有属性的概念，才是深刻的概念。概念的发展是由初步概念到深刻概念的发展。如果将概念定义为只是反映事物的本质属性，那么就否定了人们日常思维中的许多初步的概念，也就否定了人们对概念的不同认识程度和认识的发展变化，这与人们思维的实际情况是不相符合的。

第三种观点，肯定概念所反映的是事物的本质。持这种观点的学者既不同意“概念是反映事物本质属性的思维形式”的观点，也不完全同意“概念是反映事物特有属性的思维形态”的观点。这种观点反对“概念是反映事物本质属性的思维形式”的理由是：如果说概念反映事物的“本质属性”，那么，就会产生理论上的几点困难。①如果说概念反映的是事物的本质属性，那么，由概念组成的判断，以及由判断组成的推理也就应该反映事物的本质属性。这样，任何判断都会成为必然判断。这种定义显然是不符合实际的。②如果严格遵循这种定义的规定，那么，就应得出概念根本不反映非本质属性的结论，这样，事物的非本质属性就不属于人的理性认识范围，显然，这是片面的。这种观点反对“概念是反映事物特有属性的思维形态”的理由是：其一，日常生活的概念，主要目的在于区别事物与指称对象，而人们运用概念，还需要深入地探讨事物的本质和规律，形成与运用科学概念。认为概念只反映事物的特有属性，从科学概念的角度来说是不够的。其二，人们认识事物往往不仅需要认识它的特殊性，而且也需要认识其普遍性。一类事物不仅有其特殊本质，而且有与其他事物相同或相似的共同本质。概念的根本任务就在于反映事物的本质，这种本质既包括事物的特殊的本质，也包括事物的共同的本质。归结起来，概念应是反映事物本质的思维形式。

2. 为什么要区分种属关系和属种关系？

有人问，既然种属关系和属种关系都是从属关系，为什么还要作这种区分呢？原因如下：

（1）思维是有方向性的。A与B的关系不同于B与A的关系。3与4有不等于关系，但还是要区别为大于关系或小于关系。同样，“羊”与“动物”的关系不同于“动物”与“羊”的关系。如果只用“从属关系”，而不区别“种属关系”和“属种关系”，就无法区别“羊”与“动物”的关系和“动物”与“羊”的关系，就不能体现思维的方向性。

（2）区别“种属关系”和“属种关系”是提出“包含于关系”和“不包含于关系”的准备条件。我们知道，“包含于关系”是全同关系和种属关系的概括，“不包含于关系”是属种关系、交叉关系和全异关系的概括。不区分种属关系和属种关系，就无法提出“包含于关系”和“不包含于关系”。而“包含于关系”和“不包含于关系”是分析直言判断必不可少的知识基础。本书后面将会讲到，全称肯定判断断定的是主谓项之间的包含于关系，特称否定判断断定的是主谓项之间的不包含于关系。也就是说，研究概念之间的关系，其意义不仅在于概念本身，而且在于为研究判断打好基础，准备条件。

第二框　明确概念的方法

课标链接

这一框题与《普通高中思想政治课程标准（2017年版2020年修订）》选择性必修3《逻辑与思维》“2.1”相对应：“2.1知道概念是反映事物本质属性的思维形式；理解任何概念都是内涵和外延的统一。”从教科书的内容看，这一框内容是根据“2.1”的要求，展现了明确概念的内涵和外延的方法。

背景分析

学生已经掌握了概念的含义及概念的基本特征，这为本课时的学习奠定了知识基础。本课时对明确概念内涵和外延的方法作了系统阐述，为学生明确概念作好了铺垫。

学习目标

这一框的学习目标是掌握明确概念内涵与外延的方法。具体来说，就是以“明确概念”为主线，着重阐述明确概念的方法、结构、基础以及规则等，掌握两个核心概念即“定义”和“划分”。

重点难点

1. 重点：明确概念内涵的逻辑方法，定义的规则；明确概念外延的逻辑方法，划分的规则。
2. 难点：违反定义的规则和划分的规则时所犯的逻辑错误。

课前准备活动

引导学生查阅相关资料，并就课前预习的心得在班级进行分享。

教学设计

活动与议题	情境与任务	表现与评析	教学提示
导　入	杜林曾给生命下的定义是“生命是通过塑造出来的模式化而进行的新陈代谢”。 【任务】 这个定义有问题吗？	【学生表现】 有的同学能够找出上述定义中的问题所在，有的同学找不到，让能够找出问题的同学谈谈自己的理解。 【教师评析】 定义是揭示概念内涵的逻辑方法。或者说，定义是明确内涵的逻辑方法。例如，“商品是用来交换的劳动产品”这一定义就揭示了“商品”这一概念的内涵，即“用来交换的劳动产品”。	本环节主要是调动学生把握定义的积极性，初步建立对定义规则的了解。

续 表

活动与议题	情境与任务	表现与评析	教学提示
导 入	【任务指向】 定义如何才能做到清楚确切。	定义由被定义项、定义项和定义联项三个部分构成。被定义项就是被揭示内涵的概念，定义项就是用来揭示被定义项内涵的概念，定义联项就是表示被定义项和定义项之间联系的概念。例如，在“梯形是有且仅有一组对边平行的四边形”这个定义中，“梯形”是被定义项，“一组对边平行的四边形”是定义项，“是”是定义联项。 最基本、最常用的定义方法是“种差加属概念”。所谓“种差”，就是同一属概念下种概念之间的差别。例如，“梯形”的属概念是“四边形”，“梯形”的种差是“有且仅有一组对边平行”（以区别于“平行四边形”的“两组对边平行”和“不规则四边形”的没有对边平行）。用这种方法给一个概念下定义，首先要找到这个概念的属概念，然后再弄清这个概念的种差，以属概念作中心语，以种差作定语，组成一个偏正短语，就构成了定义项，用定义联项把被定义项和定义项联系起来就构成了定义。	
【议题1】 明确内涵的方法	【情境1】 【探究与分享】（教材第26页） 一只松鼠趴在树枝上，两个猎人围绕它转了一圈。他们走动时，松鼠也跟着他们转。这时，一个猎人说：“我们已经围绕松鼠转了一圈，因为我们已经围绕松鼠画了一条封闭曲线。”另一个猎人却说：“我们没有围绕松鼠转一圈，因为我们始终只看到松鼠的正面，没有看到它的背面。”两人争得不可开交。 【任务】 两个猎人发生争执的焦点在哪里？你能够帮助他们解开思想上的困惑吗？ 【任务指向】 明确概念的内涵。	【学生表现】 引导学生进行讨论、交流，从而思考如何明确概念的内涵。 【教师评析】 要明确概念的内涵，消除概念在内涵方面的歧义，就需要运用定义的方法。定义是从内涵方面明确概念的逻辑方法。给一个概念下定义，就是用简明的语句揭示概念所反映的客观事物的本质属性。定义由被定义项、定义项和定义联项三部分构成。 定义的最基本、最常用的方法是：种差加属概念。	本环节要解决以下问题： ①明确概念内涵的方法。 ②明确概念内涵的意义。

续　表

活动与议题	情境与任务	表现与评析	教学提示
【议题1】 明确内涵的方法	【情境2】 【探究与分享】(教材第27页) 假设以下语句都是定义。 商品是劳动产品。 商品是用人民币交换的劳动产品。 麻醉就是麻醉剂所起的作用。 哲学不是文学。 儿童是祖国未来的花朵。 【任务】 这些定义正确揭示了概念的内涵吗? 【任务指向】 定义的逻辑规则。	【学生表现】 学生分享交流各自的看法,互相点评。 【教师评析】 要保证一个定义是准确的,必须满足两个条件:一是需要正确地认识对象,把握其本质属性;二是要遵守必要的逻辑规则。定义的规则有如下几种。 第一,定义项的外延与被定义项的外延必须全同。如果违反此规则,就会出现“定义过宽”或“定义过窄”的逻辑错误。 第二,定义项不能直接或间接包含被定义项。违反此规则,就会犯“同语反复”或“循环定义”的逻辑错误。定义项直接包含被定义项的错误被称为“同语反复”,如“麻醉是麻醉剂所起的作用”。在定义项“麻醉剂所起的作用”中直接包含了被定义项“麻醉”。定义项也不能间接地包含被定义项,否则就会犯“循环定义”的错误。例如,把“偶数”定义为“奇数加一所得的数”,再把奇数定义为“偶数加一所得的数”就犯了“循环定义”的错误。 第三,定义一般不能用否定的形式。违反此规则,就会犯“否定定义”的逻辑错误。这里的“否定形式”指否定判断和谓项是负概念的肯定判断。否定形式一般不能揭示概念的内涵。例如,“直线不是曲线”和“直线是非曲线”都未能揭示“直线”这个概念的内涵。“定义一般不能用否定的形式”,言外之意是在特殊情况下可以使用否定形式。如“奇数是不能被2整除的整数”,这个定义虽然用了否定形式,但它正确地揭示了“奇数”这个概念的内涵。 第四,定义不能用比喻。如果违反此规则,就会犯“比喻定义”的逻辑错误。比喻是一种修辞方法,它能使语言表达变得更生动。然而,比喻不能揭示概念的内涵,因此不能用比喻来给概念下定义。例如,“儿童是祖国未来的花朵”这句话虽然很生动,却未能揭示“儿童”这个概念的内涵。或者说,未能揭示儿童的本质属性,因此不是定义。如果这样下定义,就犯了“比喻定义”的错误。	本环节要解决以下问题: ①定义应该遵循必要的逻辑规则。 ②定义规则的具体内容。

续　表

活动与议题	情境与任务	表现与评析	教学提示
【议题2】 明确外延的方法	【情境1】 【探究与分享】(教材第28页) 一位老师带领学生参加志愿活动，去农村支援麦收。在安排任务时，他说：“男同学割麦子，女同学把割下来的麦子捆起来，体力强的同学把麦捆运到场院去，体力弱的同学在地里捡麦穗。大家根据自己的情况，按照上面的分工排成四排。”学生们听后，不知道自己该站在哪一排。 【任务】 1.学生们为什么不知道自己该站在哪一排？ 2.老师的分类错在哪儿？怎样说才能让学生明白？ 【任务指向】 划分的逻辑规则。	【学生表现】 学生讨论交流各自不同的看法。 【教师评析】 概念之间的外延关系是对事物之间客观关系的反映。作出正确的划分，一是要充分了解概念所反映的对象之间的客观关系，二是要遵循划分的逻辑规则。划分的逻辑规则有如下几种。 第一，子项的外延之和必须等于母项的外延。在划分时，如果没有遵循此条规则，就会犯“划分不全”或“多出子项”的逻辑错误。所谓“划分不全”，指划分之后得到的子项的外延之和小于母项的外延。例如：“生物分为动物和植物。”这个划分的母项“生物”的外延大于子项“动物”“植物”的外延之和，少了“微生物”，这就是典型的“划分不全”。所谓“多出子项”，指划分后的子项外延之和大于母项的外延。例如：“常见的文学作品包括小说、诗歌、散文、戏剧、音乐、雕塑。”这个划分的母项“常见的文学作品”的外延小于子项“小说、诗歌、散文、戏剧、音乐、雕塑”的外延之和，其中音乐和雕塑不属于文学作品，这属于“多出子项”。 第二，在同一次划分中，只能用同一个标准。在每次划分中，划分的根据只能是一个，不能是两个或两个以上。违反此规则，就会犯“划分标准不一”的逻辑错误。例如：“人可以分为成年人、未成年人、中国人和男人。”这个划分就出现了三个标准，其中“成年人、未成年人”是根据“是否年满十八周岁”进行划分的；“中国人”是根据国籍进行划分的；“男人”是根据性别进行划分的。因此，该划分违反了此条规则，犯了“划分标准不一”的逻辑错误。 第三，划分应该逐级进行，不能越级。划分是把一个属概念分成几个并列的种概念，如果需要连续划分，可以将种概念再划分为次一级的种概念，这样逐次进行。如果在划分中没有遵循这条规则，就会犯“越级划分”的逻辑错误。例如：“词可分为名词、动词、代词、形容词、数词、量词和虚词。”此划分不是在同一级上进行的划分，因为“名词、动词、代词、形容词、数词、量词”属于“实词”，而“虚词”是和“实词”相对应的，是一个层次的，所以这个划分犯了“越级划分”的逻辑错误。	本环节要解决以下问题： ①明确概念外延的重要意义。 ②明确概念外延的具体方法。

续　表

<table>
<tr><th>活动与议题</th><th>情境与任务</th><th>表现与评析</th><th>教学提示</th></tr>
<tr><td rowspan="2">【议题2】
明确外延的方法</td><td>【情境2】
【探究与分享】(教材第29页)
以下两个语句分别表达了对“犯罪”“邮件”概念的划分。
犯罪分为故意犯罪、过失犯罪、共同犯罪。
邮件有电子邮件、平寄邮件、国际邮件几大类。
【任务】
上述划分是否正确,为什么?
【任务指向】
划分的规则:在同一次划分中,只能用同一个标准。</td><td>【学生表现】
这两个划分都是错误的,很明显在对“犯罪”和“邮件”两个概念进行划分时,都使用了不同的标准。
【教师评析】
遵循划分的逻辑规则是正确划分的必要条件。“在同一次划分中,只能用同一个标准”是划分的规则之一。这条规则意在告诉我们,每一次划分,标准只能有一个。如果在划分时没有遵守这条规则,就会犯“划分标准不一”的逻辑错误。这是我们在划分时必须要避免的。</td><td>本环节要解决以下问题:
①解析“在同一次划分中,只能用同一个标准”的规则。
②把握“划分标准不一”的逻辑错误。</td></tr>
<tr><td>【情境3】
【探究与分享】(教材第29页)
思维是不断发展的。每个时代都会产生具有时代特色的新概念,如现在流行的“网购”“云计算”“大数据”“区块链”等。
【任务】
列举一些你所知道的新概念,运用逻辑知识,说说它们的内涵和外延。
【任务指向】
用变化发展的观点看待概念的内涵和外延。</td><td>【学生表现】
学生列举“大数据”“P2P”“人人贷”等新概念。
【教师评析】
人们的观念、观点、概念,简要些说,人们的意识,是随着人们的生活条件、社会关系和社会存在的改变而改变的。因此,概念形成之后也不是固定不变的。其一,概念是随着人的认识活动的深入而不断发展变化的。事物的本质有不同的层次,随着认识活动的深入,人对某类事物本质的认识也在深化,由较浅层次进入较深层次。其二,客观事物本身的发展变化也引起概念的发展变化。其三,由于事物的变化,新事物不断产生,旧事物不断灭亡,也引起新概念产生,旧概念消亡。其四,当实践和科学知识的内容扩展到前所未有的领域时,就会形成新的概念,每个时代都会产生具有时代特色的概念。</td><td>本环节要解决以下问题:
①进一步明确概念的基本特征。
②对所学的有关概念的知识积极进行迁移。</td></tr>
</table>

资源与拓展

一、分析下列论断作为定义是否正确，如不正确，请指出犯了什么逻辑错误。

1. 进化就是物质与伴随运动的消耗过程，在这个过程中，物质从一种无限的、不连续的同质过渡到一种有限的异质性，并且在这个过程中，运动也进行着与之平行的转变。

2. 20世纪初，美国人威廉登报征求关于“新闻”这一概念的定义，下面是应征者对新闻所下的几个定义：

（1）有人认为，“新闻是关于离奇的、非同一般的、出乎意料的事件的报道”。

（2）有人认为，“新闻就是关于多数人感兴趣而带有刺激性事件的报道”。

（3）有人认为，“新闻是新事的记录、新闻不是过去发生事情的报道”。

（4）有人认为，“新闻就是关于东西南北所发生事情的报道”。因为在英文中，“新闻”用“news”来表达，news正好是north（北）、east（东）、west（西）、south（南）四个词取其第一个字母缩写而成的。

3. 作为革命行动体系的列宁主义，就是由思维和经验养成的革命嗅觉，这种社会领域里的嗅觉，如同体力劳动中肌肉的感觉一样。

4. “大国”就是比小国领土较大、人口较多的国家。“小国”则是比大国领土较小、人口较少的国家。

5. 正方形就是四角相等的四边形。

6. 国家是资产阶级压迫劳动人民的暴力工具。

二、分析下列划分是否正确，如不正确，请指出犯了什么逻辑错误。

1. 地方各级人民法院分为高级人民法院、中级人民法院、基层人民法院和人民调解委员会。

2. 著作权可分为发表权、署名权、修改权和保护作品完整权。

3. 最近，由美国进步研究中心和《外交政策》杂志联合进行的一项调查结果显示，美国的反恐战争成效不佳。调查对象是包括共和党人、民主党人、温和派、开明派和保守派在内的100多位深受尊敬的对外政策与国家安全专家。

4. 这次展出的数百种工艺精品，一部分是出口工艺品，一部分是内销工艺品，还有一部分是新近开发的旅游工艺品。

5. 对待传统文化，无非三种方法：该继承的继承、该抛弃的抛弃、该扬弃的扬弃。

6. 句子可以分为主语、谓语、宾语、定语、状语、补语等。

三、引导学生搜集新时代出现的新概念，要求他们从概念的内涵与外延的角度把握明确概念的方法。

疑难解答

1. 定义的含义及其方法。

定义是揭示概念内涵的逻辑方法。或者说，定义是明确概念内涵的逻辑方法。例如，“商品是用来交换的劳动产品”这一定义就揭示了“商品”这一概念的内涵，即“用来交换的劳动产品”。

定义由被定义项、定义项和定义联项三个部分构成。被定义项就是被揭示内涵的概念，定义项就是用来揭示被定义项内涵的概念，定义联项就是表示被定义项和定义项之间联系的概念。例如，在“梯形是有且仅有一组对边平行的四边形”这个定义中，“梯形”是被定义项，“有且仅有一组对边平行的四边形”是定义项，“是”是定义联项。

最基本、最常用的定义方法是“种差加属概念”。所谓“种差”，就是同一属概念下种概念之间的差别。

例如，“梯形”的属概念是“四边形”，“梯形”的种差是“有且仅有一组对边平行”(以区别于“平行四边形”的“两组对边平行”和“不规则四边形”的没有对边平行)。用这种方法给一个概念下定义，首先要找到这个概念的属概念，然后再弄清这个概念的种差，以属概念作中心语，以种差作定语，组成一个偏正短语，就构成了定义项，用定义联项把被定义项和定义项联系起来就构成了定义。

2.什么是划分?

划分是揭示概念外延的逻辑方法。或者说，划分是明确概念外延的逻辑方法。例如，“生物包括动物、植物和微生物”，这一划分就揭示了“生物”这个概念的外延。划分有三个要素：母项、子项和划分标准。母项就是被划分的概念，或者说是被明确外延的概念；子项就是用来揭示母项外延的概念；划分标准就是把母项分为若干子项的依据或角度。例如，在“小说可以分为中国小说和外国小说”这一划分中，“小说”是母项，“中国小说”是子项，划分标准是“小说的所属国度”。

3.什么是概念明确?

所谓概念明确，就是明确概念的内涵和外延，只有明确概念的内涵和外延，才能准确地理解概念和使用概念。概念的内涵就是我们通常所说的概念的含义，即它反映的对象的本质属性是什么；概念的外延就是我们通常所说的概念的适用范围，即它反映的对象是哪些。内涵反映对象的质，外延反映对象的量。我们通常讲的概念要明确，就是指所使用的概念内涵是什么、外延是哪些要明确，概念的内涵不明确，或者外延不明确，都是概念不明确。只有概念明确了，我们才能准确地使用它。否则，就会犯“混淆概念”或“偷换概念”的逻辑错误。例如，“发明”和“发现”是两个不同的概念。“发明”的内涵是指创造出新产品、新技术、新工艺、新方法等，而“发现”是指看到或找到前人没有看到的事物及其规律。我们不能说“爱迪生发现了电灯”，因为在爱迪生之前是没有电灯的，只能说“爱迪生发明了电灯”。我们不能说“勒维烈发明了海王星”，因为海王星本身就存在于太阳系之中，是勒维烈发现了它。

4.怎样区别“划分”和“分解”?

划分是把一个属概念分为若干种概念，而分解是把整体分成部分。例如，按不同的标准对“桌子”这个概念进行划分，分出来的是“方桌”“圆桌”“木桌”“铁桌”等。如果把“桌子”分为“桌子面”“桌子腿”，就是分解。

区别划分和分解的最根本的方法是看分出来的概念是不是原有概念的种概念。例如，“方桌”或“圆桌”是“桌子”的种概念，因而“桌子可以分为方桌、圆桌等”是划分。“桌子腿”或“桌子面”不是“桌子”的种概念，因而“桌子可以分为桌子腿、桌子面”不是划分。

第五课 正确运用判断

第一框　判断的概述

课标链接

这一框题与《普通高中思想政治课程标准(2017年版2020年修订)》选择性必修3《逻辑与思维》"2.2"相对应:"2.2 知道判断的基本特征;了解形成恰当判断的条件;学会正确运用判断;结合具体判断活动,区分判断的不同类型。"从教科书的内容看,这一框着重阐述了判断的含义;判断的两个基本特征及其相互关系;明确判断真假的检验标准;判断与语句的关系;把握不同判断的类型以及判断的分类标准。

背景分析

人具有思维的能力,在感性认识基础之上形成一个个的概念,但是,仅凭单个的概念还不能明确地表达我们的思想。如何才能明确地表达我们的所思所想呢?这就需要人类能够对事物进行某种判定,相应地,人的思维形式由概念发展到判断。本框就是关于判断的概述,主要引导学生认识到在认识事物过程中具有判定能力的重要性,让学生思考如何才能明确表达自己的思想,在此基础上,逐步加深对判断这种思维形式的认识。

学习目标

这一框的学习目标是理解判断的含义,掌握判断的两个基本特征及其相互关系;了解判断的真、假的含义以及判定判断真、假的依据,理解判断来源于人们的生活实践;理解判断与语句的关系;理解判断划分的标准以及判断的类型。要实现这些目标,首先必须帮助学生清楚地认识到,我们认识事物必然要对事物作出判定,理清事物之间的关系,然而,这种判定的能力仅仅依据概念这种思维形式是无法实现的,还必须扩展到概念与概念之间的联系,在对认识对象情况作出肯定或者否定的断定之后,才能明确地反映出事物的真实情况及其相互关系。当把"判断"作为认识对象去了解,我们就会思考:判断是什么,有哪些特征,判断和语句有什么关系,如何对判断的类型进行划分。而对这些问题的正确回答,就是本框要实现的学习目标。

重点难点

1. 重点:判断的两个基本特征。

2. 难点:判断与语句之间的关系

课前准备活动

搜集一些关于判断能力的事例,形成对判断能力重要性的初步认识。还可以让学生对一些日常的语句进行反思,如我们所说的"花""小明""红色""三好生""这朵花是红色的""小明是三好生"等,哪些能够明确表达自己的思想，哪些不能够明确表达自己的思想，它们之间有什么共性。由此形成对哪些语句是判断、哪些不是判断的初步认识。教师还可以让学生进一步思考能够明确表达自己思想的语句有没有真假对错之分，如果有真假之分，那么判定真假的标准是什么。

教学设计

活动与议题	情境与任务	表现与评析	教学提示
导　入	春　雪 （唐）韩愈 新年都未有芳华，二月初惊见草芽。 白雪却嫌春色晚，故穿庭树作飞花。 【任务】 同学们，你们从唐代诗人韩愈的诗中能不能品味出，在韩愈的眼中，雪是什么颜色的？你们认为雪是什么颜色的呢？	【学生表现】 大多数同学会说“雪是白色的”，有的同学也有可能会说：“雪不是白色的，实际上，它是无色的。”让同学根据前面所学的概念的知识谈谈各自所说的话的意思。 【教师评析】 在认识事物的过程中，我们经常会对事物作出一些判定，或者肯定它们是什么，或者否定它们是什么，以及相互之间有什么关系。“雪是白色的”就是认为雪的颜色具有白色的属性，“雪不是白色的”就是认为雪的颜色不具有白色的属性。或者，他认为“雪是白色的”是说错了，不符合真实情况，因为真实情况是“雪是无色的”。这样一来，这种判定就可以从两个方面进行探究。其一，这是一个对认识对象进行肯定或者否定的判定，或者说，从思维形式上看，这是对两个概念之间关系的断定，其中，有的同学持肯定态度，有的同学持否定态度。其二，这种肯定或者否定的断定到底正确与否，并不取决于我们的主观意志，而是由认识对象的实际情况所决定。	本环节主要是调动学生对认识“判断”这种思维形式的兴趣，理解判断到底是什么，它有什么特征。
【议题1】 判断及其基本特征	【情境1】 【探究与分享】（教材第30页） 《笑林广记·殊禀部》载：“铺司递紧急公文，官恐其迟，拨一马骑之，其人赶马而行。人问其如此急事，何不乘马，答曰：‘六只脚走，岂不快如四只？’”	【学生表现】 学生交流与分享：为什么都是四条腿，兔子比乌龟跑得快，为什么鸵鸟两条腿比兔子跑得还快。 【教师评析】 大多数同学会认为兔子之所以跑得快，是因为它虽然和乌龟一样有四条腿，但是兔子的后腿肌肉发达，它的跳跃动作主要由发达的后肢来完成，并且兔子的腿比乌龟长。鸵鸟之所以两条腿跑得比兔子还快，是因为它不仅腿长，而且脚非常有力。当然，也有同学可能会说，他不知道鸵鸟跑得快不快，有同学甚至会说，鸵鸟是鸟，它跑得快是因为它会飞。	本环节要解决以下问题： ①理解判断的含义。

续 表

<table>
<tr><th>活动与议题</th><th>情境与任务</th><th>表现与评析</th><th>教学提示</th></tr>
<tr><td rowspan="2">【议题1】
判断及其基本特征</td><td>【任务】
想一想:这个送信人的认识错在哪里?
【任务指向】
要正确认识事物必须对事物作出正确的判断。</td><td>这就告诉我们,跑得快慢的影响因素很多,不能单纯地由腿的数量多少决定。虽然大家有各种不同的观点,但是,大家都是在对“跑”和“腿”相关的问题进行判定,也就是说,我们头脑里所思考的内容不是一个个简单的概念,而是它们之间的关系,这种思维形式就是判断。判断就是对认识对象有所断定的思维形式。
至于鸵鸟会不会飞,也不是通过一个“鸟”字就能够简简单单得出的,要看鸵鸟的现实情况。如果事实表明鸵鸟不会飞,那么认为鸵鸟会飞就不恰当了,这是一个虚假判断。由此可知,我们日常生活中,对事物和现象形成的各种观点和看法,有的是对的,有的是似是而非的,衡量其正确与否的标准在于社会实践。
送信人之所以赶着马跑,是因为他作出了一个判定。他说:“六只脚走,岂不快如四只?”换成一般陈述句来表达就是“六只脚要比四只脚跑得快”。这就是一个判断,只不过,这是一个虚假的判断。这说明,他认为跑得快慢是由腿的多少决定的,也就是说,他对跑得快慢的判定是错误的,或者说,在这个问题上,他没有判断能力。这从一开始就决定了紧急公文会被延迟送达。正如牛顿所言:没有判断能力的人,往往对一件需要做的事无法开始,即便开始也无力进行。</td><td>②认识正确使用判断的重要性。</td></tr>
<tr><td>【情境2】
【示例评析】(教材第31页)
看到某个小镇山清水秀,小李问道:“你们有何感想?”小张说:“这里的人有环境保护意识。”小赵说:“这里没有污染环境的企业。”
这里,小李既没有肯定什么也没有否定什么,小张的话表达了一种肯定,小赵的话表达了一种否定。</td><td>【学生表现】
有的学生会根据教材提示说小李是在提问,小张进行了肯定的回答,小赵作出了否定的回答。有的学生可能给不出答案。
【教师评析】
一个地方自然环境的好坏,可能与多种事物相关。看到小镇山清水秀,小李没有明确表达自己心中的感想,他没有断定这个小镇山清水秀和什么对象有无关联,确实只是在提问。而小张和小赵的话所表达的意思则具有一定的明确性。小张认为环境好坏在于“这里的人”有没有“环境保护意识”,既然这个小镇山清水秀,那肯定是“这里的人”有“环境保护意识”。很显然,这是对“这里的人”的一种断定,并且将之与“环境保护意识”进行了肯定的联系。小赵想到的则是,环境好坏主要取决于有没有污染环境的企业,既然这里山清水秀,那么可以认为这个地方没有污染环境的企业。这也是一种断定,对“这里”和“污染环境的企业”之间进行了否定的联系。</td><td>本环节要解决以下问题:
①理解有所断定是判断的一个基本特征。</td></tr>
</table>

续　表

活动与议题	情境与任务	表现与评析	教学提示
【议题1】 判断及其基本特征	【任务】 分析小李、小张和小赵面对同一情境所说的话。 【任务指向】 对认识对象有所断定是判断的一个基本特征。	当然，有的同学可能会反问，通过小赵的话，能得出他是认为“这里没有企业”，还是“这里只是没有污染环境的企业”，教师要根据学生的提问具体分析，例如，可以说：如果用语规范化，小赵的话应该整理为“这里的企业不是污染环境的企业”。总之，不管怎么分析，小赵的话表达的都是一种否定的断定。 教师要进一步说明，首先，判断就是对认识对象有所断定的思维形式。由此可知，小李的话不是判断，因为小李的话并没有对某个对象进行断定；而小张和小赵的话虽然表达的意思不同，但是，小张断定了“这里的人”有“环境保护意识”，小赵断定了“这里”没有“污染环境的企业”。其次，对认识对象有所断定是判断的一个基本特征。小张和小赵的话的共同点就在于对某个对象有所断定。不过，小张和小赵的话又有不同点，一个是肯定的断定，一个是否定的断定，这正好说明了断定的方式有两种：一是肯定，二是否定。	②理解断定的方式。
	【情境3】 【相关链接】(教材第31页) 哲学认识论是从主客体关系角度研究判断的真假。形式逻辑研究判断只是从形式上研究其真假特征，以及判断之间在形式上的真假关系。在人们的交际活动中，确定某个判断的真假往往需要借助于语境。语境涉及上下文、时间、地点、被指对象等多种因素。比如，“现在是上午8点整”这个判断究竟是真是假，要看说话者所指的时间在什么时区，表示时间的装置是如何设置的，等等。 【任务】 请同学们思考：哲学认识论、形式逻辑和日常生活三个领域断定判断真假的标准。 【任务指向】 判断的另一个基本特征是有真假之分。	【学生表现】 学生发表各自的看法，交流与分享。 【教师评析】 从哲学认识论、形式逻辑和日常生活三个层面断定判断真假的侧重点不同：哲学认识论侧重于思维的内容；形式逻辑侧重于思维的形式；日常生活则侧重于具体的语境。 比如，当学生说“这朵花是红的”，如果这朵花的属性确实是红的，也就是说认识主体和认识客体达到了一致性，那么从哲学认识论角度看，“这朵花是红的”就是真判断；如果这朵花实际是黄的，就是说，这个学生的主观认识没有和客观实际相符合，那么他的判断就是假的。进一步拓展，从思维形式看“这朵花是红的”，这是一个判断，因为它是对两个概念即“这朵花”与“红的”之间有所肯定的断定。那么，如果假设它是真的，则“这朵花不是红的”就是假的，如果假设它是假的，则“这朵花不是红的”就是真的。也就是说形式逻辑研究关注的侧重点只在于判断的形式，以及判断形式之间的关系。 在日常生活中所使用的判断的真假还取决于交流时与判断内容相关的诸多因素的具体情况，即侧重于具体语境，具体问题具体分析。例如，“现在是上午8点整”，其一，这是一个判断，理由在于对当下时间有所断定。其二，它的真假取决于是否符合实际，在不同的语境中，符合实际为真，不符合实际则为假。	本环节要解决以下问题： ①理解判断的另一个基本特征是有真假之分。 ②理解真假判断的含义。

续 表

活动与议题	情境与任务	表现与评析	教学提示
【议题2】判断的表达与类型	【情境1】 【探究与分享】(教材第31页) 以下三个语句都试图表达判断。 这是新学生宿舍。 来到海边,小张尽情地呼吸着空气、阳光和海水。 一旦吸烟,就会患肺癌。 【任务】 上述表达是否明确或准确,为什么? 【任务指向】 判断是通过语句表达的,使用判断的目的在于明确表达思想。	【学生表现】 学生根据各自不同的认识,交流与分享。 【教师评析】 判断是对认识对象有所断定的一种思维形式,用来判定认识对象是什么或者不是什么,还可以用来判定认识对象之间有什么关系。而语句则是用来表达自己思想的一种语言形式,既可以用来表达具有确定性的思想,也可以用来表达没有确定性的思想。这样一来,判断与语句之间就既相互区别又相互联系。首先,判断离不开语句,只有通过语句,判断才能表达出来。人们在头脑里对认识对象有所断定的内容需要借助一定的物质载体才可以表达出来,概念通过语词表达,判断则通过语句来表达,可以说,判断是语句的思想内容,语句则是人们用来表达判断的语言形式。其次,并非所有语句都表达判断,只有能够明确表达思想内容,对认识对象有所断定的语句才表达判断,而对认识对象无所断定,无法区分真假的语句则不表达判断。因此,一般地说,陈述句能够表达判断,而疑问句、祈使句和感叹句不表达至少不直接表达判断。最后,要根据语境来确定语句和判断之间的关系。例如,同一个判断用在不同的语境中可以选择不同的语句来表达;在不同的语境中,同一个语句也可以表达不同的判断。 “这是新学生宿舍”,虽然是一个陈述句,但是它不能准确表达判断。因为判断是用来明确表达思想的,这就意味着具有歧义的语句并不能准确地表达判断,这里的“新”既可以理解为“新”同学,也可以理解为“新”宿舍。类似的例子很多,如“小明在书包上写字”。 “来到海边,小张尽情地呼吸着空气、阳光和海水”,虽然看上去对小张的行为有所断定,但这是一个动宾搭配不恰当的病句,因为阳光和海水不能呼吸。这说明语句用来表达判断,既要有所断定,还要准确和恰当。 “一旦吸烟,就会患肺癌”,如果单纯从语句结构看,这是一个判定“吸烟”是“会患肺癌”的充分条件的语句。不过,从目前人类的认知看,有的人吸烟并没有患肺癌。也就是说,“吸烟”并不是“会患肺癌”的充分条件,所以,这个语句也没有准确表达判断。当然,如果结合一个特殊的语境,比如,在一个地方,所有吸烟的人最后都患了肺癌,没有例外情况,那么“一旦吸烟,就会患肺癌”就表达了判断,并且是真判断。	本环节要解决以下问题: ①判断必须明确和恰当。 ②判断与语句之间的关系。 ③正确运用判断的逻辑要求。

续　表

活动与议题	情境与任务	表现与评析	教学提示
【议题2】 判断的表达与类型	【情境2】 【探究与分享】(教材第32页) 以下是四个判断。 他是中学校长。 张华认识雷锋。 中国共产党是为中国人民谋幸福的政党,也是为人类进步事业而奋斗的政党。 如果某个数不能被2整除,它就不是偶数。 【任务】 上述判断分别有什么特征?相互之间有什么区别? 【任务指向】 合理区分简单判断和复合判断。	【学生表现】 有的同学会说第一、二句是简单判断,理由是它们只有一句话,或者字少;第三、四句是复合判断,理由是它们都包括两句话,或者字多;等等。 【教师评析】 对四句话的语言结构进行分析,阐明区分简单判断和复合判断的标准在于判断的内在结构的不同,即简单判断是不包括其他判断的判断,复合判断是包含其他判断的判断。 “他是中学校长”和“张华认识雷锋”语言结构的相同之处并不在于两者都只有六个字,而是它们分别将两个概念“他”“中学校长”和“张华”“认识雷锋”进行了肯定的断定。另外,“张华认识雷锋”的规范表达形式为“张华是认识雷锋的”。在这种语言结构中,这四个不同的概念相当于逻辑变项,相同的“是”相当于逻辑常项。由此,可以看出,这两句话的共同之处还在于不同的逻辑变项都是概念,整个语句结构只是概念和概念之间的一种肯定的断定。这种不再包括其他判断的判断就是简单判断。 教师应提醒学生,简单判断与复合判断的区分并不以字的多少而论,例如第三句话中的“中国共产党是为中国人民谋幸福的政党”“(中国共产党)也是为人类进步事业而奋斗的政党”,这句话虽然字多,但它是简单判断。可以请学生说明理由。 接着分析第三句和第四句的共同点。可以看出,它们都是由两个语句构成,并且语句结构是一样的。其中“中国共产党是为中国人民谋幸福的政党”“也是为人类进步事业而奋斗的政党”“某个数不能被2整除”“它就不是偶数”都是简单判断,进而指出,这两个判断的共同之处在于它们的逻辑变项是判断,这种包含其他判断的判断就是复合判断。 而第三句和第四句的区别也并不在于字数的多少,而是在于联结逻辑变项的方式不同。第三句中的逻辑变项是以并列句的方式联结的,第四句作为逻辑变项的两个判断是以条件句的方式存在的,所以,它们虽然都是复合判断,但是类型不同。	本环节要解决以下问题: ①理解判断划分的标准。 ②理解判断的类型。
总　结	【任务指向】 明确判断真假的检验标准在于实践以及判断的两个基本特征是相互联系的。	【学生表现】 学生交流与分享各自不同的看法。 【教师评析】 人类的认识来源于实践,判断的有所断定自然来源于实践,由此可知,判断有所断定的正确与否还是实践。这就是说,检验判断真假的标准在于实践,经受住实践的检验就是真判断,反之就是假判断。因此,在实践的基础之上,判断的两个基本特征相互联系起来。	本环节要解决以下问题:判断的真假与实践的关系。

资源与拓展

1. 理解判断的“真”和“假”的性质，判断的“内容”与“形式”之间的关系。

2. 阅读《走近“逻先生”——逻辑、社会与人生》(王习胜、张建军著，北京大学出版社2020年版)。

疑难解答

预设是指说话者为保证某个语句的合适性所做的假设。狭义的理解就是一个语句一经形成，预设就已经寓于其中，不需要考虑语境因素。而从广义来理解，预设一般指交际双方预先共同设定的命题或事实，以句子的结构和意义为基础，结合语境导出。需要注意的是，预设的命题或者事实存在与否，不取决于其是否确实存在，只取决于交流双方是否认可，他们可以认为先决条件是真的，也可以认为是假的，只要他们觉得有意义。例如，小王对小李说“你昨天的考试成绩不错”，这就有一个先决条件，即“昨天小李考试了”。从命题真值角度看，不论“你昨天的考试成绩不错”为真还是为假，“昨天小李考试了”一定是真的。因为如果小李考试成绩不错，他一定参加了考试，如果小李考试成绩不好，他也是参加了考试。虽然“昨天小李考试了”为真，但是“你昨天的考试成绩不错”仍无法确定真假值：可能为真，也可能为假。

第二框　正确运用简单判断

课标链接

这一框题与《普通高中思想政治课程标准(2017年版2020年修订)》选择性必修3《逻辑与思维》“2.2”相对应：“2.2 知道判断的基本特征；了解形成恰当判断的条件；学会正确运用判断；结合具体判断活动，区分判断的不同类型。”从教科书的内容看，这一框内容着重阐述了正确运用性质判断的必要性，以及应注意的问题；性质判断的含义、逻辑结构和种类；正确运用关系判断的必要性；关系判断的含义、逻辑结构；正确把握对象的性质和对象之间关系的必要性及意义。

背景分析

了解判断的含义、结构和意义之后，我们需要进一步把握判断的性质，这样才能在社会实践中正确运用判断。判断的性质和它的类型有关，这就需要我们对不同的判断类型进行区分，分析它们的结构，理解它们的逻辑要义。判断是对认识对象的断定，要断定认识对象，就必须断定它的性质，以及它和其他对象之间的关系，因此，简单判断可以划分为两大类型，即性质判断和关系判断。

学习目标

这一框的学习目标是理解简单判断的含义和种类，学会正确运用简单判断；把握性质判断的含义、逻辑结构和种类；把握性质判断的六种基本判断形式；掌握正确运用性质判断的要求；把握关系判断的含义、逻辑结构和种类；理解事物间关系的多样性，把握关系判断中“关系的性质”；掌握正确运用关系判断的要求及社会意义。

重点难点

1. 重点:性质判断是质与量的统一。

2. 难点:关系判断中“关系的性质”。

课前准备活动

搜集关于断定认识对象是什么或者不是什么的案例,形成对正确运用性质判断的重要性的初步认识。还可以让学生对一些日常语句进行反思,如我们说“小明是三好生”“小张并非胆小”“有的学生是男生”“有的教室不是上课用的”“所有动物都不是植物”等。思考这些语句的结构有什么不同点,进而形成对性质判断结构的初步认识。同时,让学生思考日常使用的判断有何特点,如何体现判断是“质”和“量”统一。

教学设计

活动与议题	情境与任务	表现与评析	教学提示
导 入	恩格斯是马克思主义的创始人之一,有着渊博的自然科学知识。有一天,有人拿着鸭嘴兽的蛋告诉他,在澳大利亚有一种奇特的动物,叫鸭嘴兽,它们是哺乳动物,却可以用卵来繁殖后代。恩格斯说:“鸭嘴兽既然生蛋,就一定不是哺乳动物。”事实上,鸭嘴兽是一种由爬行动物进化来的比较原始的哺乳动物,还保留着一些爬行动物的特征。之后,恩格斯认识到自己错了。他说:“我要向鸭嘴兽道歉,请鸭嘴兽原谅自己的傲慢和无知。” 【任务】 同学们,根据前面所学的判断的知识,谈一谈正确认识事物性质有什么重要性?	【学生表现】 有的同学会说“正确认识事物可以有助于判定真相”,有的同学会说“正确认识事物可以形成真实的判断”,等等。 【教师评析】 当我们判断事物是什么或者不是什么的时候,首先要正确认识事物,准确地说,要认识事物具有或者不具有某种性质,然后才能形成正确的判断。虽然就普遍性来说,哺乳动物不能生蛋,但是,鸭嘴兽的特殊性就在于具有用卵来繁殖后代的属性,因为它是保留着爬行动物某些特征的比较原始的哺乳动物。 因此,只有在正确认识鸭嘴兽的性质的基础上,才能判断鸭嘴兽是不是哺乳动物。而这种取决于认识对象具有或者不具有某种性质的简单判断,我们就称之为性质判断。通过性质判断对事物的性质作出正确的认识是我们认识事物的基础,或者说,性质判断是人类认识世界的不可或缺的重要环节。因为这种判断从语言形式看不附加任何其他条件,只是对认识对象具有或者不具有某种性质的直接断定,故又称为直言判断。 实际上,日常交流中,我们经常会对事物的性质进行判定。例如前面提到的“雪是白色的”,就是认为雪的颜色具有白色的性质,“雪不是白色的”就是认为雪的颜色不具有白色的性质。它们都是性质判断,只不过,一个是假判断,一个是真判断。	本环节要解决以下问题: ①理解性质判断的重要性和必要性。 ②理解性质判断的含义。

续 表

活动与议题	情境与任务	表现与评析	教学提示
【议题1】 正确运用性质判断	【情境1】 【探究与分享】(教材第33页) 小华在作文中写道:“中学生是我们学习的重要阶段,我不能辜负这段美好时光。” 小明告诉爷爷:“公园里有一种叫仙人掌的东西,既不像花草,也不是植物,样子长得很特别。” 一位读者致函某报社,批评该报:“有些又长又臭的文章是不应该在报上发表的。” 【任务】 材料中引号内的语句,作为判断的表述分别有什么问题? 【任务指向】 性质判断的结构一般由量项、主项、联项和谓项组成。	【学生表现】 在要求学生指出问题的同时,引导学生从判断结构的角度来分析材料中的三句话有什么异同点。 【教师评析】 对于第一句,作为判断的表述,问题在于“中学生”和“我们学习的重要阶段”之间搭配不当。“中学生”是断定对象,称之为主项;“我们学习的重要阶段”是断定对象的性质,称之为谓项;“是”起联结主项和谓项的作用,称之为联项,在这里表达一种肯定的联系,即主项具有谓项表达的某种属性。很显然,在这个判断中,主项和谓项不匹配。因为主项是人,谓项却是一段时间,与主项的性质无关,结合“这段美好时光”所给定的语境,应该将主项修改为“中学阶段”。另外,既然性质判断是断定认识对象具有或者不具有某种性质的判断,那么还需要注意一个问题,即对这类认识对象断定了多少,或者说,对作为主项的概念的外延断定了多少,是一个、一些还是全部。这个表示主项被断定范围的叫量项。在这个判断中,断定了中学的全部阶段,相当于“所有的中学阶段”,只不过量项“所有的”可以省略,但这种省略也只是判断表述中的语词省略,对判断结构而言,依然存在这个量项。 对于第二句,我们知道,“仙人掌”是“植物”,作为主项和谓项的两个概念之间是种属关系,种属关系是相容的关系,这里用“不是”联结主项和谓项,其是联项,只不过断定的性质为否定。结合“样子长得很特别”的语境,这个判断的不当之处在于谓项搭配不当,谓项应该是一个与主项之间具有全异关系的概念,可以修改为“树木”。 对于第三句,不当之处在于量项使用不当。量项用来表述主项断定的范围,该读者既然致函某报社,肯定对主项有明确的指向,而“有些”不能明确地断定范围,因此,要么特指“这篇又长又臭的文章”,要么是“所有又长又臭的文章”,其中“所有”可以省略。 一般来说,性质判断的结构包括量项、主项、联项和谓项,形成一个恰当的判断需要它们之间搭配准确。	本环节要解决以下问题: ①性质判断的组成。 ②性质判断的项与项之间搭配要准确。

续　表

活动与议题	情境与任务	表现与评析	教学提示
【议题1】 正确运用性质判断	【情境2】 【探究与分享】(教材第33页) 某翁请客,见三位主客只来了一位,五位陪客只来了三位,便着急地说:“唉,该来的没来!”陪客一听,有的坐不住,走了。见主客未到齐,又有陪客走了,他更着急,脱口而出:“不该走的走了!”话音刚落,所有客人都走了。此翁傻了:“我错在哪儿?” 【任务】 此翁请客失败,他的判断出了什么问题?你能纠正他的错误吗? 【任务指向】 判断的质与量。	【学生表现】 学生可能会说,“该来的没来”意思就是“我不是该来的”;“不该走的走了”意思就是“我是该走的”。不过,学生对于此翁的判断出了什么问题不一定清楚,可能不知道如何给出答案。 【教师评析】 这里虽然可以利用性质判断的直接推理进行分析,但是,在本框教学中暂时不必作为推理讲解,以免造成知识点的混淆。 在运用性质判断时,要注意准确使用判断的质和量。为了便于分析,我们先从量的方面分析,然后进行拓展。 首先,性质判断的“量”是指对认识对象断定的数量范围是全部、至少一个还是只有一个,通过量项体现出来。此翁的两个判断中都省略了全称量词,完整的表达是“(所有)该来的没来”“(所有)不该走的走了”。这有可能不符合此翁本意,他的本意只是指主客或者陪客中没有来的某个或者全部。按其本意,准确的表达应该是“有的该来的没来”和“有的不该走的走了”。在性质判断中,全称量词可以省略。或者说,当主项不是单独概念时,需要对其范围进行全称、特称或者单称的限制,如果没有进行限制,一般被理解为全称量词省略。所以,此翁的问题出在量项使用不当上。 其次,性质判断的“质”是指对认识对象性质的断定方式是肯定还是否定,通过联项体现出来。此翁的两个判断对客人而言,如果结合当时的语境,联系到自己是“来了的”,以及“没有走的”,那么既可以作为肯定判断,也可以作为否定判断,且都会产生误解。就客人而言,“该来的没来”可以是“所有该来的是没来的”,也可以是“所有该来的不是来了的”;“不该走的走了”可以是“所有不该走的是走了的”,也可以是“所有不该走的不是没有走的”。通过这样的分析,还可以为后面的性质判断推理作铺垫。 这说明,在性质判断中,“质”“量”都要准确使用,才能形成一个具有确定性的、明确表达思想的性质判断。	本环节要解决以下问题: ①性质判断的量。 ②性质判断的质。 ③正确运用性质判断的量项和联项。

续 表

<table>
<tr><th>活动与议题</th><th>情境与任务</th><th>表现与评析</th><th>教学提示</th></tr>
<tr>
<td>【议题1】
正确运用性质判断</td>
<td>【情境3】
【相关链接】(教材第34页)
六种性质判断的逻辑结构图示:
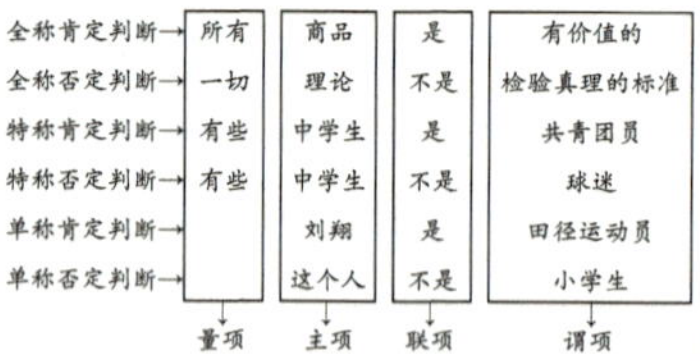

【任务】
性质判断的划分标准,以及基本形式。
【任务指向】
性质判断根据量项和联项的结合分成的六种形式。</td>
<td>【学生表现】
结合课前准备,引导学生进行判断异同点的分析,并交流与分享各自不同的看法。
【教师评析】
通过对若干具体性质判断的分析,得出以下结论。
其一,判断形式虽然各不相同,但都是对不同对象(主项)和各种性质(谓项)进行的断定。例如“商品”“理论”等对象和“有价值的”“检验真理的标准”等性质之间的断定。要么断定具有某性质,要么断定不具有某性质,即断定方式只能是肯定或者否定,也就是说,联结主项和谓项的联项只有肯定和否定两种。
其二,虽然主项各不相同,但是断定主项的数量范围只能为所有、有些或者单个,也就是说量项只有三种:全称、特称、单称。不过,需要向学生指出,虽然量项只是限定主项的范围,但是,并不意味着作为谓项的概念的外延没有被限定,只不过没有采取使用量词的方式,而是通过判断的性质来限制的。
其三,划分判断种类的标准是逻辑常项,在性质判断中逻辑常项为量项和联项。完整的性质判断由量项、主项、联项和谓项共同构成,但是,划分的标准只能是量项和联项。因为作为标准需要具有一定的确定性,量项和联项具有一定的确定性,分别只有三种和两种常态,而主项和谓项是变项,涉及诸多对象和诸多性质,具有千变万化的特点。
其四,由量项和联项的相互组合,得出判断有六种形式,即全称肯定判断、全称否定判断、特称肯定判断、特称否定判断、单称肯定判断、单称否定判断。
其五,准确运用性质判断,至少要注意以下几点。一是不能缺少主项和谓项。它们是性质判断的必要组成部分,缺少任何一个,判断就不完整。二是主项与谓项配合要恰当。它们分别表示断定的对象及其性质,如果它们配合不当,则容易造成误解。三是六种性质判断都具有质和量两个方面。也就是说,性质判断是“质”和“量”的统一,要准确使用量项和联项,保证性质判断的“质”和“量”都准确无误。</td>
<td>本环节要解决以下问题:
①判断是质和量的统一。
②六种性质判断的逻辑结构。
③划分性质判断种类的标准为量项和联项。</td>
</tr>
</table>

续 表

活动与议题	情境与任务	表现与评析	教学提示
【议题2】 正确运用关系判断	【情境1】 【探究与分享】(教材第34页) 一间房子里，有一位祖父，两位父亲，三个儿子，一个孙子，一个哥哥，一个弟弟，一位叔叔，还有一个侄子。 【任务】 这间房子里至少有几个人？他们之间是什么关系？ 【任务指向】 什么是关系。	【学生表现】 学生可能会采用各种方法进行推测和验证，有的同学的分析思路可能会不太清晰，要引导他们交流与分享。 【教师评析】 虽然在这间房子里，有八种身份的描述，但是，根据概念的知识，我们知道任何概念都有内涵和外延两个方面，即质和量两个方面。从外延角度看，虽然有十一个对象，但是他们之间形成的相容关系不能重复计算，也就是说，最终的人数等于互不相容的身份数目的总和。 本例解题思路很多，是否从不相容关系入手是分析简单与否的关键，试列举两个分析： 其一，从概念的内涵角度看，既然有祖父，有孙子，并且两者之间不可能构成父亲的关系，然而题目中又出现了父亲，所以必定还有一个祖孙之间的中间辈分。因为是一个祖父，一个孙子，因此，中间的辈分只需要一人就可以满足两个父亲的角色分配，即目前至少有三个人。但是，一个祖辈、一个父辈、一个孙辈只能满足两个儿子的角色分配，而无法满足三个儿子的角色分配，因此，还必须增加一人，即四个人，且第四人只能归于父辈，因为祖辈和孙辈只有一人。那么，处于中间的父辈身份的两个人，他们之间的关系为：一个是哥哥，一个是弟弟。 其二，因为只有一位祖父和一个孙子并且两者之间不可能形成兄弟的关系，所以，一个哥哥和一个弟弟只能共同居于中间辈分。 很显然，四个人身份简单描述如下：在这间房子里，有一位祖父和他的两个儿子，以及其中一个儿子的儿子。注意：这里需要在教学中强调叔叔和侄子等身份是逻辑学的一种规定。 还可以进一步阐述其中祖孙、父子、叔侄和兄弟，以及祖父、父亲、孙子、哥哥、弟弟、叔叔和侄子等关系的性质。	本环节要解决以下问题： ①关系的含义。 ②关系的性质。
	【情境2】 【探究与分享】(教材第35页) 假设以下关系成立。 小明与小华是同学。 小明比小华岁数大。 小明信任小华。	【学生表现】 对第三个判断，有的同学或许有不同观点。 【教师评析】 在日常交流和认识世界的过程中，有时需要断定事物的性质，有时需要断定事物之间的关系，我们的世界是一个普遍联系的大网，其中千变万化、五彩缤纷的事物各有各的属性，同时相互之间又形成复杂的联系。因此，在表达思想内容时，既需要性质判断，也需要断定认识对象之间关系的判断，即关系判断。	本环节要解决以下问题： ①理解运用关系判断的必要性。

续 表

活动与议题	情境与任务	表现与评析	教学提示
【议题2】 正确运用关系判断	【任务】 将上述三个判断中双方的位置互换一下,原来的关系是否还能成立? 【任务指向】 认识关系判断的"关系的性质"。	很显然,关系与性质不同,关系是指在不同的认识对象之间形成的一种特定的联系,也就是说,这种"关系"的性质与认识对象之间紧密关联。同样地,运用关系判断也要准确,避免出现"关系"和认识对象之间的搭配不当。认识对象之间的"关系"具有多样性,有的"关系"只能用在特定的对象之间,有的"关系"则不然。例如"同学"这个关系只能用在不同的人之间,而"在……东边"则不局限于人与人之间。当认识对象互换位置后,有的"关系"依然成立,有的则不成立,有的则无法确定。 对判断"小明与小华是同学"而言,这个判断是关系判断,因为这是一个断定"小明"和"小华"之间具有"同学"关系的判断。当双方互换位置后,"同学"这个关系依然成立,即"小华与小明是同学"。对判断"小明比小华岁数大"而言,互换位置之后,小华肯定不比小明岁数大,即原有的"岁数大"不成立。而对判断"小明信任小华"来说,我们无法确定小华是否信任小明,即原有关系判断中的"信任"的关系无法确定,可能成立,也可能不成立。	②理解关系判断的含义。
	【情境3】 【示例评析】(教材第35页) 有的被告反控某些原告。 这个判断断定了"有的被告"与"某些原告"之间有"反控"关系。	【学生表现】 告诉学生,这是一个关系判断,让他们和性质判断形式进行比较分析,有的学生会说:用"反控"替换了"是"和"不是"的联项;用对象"原告"替换了作为性质的谓项;"原告"前面多了量项;等等。 【教师评析】 关系判断是对认识对象之间关系的断定,要从认识对象和关系的两个方面来明确其含义,分析其内在的逻辑结构。 其一,"关系"是相互的,所以关系判断所指向的认识对象就至少有两个,表示关系承担者,称之为关系者项。例如,"被告""原告"。 其二,"关系"可能会根据关系者之间顺序的不同发生改变,也就是说,在一个确定的关系判断中关系者项有顺序的要求,谁在前、谁在后,会影响判断的性质。按照关系者出现的顺序可以称为第一关系者项,如"被告",第二关系者项,如"原告",第三关系者项…… 其三,表述关系者之间的"关系"是什么的叫作关系项,如"反控",它表示"被告"与"原告"有一种"反控"的关系。	本环节要解决以下问题:理解关系判断的逻辑结构。

续　表

活动与议题	情境与任务	表现与评析	教学提示
	【任务】 关系判断的组成。	其四，既然有认识对象，那么肯定有对其范围的断定，这种用来表示关系者项范围的叫作量项。如“有的”和“某些”分别是断定“被告”和“原告”的范围。在此处可适当拓展，为后面的周延性进行铺垫：在性质判断中，谓项的前面虽然没有量项，但并不表示只对主项的外延进行了断定，而没有对作为“性质”的谓项的外延进行断定。因为从前面所学知识可知，判断中的概念的外延之间必然具有一定的相互关系，只不过，出于语句表达的某种需要没有直接呈现出来而已。	
【议题2】 正确运用关系判断	【情境4】 【相关链接】(教材第35页) 事物具有多种多样的关系。“关系的性质”可分为对称性关系和传递性关系。 甲与乙是同学，“同学”关系是对称关系，因为乙与甲也是同学。甲比乙大3岁，“大3岁”关系就是反对称关系，因为乙肯定不比甲大3岁。甲认识乙，“认识”关系就是非对称关系，因为乙有可能认识甲，也有可能不认识甲。 甲的岁数比乙大，乙的岁数比丙大，“……岁数比……大”关系是传递关系，因为甲的岁数肯定比丙大。甲是乙的父亲，乙是丙的父亲，“……是……的父亲”关系是反传递关系，因为甲肯定不是丙的父亲。甲是乙的同学，乙是丙的同学，“同学”关系是非传递关系，因为甲可能是丙的同学，也可能不是丙的同学。	【学生表现】 可以结合课堂教学实际情况，让学生认识、交流与分享更多的具体的关系。 【教师评析】 既然事物之间具有多样性的关系，那么在特定论域中，关系判断中“关系项”的性质就会有所不同，根据“关系项”中关系的性质，从对称性和传递性角度进行划分，可归结为以下两大类，分别有三种情况。 首先，有对称性关系和传递性关系两大类。对称性关系和传递性关系的区别在于，其中的关系成立与否是指两个对象位置互换之后，还是指三个对象经过中间对象的媒介作用之后。当然在具体的语境中还可以在三个以上对象之间进行下去。通俗地说，区分的关键要看是对象之间的相互性的关系，还是对象之间的延续性的关系。 然后，分别根据对称性关系和传递性关系的性质划分为三种情况。 其一，对称性关系的三种情况：对称性关系、反对称性关系、非对称性关系。对称性关系是指在互换关系者项位置之后，原有“关系”的性质不变，或者说“关系”依然成立，则称这种关系为对称性关系。原因在于这种关系对于认识对象来说没有先后之分，具有可逆性，或者说相互对等性。例如“同学”关系就是对称性关系，甲是乙的同学，乙就是甲的同学。反对称性关系是指在互换关系者项位置之后，原有“关系”的性质改变，或者说“关系”不再成立。原因在于这种关系强调对象的先后顺序，具有不可逆性，或者说方向性。例如“大3岁”关系就是如此，甲比乙大3岁，则乙肯定不比甲大3岁。非对称性关系是指在互换关系者项位置之后，原有“关系”的性质是否改变不确定，即关系可能成立，也可能不成立。例如“认识”关系，甲认识乙，则乙有可能认识甲，也有可能不认识甲。	本环节要解决以下问题：①理解“对称性”和“传递性”的性质。

续 表

活动与议题	情境与任务	表现与评析	教学提示
【议题2】 正确运用关系判断	【任务】 事物之间关系的性质是多种多样的。 【任务指向】 对称性关系和传递性关系。	其二,传递性关系的三种情况:传递性关系、反传递性关系、非传递性关系。传递性关系是指在三个对象之间,如果第一个对象和第二个对象之间具有某种关系,并且第二个对象和第三个对象之间也具有这种关系,那么第一个对象和第三个对象之间这种关系一定成立,则称这种关系为传递性关系。例如,"……岁数比……大"关系就是传递关系,因为甲的岁数比乙大,乙的岁数比丙大,那么甲的岁数肯定比丙大。反传递性关系是指如果第一个对象和第二个对象之间具有某种关系,并且第二个对象和第三个对象之间也具有这种关系,那么第一个对象和第三个对象之间这种关系一定不成立。"……是……的父亲"关系就是如此,因为甲是乙的父亲,乙是丙的父亲,那么甲肯定不是丙的父亲。非传递性关系是指如果第一个对象和第二个对象之间,第二个对象和第三个对象之间都具有这种关系,但是第一个对象和第三个对象之间这种关系是否成立无法确定。例如,"同学"关系就是非传递的性质,甲是乙的同学,乙是丙的同学,则甲可能是丙的同学,也可能不是丙的同学。	②理解对称性关系和传递性关系的几种情况。
总 结	【任务指向】 简单判断的逻辑变项和逻辑常项。	逻辑变项和逻辑常项是判断的两个组成部分。变项是指思维的具体内容,在简单判断中,分别指性质判断的主谓项和关系判断中的关系者项;常项则是指一种类型判断的结构中不变的部分,用来表达该判断的逻辑性质和意义,可用来区分判断的类型,例如,性质判断以量项和联项来区分,关系判断以关系项来区分。	本环节要解决以下问题:掌握简单判断形式结构中的逻辑变项和逻辑常项。

资源与拓展

1. 把握素材相同的性质判断之间的真假关系。
2. 理解性质判断中的变项和常项的含义。
3. 理解判断真假断定的标准问题。

疑难解答

如何理解对象的性质和对象之间的关系?

任何事物都是具有一定质的事物,质就是一事物区别于其他事物内在的规定性,探索世界的最终指向就是要把握认识对象各种内在的规定性,认识对象的这种规定性可以通过与其他对象的相互联系和相互作用而表现出来。事物之间是普遍联系的,任何事物都不是孤立存在的,或多或少和其他事物,或者说和环境相互联系。因此,只有通过具体实践的不断探究,把握认识对象与其他对象之间的种种联系,才可能逐渐形成较为全面的认识,才能称得上获取了真知。从逻辑角度说,只有正确把握了认识对象的性质和关系,才能形成真实的判断,才能进行正确的推理。

第三框 正确运用复合判断

课标链接

这一框题与《普通高中思想政治课程标准(2017年版2020年修订)》选择性必修3《逻辑与思维》“2.2”相对应:“2.2知道判断的基本特征;了解形成恰当判断的条件;学会正确运用判断;结合具体判断活动,区分判断的不同类型。”从教科书的内容看,这一框内容着重阐述了正确运用复合判断的必要性;复合判断的含义、逻辑结构和种类;正确运用各种复合判断的要求;联言判断和选言判断的含义、结构,作为联结项的词项,真假值特征以及正确运用的意义;选言判断的分类及其准确运用选言判断应注意的问题;事物之间的条件联系以及条件判断的含义;假言判断的逻辑结构、分类情况、语言表达、真假特征以及正确运用假言判断的重要性。

背景分析

世界上的事物具有多样性,其中每一个事物的性质及其相互之间的关系又是错综复杂的,要正确认识事物,只凭借简单判断还不能全面地反映对象的情况,这就需要通过复合判断进行综合、分析和理清其中的关系,更全面地把握对象。复合判断的性质取决于判断的结构,因此,我们更要关注各种不同类型的复合判断的正确结构,以及它们相互之间的联系和区别。

学习目标

这一框的学习目标是把握复合判断的含义和种类;正确理解联言判断、选言判断和假言判断的含义、逻辑结构及逻辑性质;把握选言判断和假言判断的种类;掌握正确运用联言判断和选言判断的要求及其社会意义;掌握相容选言判断和不相容选言判断的联系和区别;掌握正确运用假言判断的要求,理解充分条件、必要条件和充要条件假言判断的联系和区别;掌握判断在概念和推理中的地位和作用,理解在逻辑思维中正确运用判断的重要意义。

重点难点

1. 重点:复合判断的逻辑结构及逻辑特征。

2. 难点:选言判断的选言支穷尽问题;假言判断不同类型及其之间的关系。

课前准备活动

搜集一些关于判断之间相互联系的典故,让学生对一些日常语句进行反思,例如,“小明品学兼优”“如果外面下雨,那么室外的操场会潮湿”“只有思想品德好、学习好和身体好,才能当三好生”“小李上课不专心听讲,要么玩手机,要么东张西望”等,形成对复合判断的初步认识。

教学设计

活动与议题	情境与任务	表现与评析	教学提示
导 入	杨树达《汉文文言修辞学》记载，闻诸先辈云：平江李次青元度本书生，不知兵。曾国藩令其将兵作战，屡战屡败。国藩大怒，拟奏文劾之，有“屡战屡败”语。曾幕中有为李缓颊者，倒为“屡败屡战”，意便大异。元度乃得免罪。 【任务】 让学生思考，为什么那位幕僚将“屡战屡败”换成为“屡败屡战”就可以使李元度逢凶化吉。	【学生表现】 学生交流与分享各自不同的看法。 【教师评析】 “屡战屡败”和“屡败屡战”的相同点在于，都是用精辟的语言描述了两件事情：其一，李元度作战了；其二，李元度被打败了。也就是说，它们是一种以省略联结词的方式将两个判断并列起来的语言表达形式。其实，这就是由两个判断构成的新判断，我们称之为联言判断。但是，在日常表达和交流中，因为两个判断之间具有转折关系，故表达的侧重点有所不同。“屡战屡败”表达重点在于“屡败”，给人的感觉就是他一直在打败仗，使人沮丧和气馁；而“屡败屡战”表达重点在于“屡战”，意思是在不停地作战，体现了一种坚持不懈的精神，让人尚存希望。	本环节旨在让学生形成对复合判断的初步认识，激发学生学习复合判断的兴趣。
【议题1】 复合判断及其种类	【情境1】 【探究与分享】(教材第36页) 乌龟约仙鹤一起到远方旅游。乌龟不会飞，它咬住树枝的中间，让两只仙鹤各叼住树枝的一端。临行前，仙鹤提醒乌龟到了空中不要说话：“如果你一张嘴，就会掉下去。”当它们飞过一个小镇时，有个小孩儿喊道：“看呀，仙鹤绑架了乌龟！”乌龟想解释一下，刚说“不……”，就从空中掉了下去…… 【任务】 仙鹤的话中使用的判断与性质判断、关系判断有什么区别？ 【任务指向】 复合判断的含义和逻辑特征。	【学生表现】 学生交流与分享各自不同的看法。 【教师评析】 仙鹤“如果你一张嘴，就会掉下去”这句话包含了两个判断，其一为“你(乌龟)一张嘴”，其二为“(你)就会掉下去”，这两个判断都是简单判断中的性质判断。所以，这个新判断和简单判断的区别在于，它的构成要素为判断，并且作为构成要素的判断也可以包含判断；而简单判断的构成要素是概念，概念是理性思维的细胞。这种本身包含其他判断的判断，就是复合判断。 还可以看出，复合判断也表达了一种关系，不过是判断之间的关系。例如，“你一张嘴”和“就会掉下去”之间的关系的性质为充分条件关系，一般用联结词“如果……就……”表示。然而，关系判断中表示关系承担者的是认识对象，并且其中关系的性质或种类和复合判断中关系的性质或种类有所不同。 认识对象的情况是多种多样的，如果仅仅依靠一个性质判断或者关系判断，即简单判断，可能无法全面地反映对象的情况，因此，这就需要运用复合判断来全面地反映认识对象的真实情况。	本环节要解决以下问题： ①理解复合判断的含义。 ②掌握复合判断的逻辑结构。

续　表

活动与议题	情境与任务	表现与评析	教学提示
【议题1】 复合判断及其种类	【情境2】 【示例评析】(教材第36页) 鲁迅既是文学家,又是思想家。 要么武松把老虎打死,要么武松被老虎吃掉。 只要你说得对,我们就改正。 这三个判断分别由两个简单判断构成,都属于复合判断。组成复合判断的判断,称为支判断。联结支判断的词项叫作联结词,如上例中的"既……又……""要么……要么……""只要……就……"。 【任务】 理解复合判断的种类和逻辑结构。	【学生表现】 学生交流与分享各自不同的看法。 【教师评析】 这三个判断的共同点有以下两个。 首先,三者都分别由两个简单判断构成,因此,都属于复合判断。但是,要注意的是,不能因为这三个判断都是由两个简单判断构成,就认为复合判断都由两个简单判断构成。我们说,复合判断是包含"判断"的判断,这里所说的"判断"并非特指简单判断,它既可以是简单判断,也可以是复合判断,因此"判断"的数量既可以是两个,也可以是两个以上。 其次,这三个判断中,作为构成要素的判断之间都是通过词项联结的。其中,组成复合判断的判断,称为支判断,如"鲁迅是文学家""(鲁迅)是思想家""武松把老虎打死""武松被老虎吃掉""你说得对""我们改正"。其中,联结支判断的词项叫作联结词,如"既……又……""要么……要么……""只要……就……"。 复合判断的逻辑结构由两部分构成:支判断和联结词。其中,支判断是复合判断的逻辑变项,联结词为逻辑常项。区分判断这种思维形式的标准在于逻辑常项,因此,可以依据联结词的不同,将复合判断划分为联言判断、选言判断和假言判断。示例中这三个判断依次对应这三种类型。当然,区分判断类型还要看语境,尤其在联结词省略时。 简单判断与复合判断的区别还在于:性质判断中逻辑常项为量项和联项,逻辑变项为主项和谓项;关系判断中逻辑常项为量项和关系项,变项为关系者项。在复合判断中,其联结词是常项,支判断是变项。	本环节要解决以下问题: ①理解复合判断的种类。 ②理解简单判断与复合判断的差异。
【议题2】 正确运用联言判断	【情境1】 【探究与分享】(教材第37页) 小华读了一篇散文后,评论道:"这篇散文不但文笔生动,而且富有哲理。"小浩读后说:"我不同意你的观点。说它文笔生动我不反对,但说它富有哲理实在谈不上。"小华反驳说:"你既然不同意我的观点,却又承认它文笔生动,这不是自相矛盾吗?"	【学生表现】 学生交流与分享各自不同的看法。 学生会有一定的合理见解,不过,有的思路可能缺乏条理性、规范性。 【教师评析】 小华的评论的逻辑结构图示如下: 这篇散文文笔生动 → 联言支 并且 → 联结项 这篇散文富有哲理 → 联言支 首先,小华的评论属于联言判断。联言判断是断定对象的几种情况同时存在的判断。因为小华断定了"这篇散文文笔生动"与"这篇散文富有哲理"这两种情况同时存在。	本环节要解决以下问题: ①理解联言判断的含义和逻辑结构。

续 表

活动与议题	情境与任务	表现与评析	教学提示
【议题2】 正确运用联言判断	【任务】 1.小华的评论属于什么判断？ 2.上述对话中谁的话不合乎逻辑，为什么？ 【任务指向】 联言判断的真假特征。	其次，联言判断的逻辑结构由联言支和联结项组成。其中组成联言判断的支判断叫作联言支，联结联言支的词项叫作联结项。我们知道，复合判断至少包含两个判断，故一个联言判断至少包含两个联言支，它们为联言判断的变项。如“这篇散文文笔生动”和“这篇散文富有哲理”都叫作联言支。联结词是联言判断的常项，常见的典型联结词有“并且”“既……又……”“不但……而且……”“虽然……但是……”。在日常语言的表达中，联言判断的联结项有时可以省略。虽然断定并列、递进、转折等关系同时存在的情况属于联言判断，但是在不同关系中语义表达有所不同。一般来说，并列关系中联言支位置互换后，判断语义不变；而递进和转折关系中，联言判断的语义侧重点在于后者，故联言支位置发生变化，语义将改变。 再次，复合判断的真假和真假特征是有区别的。真假特征并不是说复合判断是真的假的，也并不是说支判断是真的假的，而是指复合判断与支判断之间的一种真假制约的关系。至于上述对话中谁的话不合乎逻辑，取决于联言判断的真假特征。联言判断的真和假并非仅仅取决于联言支的真和假，而是取决于联言支之间的真和假之间如何相互制约联言判断。在联言判断中，当且仅当，组成它的各个联言支都是真的，这个联言判断才是真的。也就是说，它要求各个联言支的断定都要与实际相符合。如果有一个联言支是假的，这个联言判断就是假的。通俗地说，联言判断和联言支之间真假制约的关系可以概括为：“真就都真(都真才真；一假就假)”。这就是说：其一，对联言判断而言，“真”是双向的、对等或者可逆的，因为联言判断是断定同时存在的判断。即联言判断真，则联言支都是真的；联言支都真，联言判断就是真的。其二，对联言判断而言，“假”是单向的、不对等或者不可逆的。故从联言判断的假无法确定联言支的真假，只能从联言支的假到联言判断的假，因为断定同时存在的判断才是联言判断。“一假就假”是指，联言支只要有一个是假的，联言判断就假，当然，联言支都假，联言判断也是假的。所以，需要注意的是，当我们知道联言判断为真时，往往是解题的切入点，因为能确定联言支都是真的。 最后，小华的反驳不合乎逻辑。因为只要认为小华评论中有一个联言支是不恰当的，就意味着不同意小华的判断，并非要同时不认同两个联言支，所以，小浩说不同意小华判断的同时，可以认可其中的一个联言支，如“说它文笔生动我不反对”。小华反驳则认为不同意他的判断，就是同时不认可所有联言支，这违背了联言判断真假与联言支真假之间的制约关系。	②掌握常用联言判断的联结项。 ③理解联言判断的真假性质。

续 表

活动与议题	情境与任务	表现与评析	教学提示
【议题2】 正确运用联言判断	【情境2】 【示例评析】(教材第38页) 中国共产党是中国工人阶级的先锋队,同时是中国人民和中华民族的先锋队,是中国特色社会主义事业的领导核心。 【任务】 这个联言判断从哪几个方面对中国共产党的性质和地位加以断定?这对我们正确认识中国共产党的性质和地位有什么重要的意义? 【任务指向】 正确运用联言判断的意义。	【学生表现】 学生交流与分享各自不同的看法。 【教师评析】 因为认识对象的情况是多种多样的,正确运用联言判断有助于人们将认识对象的多种情况综合起来进行考虑,多方面地分析和把握事物情况,从而使思考更加周密,判断更为恰当。 这个联言判断就从三个方面对中国共产党的性质和地位进行了断定,即"中国共产党是中国工人阶级的先锋队""中国共产党是中国人民和中华民族的先锋队""中国共产党是中国特色社会主义事业的领导核心"。这有助于我们更加全面地、科学地把握中国共产党的性质和地位。	本环节要解决以下问题:正确运用联言判断的意义。
【议题3】 正确运用选言判断	【情境1】 【探究与分享】(教材第38页) 有一憨汉,出门去砍竹竿,清早出城,午夜未归。家人寻至城外,见其怀抱竹竿哭泣。问其缘何不归,憨汉泣曰:"我或者竖持竹竿进城,或者横持竹竿进城,可是,竖持竹竿进城,城门太矮;横持竹竿进城,城门太窄!"	【学生表现】 学生交流与分享各自不同的看法。 【教师评析】 选言判断是断定对象的可能情况的判断。既然是可能情况,势必是对认识对象尚不能进行具有确定性的断定,而只能估计它的各种可能情况。也正因为如此,就存在揭示出来的可能情况是否真正涵盖了所有可能情况的问题,特别是是否遗漏了有选择价值的可能情况,如果真的出现这种遗漏,就有可能使我们产生认知错误,当然也就不能准确而恰当地运用选言判断。 因此,做事要根据实际问题的需要,尽量把对象的可能情况都提出来。不过,从现实情况来看,并非人人都可以做到这一点。既然被称为"憨汉",言下之意,他存在思维的短板,考虑问题不会太周全。当他砍竹进城时,只晓得"竖持竹竿"和"横持竹竿"两种情况,不知道还有其他持竹竿进城的方式,如"顺持竹竿"。当他断定各种可能选择的情况时,其实就是在作出选言判断。不幸的是,他恰恰没有断定"顺持竹竿"这是一种可行的、有价值的可能情况,导致怀抱竹竿哭泣至午夜不归。这就告诉我们,在进行选言判断时一定要尽可能穷尽所有情况。 为了正确运用选言判断,我们接着对选言判断的结构进行分析,下图为"或者你说错了,或者我听错了"的逻辑结构:	本环节要解决以下问题: ①理解选言判断的含义。 ②理解尽可能断定对象各种可能情况的必要性。

续 表

活动与议题	情境与任务	表现与评析	教学提示
【议题3】 正确运用选言判断	【任务】 1.请你从思维方法上说明憨汉不能持竹竿回家的原因。 2.憨汉的话涉及什么判断？ 【任务指向】 不要遗漏有选择价值的可能情况。	或者　你说错了　或者　我听错了 ↓　↓　↓　↓ 联结项　选言支　联结项　选言支 这个判断是一个复合判断，因为其包括两个判断“你说错了”和“我听错了”，它们都是支判断。这个复合判断是选言判断。因为这是表示估计有两种可能情况，或是这样，或是那样，其使用的判断就是断定对象的可能情况的选言判断，其中的支判断，称为选言支，选言支至少有两个，它们是选言判断的逻辑变项。选言判断的联结项为逻辑常项，是用来联结选言支的词项。如例中的“或者……或者……”。在日常语言表达中，选言判断的联结项一般不省略。因此，选言判断的逻辑结构由联结项和选言支组成。	③掌握常用选言判断的逻辑结构。
	【情境2】 【探究与分享】(教材第39页) 医生对小明说：“身体不好，或者是由于有病，或者是由于缺少锻炼，或者是由于营养不良。” 教数学的夏老师对教语文的王老师说：“这堂课要么你上，要么我上。”	【学生表现】 学生交流与分享各自不同的看法。 【教师评析】 这两个判断都是选言判断，一个有三个选言支，分别为“身体不好是由于有病”“身体不好是由于缺少锻炼”“身体不好是由于营养不良”；一个有两个选言支，分别为“这堂课你上”“这堂课我上”。但是，这两个判断又是不同类型的选言判断。在第一个判断中，三种可能情况可以同时存在，而在第二个判断中，两种可能情况是不能并存的。 这就意味着，选言判断中选言支之间的关系，有两种不同的情形：一种是选言支所断定的情况可以同时并存，这样的选言支叫相容的选言支；另一种是选言支所断定的情况只能有一种存在，不能有两种和两种以上的情况并存，这样的选言支叫不相容的选言支。由此，选言判断分为相容选言判断和不相容选言判断。如例子中第一个判断和第二个判断分别对应于这两种选言判断。 在日常语言中，“或者……或者……”可以用来表达相容选言判断，常见的还有“是……还是……”“也许……也许……”等。不相容选言判断通常用“要么……要么……”来表达，常见的还有“不是……就是……”等。 相应地，选言判断有两类真假特征：其一，对于相容选言判断而言，从选言支到相容选言判断来看，可通俗地概括为：一真就真；都假才假。“一真就真”的意思就是选言支只要有一个是真的，判断就是真的，当然选言支都是真的，判断也真，因为相容选言判断断定的选言支可以同时并存。“都假才假”的意思是只有当选言支都是假的，判断才是假的，因为选言判断的真至少要求所断定的可能情况有一种是真的才能为真，如果都不能满足，则判断为假。	本环节要解决以下问题： ①理解选言判断的分类。

续　表

活动与议题	情境与任务	表现与评析	教学提示
【议题3】 正确运用选言判断	【任务】 这两个选言判断有什么区别？ 【任务指向】 相容选言判断和不相容选言判断的区别。	当然，也可以从相容选言判断到选言支来理解：假就都假，真则至少一真。意思就是，如果判断为假，则所有选言支为假；如果判断为真，只能确定选言支至少有一个是真的，也可以都是真的，即无法确定某个选言支的真假。其实，从这里可以看出，对相容选言判断而言，首先，“假”是双向的、对等或者可逆的，因为相容选言判断是断定至少有一种情况存在判断。即判断假，则选言支都是假的；选言支都假，判断才是假的。其次，“真”是单向的、不对等或者不可逆的。故从判断的真无法确定选言支的真假，只能从选言支的真到判断的真。在此，可以适当进行拓展，正因为相容选言判断和联言判断的真假特征之间好似有着一种矛盾的属性，这为后面复合判断的推理提供了一条路径。另外，需要注意的是，当我们知道相容选联言判断为假，这往往是解题的切入点，因为通过其可以确定选言支都是假的。 其二，对于不相容选言判断而言，其真假特征比较简单，选言支有而且只能有一个是真的，判断才是真的；判断是真的，选言支有而且只能有一个是真的，不过无法确定某个选言支的真假；如果两个或两个以上选言支是真的，或者选言支都是假的，判断就是假的；判断是假的，选言支无法确定真假，可以都是假的，也可以是两个或两个以上选言支是真的。	②理解选言判断的真假特征。
	【情境3】 【示例评析】(教材第39页) 某国领导人在讲话中说：“世界各国，不支持销毁核武器，就是想发展核武器。” 世界各国对待核武器的态度有三种可能情况，即销毁核武器、发展核武器，既不销毁也不发展核武器。这个选言判断没有列举对象的所有可能情况，因此，这个判断不准确。 【任务】 注意选言判断的选言支穷尽问题。	【学生表现】 学生交流与分享各自不同的看法。 【教师评析】 虽然不清楚某国领导人是不是出于某种目的才发表了如上讲话，但是他的判断不是真判断。因为各个国家对待核武器的态度可以采取两分法划分为：支持销毁核武器、不支持销毁核武器。其中，不支持销毁核武器可进一步划分为：想发展核武器、不想发展核武器。如此一来，学生就明白了，实际的可能情况是：不支持销毁核武器，不一定就是想发展核武器，还有不想发展核武器的情况存在，即“既不销毁也不发展核武器”。还可以从选言联结项来分析，某国领导人作出的是不相容选言判断，“世界各国，不(是)支持销毁核武器，就是想发展核武器”。在两者之间选择其一。但是他的判断是不准确的，因为存在第三种情况。 这就告诉我们，进行选言判断时，要仔细斟酌采用哪一种选言判断类型，是相容的还是不相容的，更要对实际情况进行仔细分析，尽可能穷尽所有可能性，这样才能正确运用选言判断，明确表达自己的思想内容。	本环节要解决以下问题： ①理解正确运用选言判断的意义。 ②理解正确运用选言判断应注意选言支相容还是不相容，以及选言支尽可能穷尽。

续　表

活动与议题	情境与任务	表现与评析	教学提示
【议题4】 正确运用假言判断	【情境1】 【探究与分享】(教材第40页) 《墨子·鲁问》载,墨子与彭轻生子辩论。辩题是:“未来可否预知?” 彭轻生子曰:“往者可知,来者不可知。”墨子曰:“籍设而(尔)亲在百里之外,则遇难焉,期以一日也,及之则生,不及则死。今有固车良马于此,又有奴(驽)马四隅之轮于此,使子择焉,子将何乘?”对曰:“乘良马固车,可以速至。”墨子曰:“焉在矣来。” 【任务】 上述论辩中,彭轻生子的双亲并没有真的遭遇危险,为什么彭轻生子还要选择良马固车以求快些赶到? 【任务指向】 理解条件联系和假言判断。	【学生表现】 学生交流与分享各自不同的看法。 【教师评析】 墨子假设彭轻生子的双亲在百里之外遇难,问彭轻生子如何选择交通工具。在这种预设之下,彭轻生子选择可以速至的良马固车。可以看出,实际上,这里并非有真的遇难的危险情况,也并非有真的或假的乘良马固车的情况,谈及的只是“遇难存在与否”和“乘速至的良马固车的存在与否”之间的一种条件联系。何为条件联系呢?条件联系是认识对象多种多样的联系中的一种,就是指某一情况的发生会促使另一情况的发生;某一情况不发生,会导致另一情况不发生。人们认识了事物情况之间的条件联系,就可以形成假言判断。假言判断又叫条件判断,就是断定事物某情况的存在(或不存在)是另一情况存在(或不存在)的条件的判断。显然,假言判断的真假不取决于事物本身的真假,而是取决于事物之间的条件关系。 因此,尽管实际上彭轻生子的双亲并没有真的遭遇危险,但是当危险真的存在时,会促使彭轻生子安排双亲乘速至的良马固车。这就是说两者之间存在条件联系,或者说在彭轻生子头脑中,“遭遇危险”和“乘速至的良马固车”之间存在一种“遭遇危险的可能”导致“乘速至的良马固车的存在”的条件关系。因此,即使他的双亲并没有真的遭遇危险,他还要选择良马固车以求快些赶到,因为墨子问的是条件“遭遇危险存在”的情况。 假言判断有特定的逻辑结构。一个假言判断由表示条件关系的两个判断组成。其中,表示条件的判断叫作前件,表示依赖这一条件而成立的判断叫作后件,用来联结前件和后件的词项叫作联结项。具体的逻辑结构情况如下图: 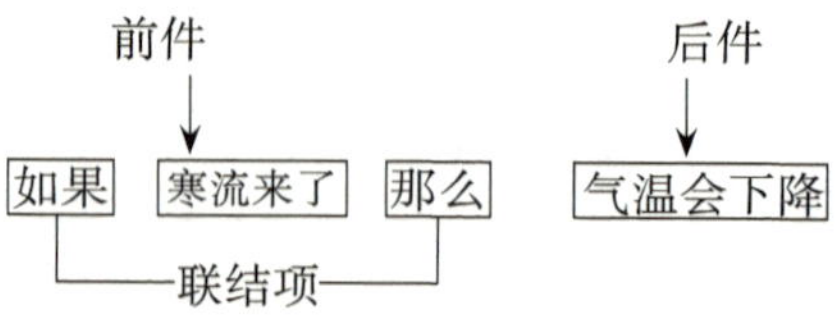 其中,性质判断“寒流来了”表示条件为前件,性质判断“气温会下降”表示依赖“寒流来了”而成立的判断为后件,联结两者的词项“如果……那么……”为联结项。	本环节要解决以下问题: ①理解条件联系及条件判断的含义。 ②理解条件判断的逻辑结构及语言表达方式。

续 表

活动与议题	情境与任务	表现与评析	教学提示
【议题4】 正确运用假言判断	【情境2】 【示例评析】(教材第41页) 如果学习方法不当,就不能提高学习效率。	【学生表现】 学生交流与分享各自不同的看法。 【教师评析】 假言判断根据其中的前件和后件所反映的事物情况之间存在的条件关系进行分类,其中的条件关系有充分条件、必要条件和充分必要条件三种,相应地,假言判断分为充分条件假言判断、必要条件假言判断和充分必要条件假言判断。 如果有前一种事物情况就必有后一种事物情况,前一种情况就是后一种情况的充分条件。充分条件假言判断是反映事物情况之间充分条件关系的判断。常见的联结词有“如果……那么……”“假使……那么……”“倘若……则……”“只要……就……”“当……便……”等。例中,“学习方法不当”就是“不能提高学习效率”的充分条件,这个判断就是充分条件假言判断。这个判断是说,有了“学习方法不当”这个情况,就会出现“不能提高学习效率”的情况。也就是“学习方法不当”却“提高了学习效率”是不可能的。其真假特征情况参考以下分析。 充分条件假言判断的真假特征取决于充分条件关系。简单来说,既然充分条件关系是指某情况存在,导致另一情况存在的情况,那么在充分条件假言判断中,就是某判断为真,导致另一判断为真,按照其逻辑结构来说,充分条件假言判断为真要求前件真导致后件真。可以通俗地概括为“前真后不能为假”。 首先,从充分条件假言判断到组成它的支判断即前后件看:其一,判断为真,则不可能出现前件真后件假的情况。这就意味着,判断为真时,前后件是无法确定真和假的,可以是前件真后件真,也可以是前件假后件真,还可以是前件假后件假。其二,判断为假,则前件真后件假,因为充分条件要求一情况存在导致另一情况存在,既然充分条件不满足,那只能是一情况必定不导致另一情况存在。或者说,这就意味着,充分条件假言判断为假,往往是解决问题的切入点。因为前后件真假具有确定性,必定出现前件真后件假的情况。 其次,从组成它的支判断即前后件到充分条件假言判断看:其一,出现前件真,同时后件为假,则判断为假。因为充分条件假言判断要求“前真后不能为假”,当出现前真后假,则判断为假。其二,其他前后件情况,判断均为真。如前件真后件真,则判断真;前件假后件真,则判断为真;前件假后件假,则判断为真。因为对充分条件而言,它只要求一情况出现,另一情况出现,没有要求一情况不出现,另一情况怎么样。或者说对判断而言,只要求判断真的时候,不能出现前件真而后件假的情况。	本环节要解决以下问题: ①理解假言判断如何分类。

续 表

活动与议题	情境与任务	表现与评析	教学提示
	【任务】 认识充分条件。 【任务指向】 理解充分条件假言判断。	最后，从形式逻辑角度看，充分条件假言判断的真假确定性还可以单独从前后件来看：其一，前件为假，判断就为真。因为判断只要求“前真后不能为假”，当前件为假时就满足了判断为真的要求。其二，后件为真，判断就为真。因为“前真后不能为假”，当后件不为假即为真时，就满足判断为真的要求。	②理解充分条件假言判断及其逻辑特征。
【议题4】 正确运用假言判断	【情境3】 【示例评析】(教材第41页) 只有年满18周岁，才有选举权。 这个判断是说，在我国，“年龄不满18周岁”必然会出现“没有选举权”的情况。“年满18周岁”是“有选举权”不可缺少的必要条件。 【任务】 认识必要条件。 【任务指向】 理解必要条件假言判断。	【学生表现】 学生交流与分享各自不同的看法。 【教师评析】 必要条件是产生某种事物情况所不可缺少的条件。如果没有前一种事物情况就一定没有后一种事物情况，前一种情况就是后一种情况的必要条件。必要条件假言判断是反映事物情况之间必要条件关系的判断。常见的联结词有“只有……才……”“必须……不……”“除非……不……”“除非……才……”“没有……就没有……”等。示例中，“年满18周岁”就是“有选举权”的必要条件，这个判断就是必要条件假言判断。这个判断是说，没有“年满18周岁”这个情况，就不会出现“有选举权”的情况。“年龄不满18周岁”却“有选举权”是不可能的。 必要条件假言判断的真假特征取决于必要条件关系。简单来说，既然必要条件关系是指某情况不存在，导致另一情况不存在的情况，那么在必要条件假言判断中，就是某判断为假必然导致另一判断为假，不可能出现某判断为假而另一判断为真的情况。 其实，如果将充分条件假言判断和必要条件假言判断用人工语言形式化之后，二者真假特征是一致的。或者说，从真假值来看，这个判断是另一个判断的充分条件，则另一个判断是这个判断的必要条件。或者从“蕴涵”的角度看，两者的真假路径也是一致的，都是“前真后不可能为假”，只不过这里的前后不是指前后件，而是蕴涵的前后判断(即出发点和指向点)。另外，必要条件假言判断，也是当它为假的时候，前后件才有确定性。	本环节要解决以下问题：理解必要条件假言判断及其逻辑特征。

续　表

活动与议题	情境与任务	表现与评析	教学提示
【议题4】 正确运用假言判断	【情境4】 【探究与分享】(教材第41页) 下例体现了假言判断的第三种类型。 一个数是偶数,当且仅当,这个数能被2整除。 【任务】 这里的前件、后件之间的条件关系,与充分条件、必要条件有什么联系和区别? 【任务指向】 理解充要条件假言判断。	【学生表现】 学生交流与分享各自不同的看法。 【教师评析】 有了这种情况,必将产生某种情况;没有这种情况,必不产生该种情况。这种条件关系就是充分必要条件关系。充分必要条件假言判断是反映事物情况之间充分必要条件关系的判断,是同时断定充分和必要两种条件关系的假言判断。常见的联结词有“……当且仅当……”“当且仅当……才……”“如果……就……并且如果不……就不……”等。 示例中,“一个数是偶数”就是“这个数能被2整除”的充要条件,这个判断就是充要条件假言判断。这个判断是说,有“一个数是偶数”的情况,就有“这个数能被2整除”的情况;没有“一个数是偶数”的情况,就没有“这个数能被2整除”的情况。有“一个数是偶数”的情况,而没有“这个数能被2整除”的情况,以及没有“一个数是偶数”的情况,而有“这个数能被2整除”的情况是不可能的。 简单地说,充要条件假言判断的真假特征就是“都真都假为真”。首先,不管判断是真是假,都无法确定作为前件和后件哪个是真,哪个是假,只知道,判断为真,则前后件要么都真,要么都假;判断为假,则前后件中有一个是真的,有一个是假的。其次,前后件都是真的,或者都是假的,则判断为真;前后件中有一个是真的,有一个是假的,则判断是假的。	本环节要解决以下问题:理解充分必要条件假言判断的含义和逻辑特征。
	【情境5】 【示例评析】(教材第42页) 如果人可以长生不老,那么地球上的人早就没有地方站了。 这个假言判断的前件和后件都是假的,它所反映的这两个对象情况之间的关系却是存在的,这个判断仍然是真的。 【任务】 理解充要条件假言判断。	【学生表现】 学生交流与分享各自不同的看法。 【教师评析】 假言判断的真假不是取决于前件、后件本身的真假,而是取决于判断所揭示的事物之间条件关系能否成立。“人可以长生不老”的情况和“地球上的人早就没有地方站了”的情况本身都是假的,但是,确实存在这两种情况之间的充分条件关系,即“人可以长生不老”的情况将导致“地球上的人早就没有地方站了”的情况,故这个判断是真的。所以在运用假言判断时,一定要正确地认识事物情况之间的条件关系,这就是正确运用假言判断的前提,因为不能分清前件和后件所揭示的事物情况之间的条件关系,就不能准确地反映认识对象的情况,从而形成错误的假言判断。	本环节要解决以下问题: ①理解假言判断的真假性质。 ②理解正确运用假言判断的前提。

续 表

活动与议题	情境与任务	表现与评析	教学提示
总 结	【任务指向】 复合判断的真假与支判断真假之间的关系。	复合判断的真假与支判断真假之间是相互制约的。一方面，复合判断的真假值是由组成它的支判断制约的，可能其中某一个支判断就能够制约，也有可能需要它们共同制约，这取决于复合判断的逻辑性质。另一方面，复合判断是真的还是假的，有时能够制约其中的支判断，有时不能制约支判断的真假，这也取决于复合判断的逻辑性质。例如，当联言判断为真，相容选言判断和假言判断为假时，组成它们的支判断的真假值就确定了；不过，当联言判断为假，相容选言判断和假言判断为真时，就不能确定支判断的真假值。	本环节要解决以下问题：进一步说明复合判断的真假性质。

资源与拓展

1. 选取各种类型的简单判断和复合判断，尝试用人工语言进行形式的刻画。
2. 搜集一些两难选择的例子，尝试分析其中的形式结构。
3. 尝试运用真值表分析复合判断的真假性质。

疑难解答

选言支穷尽问题在探求因果联系的溯因推理和司法审判等社会实践中意义重大。对于选言判断而言，选言支是否穷尽关系着选言判断的真假。一个选言判断是真的，就是指它的选言支中必须有选言支是真的，否则，它就是假的。所以，要使一个选言判断为真，要尽可能把所有选言支都包括进来，特别是不能遗漏有价值的选言支，其中的意思就是，如果选言支穷尽了，肯定能够保证选言判断的真。一方面，对于相容选言判断而言，如果已有一个选言支是真的，选言判断当然是真的，但是，如果不清楚已有的选言支的真假情况，就必须穷尽选言支才能保证判断是真的；对于不相容选言判断而言，如果只知道已有的选言支是相互排斥的，并不能保证判断的真，因为有可能有未知的与它们都不相容的情况。另一方面，对于一个相容选言判断而言，如果知道它是真的，其中的选言支未必穷尽，因为有一个选言支为真，判断就为真；而对于不相容选言判断而言，如果判断是真的，就是预设了选言支穷尽了，因为如果选言支不穷尽，就无法保证判断是真的。

第六课 掌握演绎推理方法

第一框 推理与演绎推理概述

课标链接

这一框题与《普通高中思想政治课程标准（2017年版2020年修订）》选择性必修3《逻辑与思维》"2.3"相对应："2.3了解推理的类型；掌握演绎推理的方法；学会归纳推理、类比推理；评析常见的推理错误。"从教科书的内容看，针对这一框内容我们要着重理解推理的含义、分类标准和种类；推理结构以及推理形式结构对于人们正确思维的意义；正确的演绎推理必须具备的条件；演绎推理的推理结构，以及运用演绎推理的方法。

背景分析

当我们在遐想和憧憬、反思和探索、交流和辩论的时候，或许就在或多或少、自觉不自觉地运用着推理。我们经常可以感受到，有的人讲话很有条理，有的人讲话很凌乱；有的人说话别人总是很难听懂，有的人说话总是简单易懂；有的人理解能力很强，有的人理解能力则特别差；行为处事有时需要事先谋划、占得先机，规划人生则需要立足现实、展望未来；等等。这往往取决于推理素养的高低。因此，在介绍了概念和判断之后，有必要讲授一些关于推理这种思维形式的基本知识，帮助学生掌握一种新的思维工具。

学习目标

这一框的学习目标是理解推理的含义、构成以及推理结构，懂得推理形式结构对于人们正确思维的意义；了解推理的分类标准及具体种类；领会演绎推理的含义及其要义；理解形式逻辑研究演绎推理的重点，以及运用演绎推理方法对人们保持思维严密性的重要作用。

重点难点

1. 重点：推理的分类。
2. 难点：不同类型推理的性质。

课前准备活动

搜集一些关于推理的材料，理解为什么通过不同的推理形式得到的结论，在其必然性和可靠性方面是不同的。比如，"客观规律是不以人的意志为转移的，逻辑规律是客观规律，所以，逻辑规律是不以人的意志为转移的。""我看到的一只乌鸦是黑的，两只乌鸦是黑的，三只乌鸦是黑的……因此，所有的乌鸦都是黑的。"理解推理形式的差异与推理结论必然性方面有怎样的关联。

教学设计

活动与议题	情境与任务	表现与评析	教学提示
导 入	 老师拿出五顶帽子，其中三顶是白色的，两顶是红色的。挑选甲、乙、丙三个学生坐成一列，让他们闭上眼睛，并给每人戴上一顶帽子。然后，让他们睁开眼睛，独立思考，并且不可以回头。老师先问丙：“你知道自己戴的是什么颜色的帽子吗？”丙想了想说：“老师，我不知道。”接着问乙：“你知道自己戴的是什么颜色的帽子吗？”乙也想了想说：“老师，我也不确知。”最后，老师问甲：“你知道吗？”甲说：“老师，我知道我戴的帽子颜色是……，理由是……” 【任务】 甲的帽子是什么颜色，为什么？	【学生表现】 学生交流与分享各自不同的看法。 有的学生可能回答正确，要对他们的思路进行分析和评价。 【教师评析】 这里的关键在于两次不知道，从丙和乙的不知道能得到确定信息。 丙为什么不知道呢？如果前面两个同学都是戴的红色的帽子，他就知道自己戴的是白帽子，因为只有两个帽子是红色的，而白色的有三个。由此可知：前面两个同学(甲和乙)并不都是戴红帽子。 这样一来，当问乙的时候，“甲和乙并不都是戴红帽子”的结论就成为乙推理的前提条件了。然而，乙也不知道。为什么乙也不知道呢？如果前面的同学(甲)戴了红色的帽子，他就知道自己戴的是白色帽子，因为“甲和乙并非都是戴红帽子”。由此，可知，前面的同学(甲)戴的并不是红帽子，即“甲戴的是白帽子”。 所以，当老师问甲时，他就知道自己戴的是白帽子，理由就在于上述推理。当然，这个游戏还可以增加人数继续延伸，以激发学生对推理的兴趣。	本环节旨在让学生形成对演绎推理的初步认识，激发学生学习的兴趣。
【议题1】 推理的含义与种类	【情境1】 【探究与分享】(教材第43页) 某地一家珠宝店失窃，甲、乙、丙、丁四人涉嫌盗窃被拘审。四人的口供如下： 甲：案犯是丙。 乙：丁是案犯。 丙：如果我作案，那么丁是主犯。 丁：作案的不是我。 经查证，四个人的口供中只有一个是假的。	【学生表现】 学生交流与分享各自不同的看法。 有的学生可能回答正确，要对他们的思路进行分析和评价。 【教师评析】 认识世界必须借助于判断，因为概念只是思维的细胞，判断才是对思维对象有所断定的思维形式。人类思维形式的发展过程就是由概念到判断，再从已有判断到形成新的判断。这种由已有判断推出新判断的思维形式叫作推理。其中，推出的新判断叫作推理的结论；原有的判断，或者说，推理所依据的判断，叫作推理的前提，前提可以是一个，也可以是几个。 结合第五课的内容可知，一个判断的形成途径有两条：一是经验的途径，即通过实践，直接对对象进行观察或调查，然后作出判断；二是理论的途径，即通过推理，借助已有的判断，合乎逻辑地推出一个新的判断。人类就是在实践基础之上，通过推理不断获得新判断，从而对世界的认识越来越深入和全面。这就是追求真理的过程。正如伽利略所言：“在真理面前，一千个权威抵不上一个谦恭的逻辑推理。”	本环节要解决以下问题： ①推理形成的路径。

续　表

活动与议题	情境与任务	表现与评析	教学提示
【议题1】 推理的含义与种类	【任务】 谁是作案人，你的结论是如何得出的？ 【任务指向】 理解推理的构成。	既然是通过推理可以获得新判断，换句话说，获得新的断定或者确定性，推理是其中最重要的部分，或者说解题秘钥就是具有确定性的内容。在本例中，经查证，四个人的口供中只有一个是假的。这就是说，“四个人的口供中只有一个是假的”是真实的和确定的，无疑，这是得出结论的核心和关键所在。下面就要继续寻找具有确定性的切入点了。虽然每句话都无法确定真假，但是乙和丁的口供指向了相同的对象，即丁。需要注意的是：因为是初次接触推理，教师要避免言语中提前融入后面推理的知识。教师可以引导学生，虽然丁是否参与盗窃无法确定，但有一点是确定的：丁只能是要么参加，要么没有参加，即乙和丁的口供不能都是真话。也就是说，能够确定假话为乙和丁口供中的一个，至于到底谁真谁假目前不需要考虑。由此可知，甲和丙说的是真话。由前面学过的充分条件假言判断的知识，可知“如果我作案，那么丁是主犯”是真的，根据充分条件假言判断的含义，可知“我作案”存在，则“丁是主犯”存在，即“丁是主犯”不可能为假，即为真。因此，得出结论，即一个通过已有的判断得出的新判断：作案人是丙和丁。当然，也可以知道只有丁提供了假口供。 通过对这个案例的分析，我们知道，推理的组成要素有前提、结论，以及如何从前提推出结论三部分。	②推理的含义与逻辑结构。
	【情境2】 【示例评析】（教材第44页） 如果为人民利益而死，就比泰山还重， 张思德是为人民利益而死的， 所以，张思德的死是比泰山还重的。 在这个推理中，前两个判断是推理时所依据的判断，即前提；后一个判断是从前提通过推理得到的新判断，即结论。	【学生表现】 学生交流与分享各自不同的看法。 【教师评析】 前提和结论是推理的构成要素，但是只有孤零零的前提和结论肯定不行，因为无法从前提“推出”结论，要能够“推出”，则需要两者之间存在某种联系，并且是确定性的必然联系。当然从推理的角度看，这种联系只是一种理论上的、逻辑上的联系，我们称这种前提和结论之间存在的逻辑联系方式为推理结构，它是构成推理的第三个要素。即推理包括三个组成部分：前提、推理结构和结论。 在示例中，前两个判断是推理时所依据的已有判断，即前提；后一个判断是从前提通过推理得到的新判断，即结论。为什么两个真前提就能够得出结论，并且能够保证结论也是真的，是不是从真前提出发就一定能够推出真结论，其实不一定，还要取决于两者之间的逻辑联系方式即推理结构。	本环节要解决以下问题：推理的构成。

续 表

活动与议题	情境与任务	表现与评析	教学提示
【议题1】 推理的含义与种类	【任务】 分析推理的前提和结论。 【任务指向】 推理的结构是推理的核心。	接着,我们进一步探讨保证结论真实性的条件。推理必须具备两个基本条件。其一,前提必须真实。这一点是毋庸置疑的,虽然前提为真结论不见得就为真,但是假前提肯定无法保证结论的真实性,因为以虚假的判断为前提,什么样的结论都可以得分。其二,从前提到结论的逻辑联系,即推理结构正确。换句话说,就是前提和结论之间的联系必须合乎逻辑规则,它是推理的核心内容。不过,需要注意的是,虽然合乎规则不见得就能够从真前提得到真结论,但是不合乎规则肯定无法保证得出真结论,结论的真假还取决于联结前提和结论的联系的性质。也就是说,这两个条件是通过推理获得确实可靠知识的必要条件,而非充分条件。	
	【情境3】 【探究与分享】(教材第44页) 人们发现,$3^2-1=8$,$5^2-1=24$,$7^2-1=48$,$9^2-1=80$,$11^2-1=120$,$13^2-1=168$,…等号后的数字都是8的倍数,而3,5,7,…都是大于1的奇数。根据以上发现,人们推断:所有大于1的奇数的平方减去1,得到的数都是8的倍数。 【任务】 这个推理的结论与前提之间是否存在必然关系,为什么?	【学生表现】 学生交流与分享各自不同的看法。 【教师评析】 根据上例,联系本例,我们至少找到两个标准可以对推理进行分类。既可以依据前提和结论的性质区分推理的种类,也可以依据前提和结论之间联系的性质对推理种类进行区分。 将上例中"为人民利益而死"完整表达为"(所有的)为人民利益而死(的人)"就可以看出,前提中有一个全称判断,结论是一个单称判断。而在本例中,前提是一个个单称判断,结论则为"所有大于1的奇数的平方减去1,得到的数都是8的倍数"。除此之外,还有一种体现一般性和个别性的关系的推理。教师在此处还可以补充一些类比推理的例子。 在上例中,之所以从真前提得出真结论,是由于:前提真实,合乎规则,并且前提和结论之间有一种必然性联系。可以看出,结论的真实性不是结论本身保证的,而是由推理的两个条件和一种必然的联系保证的。因此在本例中,要特别提示学生,不要纠缠于"所有大于1的奇数的平方减去1,得到的数都是8的倍数"这个结论的真假,而要关注前提和结论之间并非具有必然性联系,而是或然性联系,意思就是这种由个别到一般的推理符合推理的两个条件,结论可能真,也可能假,并且结论的真假和推理的种类无关。要让学生理解从这个角度区分推理的关键在于前提与结论之间的关系的性质。	本环节要解决以下问题:①推理的分类标准及种类。

续　表

活动与议题	情境与任务	表现与评析	教学提示
【议题1】 推理的含义与种类	【任务指向】 推理的分类。	总之,依据不同的标准,可以将推理进行不同的分类。其一,在哲学认识论上,人们依据个别与一般的关系的认识来区分推理的种类:演绎推理是从一般性前提推出特殊性结论的推理;归纳推理是从个别性前提推出一般性结论的推理;类比推理是从一般性前提推出一般性结论,或从个别性前提推出个别性结论的推理。其二,从前提与结论之间是否有必然联系的角度,可以将推理分为必然推理和或然推理。其中,演绎推理是必然推理,归纳推理(除完全归纳推理外)和类比推理是或然推理。 另外,形式逻辑的研究对象是推理结构,而不是推理所反映的认识对象的内容,至于认识对象是否真实需要具体科学通过实践检验。形式逻辑告诉人们如何正确且恰当地运用各种推理结构,帮助人们认识推理结构正确与否,以及运用推理结构时应该遵循的逻辑规则。	②推理的结构。
【议题2】 演绎推理的逻辑要义	【情境1】 【探究与分享】(教材第45页) 一切客观规律都是不以人的意志为转移的, 经济规律是客观规律, 所以,经济规律是不以人的意志为转移的。	【学生表现】 学生交流与分享各自不同的看法。 【教师评析】 演绎推理是前提蕴涵结论的必然推理。要确保得到真实的结论,必须具备两个条件。一是作为推理根据的前提是真实的判断。如前所述,如果前提虚假,则由此得出的结论的真实性便无法得到保证,并且,前提的真实与否最终还是要经过实践的反复验证。形式逻辑研究演绎推理,其中的前提是否真实可靠,可以建立在预设其为真的基础上。二是推理结构必须正确。形式逻辑认为推理结构正确与否在于推理形式是否有效,如果推理结构不正确,即形式无效,尽管前提真实,也不能保证推出正确的结论,因为从形式上看,前提和结论的联系方式就是错的。 本例中三个判断都是全称肯定判断,用M表示上述推理中的“客观规律”,用P表示“不以人的意志为转移的”,用S表示“经济规律”。其推理结构可以表达如下: 所有M是P 所有S是M ———————— 所有S是P	本环节要解决以下问题:正确的演绎推理必备的两个条件。

续 表

活动与议题	情境与任务	表现与评析	教学提示
	【任务】这个推理是否正确，为什么？ 【任务指向】 推理的形式结构。	该推理结构符合演绎公理，其推理结构正确。因为学生还没有学习三段论的知识，可以通过前面所学的概念外延之间的关系，用欧拉图进行演示，让学生直观地看到，M和P外延之间是相容的关系，有同一和种属两种情况，S和M外延之间也是相容的关系，有同一和种属两种情况。通过这种相容且具有包含关系的联系，都必然得到S和P之间也必然是相容且包含的关系。虽然有同一和种属两种情况，不过，形式逻辑不研究对象及对象之间的真实的情况，它的研究对象为形式结构，因为这种推理形式是有效的，该推理就是正确的演绎推理。究其原因，就是前提和结论之间建立了一种确定的必然性的联系。	
【议题2】 演绎推理的逻辑要义	【情境2】 【示例评析】(教材第45页) 放火行为是危害公共安全的行为， 电信诈骗行为不是放火行为， 所以，电信诈骗行为不是危害公共安全的行为。 【任务】 该推理是否正确，为什么？ 【任务指向】 推理是否有效在于形式是否有效。	【学生表现】 学生交流与分享各自不同的看法。 【教师评析】 这也是一个演绎推理。我们用M表示上述推理中的“放火行为”，用P表示“危害公共安全的行为”，用S表示“电信诈骗行为”。其推理结构可以写成： 所有M是P 所有S不是M ———————— 所有S不是P 这个推理结构不正确，不具有保真性。该推理结构违背了演绎公理，其推理结构不正确。也可以通过欧拉图进行演示，让学生直观地看到，M和P外延之间是相容的关系，有同一和种属两种情况，S和M则为全异关系，由此得到S和P外延之间的关系是不确定的，可以是种属关系、交叉关系和全异关系。还可以进一步进行拓展，结论正确的情况发生在M和P为外延同一的情境之下，除此之外，结论不正确。不过，形式逻辑不研究对象及对象之间的真实情况，它的研究对象为形式结构，因为这种推理形式是无效的，故不论前提中主项和谓项的真实关系如何，也不论前提的真实性如何，也不论结论的真实性如何，该推理都不是正确的演绎推理。究其原因，就是前提和结论之间是一种不确定的联系，并非有一种确定的必然性的联系方式。人们容易找到结构与其相同，前提明显为真而结论明显为假的“反例”，例如，“凡是自然数都是实数，凡是负数都不是自然数，所以，凡是负数都不是实数”。正确的演绎推理结构是找不出“反例”的。 从以上若干示例的分析中，我们进一步理解了形式逻辑研究演绎推理，是从推理结构方面揭示其前提与结论之间的必然联系，便于人们掌握正确的演绎推理方法，也对人们保持思维的严密性具有重要作用。	本环节要解决以下问题： ①演绎推理是否有效在于其形式结构。 ②演绎推理的方法。

续 表

活动与议题	情境与任务	表现与评析	教学提示
总 结	【任务指向】 演绎推理结构与结论的正确性之间关系。	从演绎推理结构与结论的关系看，演绎推理的逻辑要义就在于正确的演绎结构具有普遍保真性：如果演绎推理的结构是正确的就可以保证从真前提得出真结论，这是普遍有效的；错误的推理结构则不能保证由真前提必然得出真结论。故形式逻辑研究演绎推理就是从推理结构方面探求如何使推理结构能够保证前提和结论之间具有必然性的联系，以便于人们掌握正确的推理结构，辨别错误的推理结构。	

资源与拓展

1. 结合日常生活实践，思考推理的作用具体表现在哪些方面。

2. 搜集日常生活中的推理案例，思考其结论正确与否，并说明原因。

疑难解答

古人曰："有道之士，贵以近知远，以今知古，以所见知所不见。""运筹帷幄之中，决胜千里之外。"这就是指推理的意义，它是人们根据已经掌握的情况进行由此及彼的延伸，或者说是探求因果之间的联系，或者说在认识世界的实践中把握真理的桥梁、纽带和工具。在逻辑学上，推理是思维的基本形式之一，是指由一个或者几个已有的前提得出结论的过程。首先，推理的意义在于它是人们获取知识的方法。的确，一切真知出于实践，但是实践都是具体的，有些普遍性的知识依靠具体的实践活动是无法获得的，这就要借助于推理。虽然推理结论的真实性最终仍需要实践的检验，但是我们至少可以从某个角度，比如说，从形式有效性方面对结论的真实性进行检查：如果违背了形式有效性，结论肯定不能必然为真；如果遵循了形式有效性，对于演绎推理而言则可以保证结论的必然真，对于非演绎推理而言，这种推理是知识创新的科学方法，这种推理的结论至少是可能为真的，并且结论的内容超出了人类已有的知识范围，一旦经受住了实践检验，就拓展了我们的知识范围。其次，对于演绎推理而言，其可以使得思维具有严密性。遵循了形式规则就使得结论具有保真性，反之则不然。为此，演绎推理通常被用作论证和反驳的工具，因为反驳也就是论证某个观点为假。这就需要我们在遵循一定的推理规则的基础上，根据具体情况选取恰当的推理形式去证明、驳斥，并给出有力的例证。另外，推理还是科学系统化的工具，可以使人们通过实践获得的具体而零散的知识得以理论化和系统化。

第二框　简单判断的演绎推理方法

课标链接

这一框题与《普通高中思想政治课程标准(2017年版2020年修订)》选择性必修3《逻辑与思维》"2.3"相对应:"2.3了解推理的类型;掌握演绎推理的方法;学会归纳推理、类比推理;评析常见的推理错误。"从教科书的内容看,这一框内容着重阐述了性质判断换质、换位推理的含义、规则和方法;性质判断主项和谓项的周延性;性质判断换质位或换位质推理及其作用;三段论推理的含义、结构、规则,以及违背规则所犯的逻辑错误和掌握规则的意义。

背景分析

我们经常说的察言观色、弦外之音和响鼓不用重敲等,有时就是指,在那种情形之下,别人的言语已经明显地流露出确定性的意义,或者说,你应该能够听出他的话中之话。这也就是说,对一句话或者一个判断经过稍微变形就可以得出一个新的结论,并且从这些新结论中,能够获取更多的信息,有利于全面地把握认识对象各方面特点。这就涉及性质判断的直接推理。

学习目标

这一框的学习目标是掌握性质判断换质、换位推理的含义、规则和方法;掌握性质判断换位推理的主项和谓项的周延性情况;理解在思维活动中运用性质判断换质位推理的作用;把握三段论推理的含义和结构;掌握正确进行三段论推理的一般性规则,避免犯"四概念""中项不周延""大项不当扩大""小项不当扩大"等逻辑错误,揭露诡辩,维护真理。

重点难点

1. 重点:三段论推理的规则。

2. 难点:性质判断推理的主项和谓项的周延性。

课前准备活动

搜集一些关于判断变形推理的典故,还可以让学生对一些日常话语的理解进行转换与反思,思考其正确性如何,为什么有的对,有的却不对。例如,当我们说"那只鸟没有死",为什么可以理解为"那只鸟还活着";而"这盘棋小张没有输",却不可以理解为"这盘棋小张赢了"。为什么从"有的学生是男生",既能得出"有的男生不是女生",也可得出"有的男生是学生",而从"有的学生不是男生",只能得出"有的学生是女生",而得不出"有的男生不是学生"等。

教学设计

活动与议题	情境与任务	表现与评析	教学提示
导　入	波斯猫与战争 一战期间，法军为避德军锐气，隐藏于地下工事中，德法交战一度陷入僵局。一天上午，当一名德军军官用望远镜观察法军阵地时，发现一只波斯猫慢慢从阵地下爬出来，躺在那里晒太阳，后面连续几天都是如此。之后，德军调集重炮集中向那里猛轰，结果摧毁了一个旅级指挥部，导致法军群龙无首而战败。 【任务】 为什么德军会因为一只波斯猫的出现，就调集重炮集中向那里猛轰？	【学生表现】 学生交流与分享各自不同的看法。 学生可能会有一些奇思妙想，教师要注意从逻辑思维路径的清晰性方面加以引导。 【教师评析】 因为本导入出现在学生学习三段论之前，因此，教师不宜运用三段论形式化的知识进行刻画，不过，也不宜用过于简单的方式进行描述。教师的讲解要让学生既觉得合理，又能感受到推理框架的雏形。 德军军官对阵地上出现波斯猫这一现象的认识基本如下：其一，波斯猫是一种名贵的猫，或者说是一种宠物猫，这说明它不是一只流浪的野猫，而是有主人的。在阵地这种特殊的环境中，一般来说，它的主人不可能是普通的士兵或士官或下级军官，而很有可能是法军高级军官。其二，大规模集团作战都有高级军官在指挥所指挥作战，波斯猫连续几天慢慢从阵地某处爬出来晒太阳，说明那个没有被发现的法军高级军官就在附近，也就是说，法军指挥所就在附近。思考线索可以整理为： 其一，有名贵的波斯猫出现的地方有法军高级军官， 前方阵地某个地方有名贵的波斯猫出现， 所以，前方阵地某个地方有法军高级军官。 其二，有法军高级军官就有法军高级指挥所， 前方阵地某个地方有法军高级军官， 所以，前方阵地某个地方有法军高级指挥所。 教师告诉学生，这就是推理，就是由已知的真实判断，推出新判断的思维形式。	本环节旨在激发学生学习和运用推理的兴趣。
【议题1】 性质判断换质位推理	【情境1】 【探究与分享】(教材第46页) 所有金属都是导电的，所以，所有金属都不是不导电的。 唯心主义者不是马克思主义者，所以，唯心主义者是非马克思主义者。 有些学生是党员，所以，有些学生不是非党员。 有些疾病不是传染的，所以，有些疾病是不传染的。	【学生表现】 学生交流与分享各自不同的看法。 【教师评析】 在说话或写文章时，为了使表达更为适当和灵活，我们常常要根据上下文的具体情况，对一些性质判断的形式结构进行变换，如将肯定判断形式转换为否定判断形式，或者将否定判断形式转换为肯定判断形式。这就要运用性质判断换质推理。性质判断换质推理，又称为换质法。它是通过改变已知性质判断的“质”而得出一个新判断的推理。	本环节要解决以下问题： ①换质推理的含义。

续　表

活动与议题	情境与任务	表现与评析	教学提示
【议题1】 性质判断换质位推理	【任务】 以上推理有什么共同点? 【任务指向】 性质判断的换质推理。	这些推理的共同点是:不改变前提中性质判断的主项和量项;性质判断的质发生了肯定和否定的互换;作为结论的新判断的谓项变成已有判断的谓项的矛盾概念。这也是性质判断从真实前提必然地推出真实结论的规则。 既然性质判断是质和量的统一,那么性质判断不论怎么进行变形推理都改变不了已有性质判断中主项和谓项之间的断定性质,即肯定就是肯定或者双重否定,否定就是否定或者三重否定;也不能扩大两者各自的断定范围,即断定范围只能不变或者缩小,不能扩大。原因在于作为前提的性质判断所反映的认识对象与其属性之间的关系来源于实践,该是什么就是什么。实践断定多大范围内是真的,则意味着超出了这个范围就不能必然保证认识的真实性。但是,在实际生活中,性质判断通过直接的变形进行肯定和否定的互换的情况又经常可见,原因何在? 原因在于,由肯定变否定,或者由否定变成肯定,主项和谓项的位置虽然不变,但是谓项不再是已有的谓项,而是与其具有矛盾关系的新概念,而矛盾关系的性质决定了具有该关系的两个概念之间真假特征是直接对立、非此即彼的。具有矛盾关系的两个概念的外延互不相容,并且共同构成论域的全部,或者说,具有矛盾关系的两个种概念外延之和等于属概念的外延。因此,要提醒学生,谓项变换后,前后两个概念之间不能是反对关系,因为具有反对关系的两个种概念外延之和小于邻近的属概念外延,所以两者之间的真假特征不存在非此即彼的属性。例如,可以从“黑板不是白色的”推出“黑板是非白色的”,但是,不能推出“黑板是黑色的”,因为,“白色”和“非白色”是矛盾关系,和“黑色”是反对关系。 因此,在“所有金属都是导电的”判断中,既然断定了“金属”都是“导电的”,如果将肯定变成否定,“导电的”则要换成和其具有矛盾关系的概念“不导电的”,即“所有金属都不是不导电的”。实际上,虽然判断的性质改变了,但只是“金属”和“不导电的”关系为否定,而和“导电的”关系依然是肯定的。同理,性质判断从否定变成肯定也是如此,即原有两个概念之间的性质依然不变。	②换质法的规则。

续 表

活动与议题	情境与任务	表现与评析	教学提示
【议题1】 性质判断换质位推理	【情境2】 【探究与分享】(教材第47页) 甲:“所有马都不是狗”,可以调过来说,“所有狗都不是马”。 乙:那我随便说一句话,你能给调过来讲吗? 甲:没有问题。 乙:有些人喜欢吃巧克力。 甲:有些喜欢吃巧克力的是人。 乙:再来,有些人不是相声演员。 甲:有些相声演员不是…… 【任务】 在这个相声片段中,甲的最后一句话为什么说不下去了? 【任务指向】 换位推理涉及认识对象的断定范围。	【学生表现】 学生交流与分享各自不同的看法。 【教师评析】 为了从不同方面加深对事物的认识,我们有时需要将性质判断的断定对象进行变换,也就是把性质判断的主项和谓项的位置进行互换。这就要运用性质判断换位推理。性质判断换位推理,又称换位法。它是通过改变已知性质判断的主项和谓项的位置而得出一个新判断的推理。 性质判断进行换位的直接推理,是侧重于如何从量的方面来保证从真前提必然得出真结论。很显然,既然作为前提的已有性质判断的质不发生变化,那么只需要从外延角度保证不扩大已有主项和谓项的断定范围即可,其中,不扩大断定范围的意思是,既可以和原有一样,也可以缩小断定范围。 教师可以在阐述了周延性之后讲授本探究,也可以对其进行描述性的阐述。对于主项的断定范围,学生比较好理解。“所有的”字面意思就很直观,意味着断定了主项的全部外延;“这个”或者主项本身是一个单独概念,即主项的数量只有一个,很明显,断定一个就是断定了全部;对于“有的”,要和学生讲清楚,虽然它表述断定的范围是部分,和日常用语中的理解相似,大多数学生会直观地体会出部分的含义,但是,这里的“有的”和日常用语中“有的”的含义有所区别,它表述断定的范围至少有一个,也可以是几个,还可以是全部。既然有三种情况,那么概括地说,它表述断定了主项的部分外延,在形式逻辑中,称为“存在量词”,意思是至少有一个。然而,对谓项的断定范围的理解,直观性不太明显,教师可以先通过具体例子加以引导。例如,在“所有马都不是狗”中,“狗”是指不论它的颜色、不论大小、不论品种,也不论它是何处或者何时的狗等,马都不是其中任何一类或者一个,即指马不是所有的狗,所以,这里的“狗”断定了狗的全部范围。而“所有马都是狗”,则指马是其中的某些狗,诸如其中的黄狗、小狗或者金毛狗,所以,这里的“狗”只断定了狗的部分范围。因此,从“所有马都不是狗”,可以推出“所有狗都不是马”。然而从“(所有)马是狗”,则推不出“(所有)狗是马”。问题不在于“马”,其在已有前提中指“所有的马”,不存在范围扩大的情况;问题在于“狗”的断定范围扩大为“狗的全部范围”。以此类推,前面的话都可以掉过来说,但是最后一句不行,因为,前提中的“有些人”,结论中断定范围不能扩大到“人的全部范围”。	本环节要解决以下问题: ①换位推理的含义。 ②换位推理为什么不能扩大概念的外延。

续 表

<table>
<tr><th>活动与议题</th><th>情境与任务</th><th>表现与评析</th><th>教学提示</th></tr>
<tr>
<td rowspan="2">【议题1】
性质判断换质位推理</td>
<td>【情境3】
【相关链接】(教材第47页)
性质判断换位推理涉及主项和谓项的外延问题。下表是六种性质的主项和谓项的周延情况。
<table>
<tr><th>判断种类</th><th>主 项</th><th>谓 项</th></tr>
<tr><td>全称肯定判断</td><td>周 延</td><td>不周延</td></tr>
<tr><td>全称否定判断</td><td>周 延</td><td>周 延</td></tr>
<tr><td>特称肯定判断</td><td>不周延</td><td>不周延</td></tr>
<tr><td>特称否定判断</td><td>不周延</td><td>周 延</td></tr>
<tr><td>单称肯定判断</td><td>周 延</td><td>不周延</td></tr>
<tr><td>单称否定判断</td><td>周 延</td><td>周 延</td></tr>
</table>
【任务】
性质判断换位推理涉及主项和谓项的断定范围问题，思考六种性质判断的主项和谓项的断定范围情况。
【任务指向】
性质判断的周延性情况。</td>
<td>【学生表现】
学生交流与分享各自不同的看法。
【教师评析】
每个性质判断都对其主项和谓项所反映的对象范围作了断定。一个性质判断如果断定了其主项或谓项所反映的全部对象，这个主项或谓项就是周延的。没有断定其主项或谓项所反映的全部对象，这个主项或谓项就是不周延的。
周延性这种属性是指概念外延的断定情况，并且只在概念和概念之间，或者说只在判断中才存在周延性，单独一个概念不存在周延性的问题。可以运用欧拉图，通过概念外延之间的五种关系分别对全称肯定判断、全称否定判断、特称肯定判断和特称否定判断进行图解演示，让学生理解全称的主项和否定的谓项是断定了其反映的全部对象，或者说，概括各种概念外延情况，都断定了其全部外延，故是周延的；特称的主项和肯定的谓项没有断定所反映的全部对象，或者说，概括各种情况，并没有都断定其全部外延，故是不周延的。至于单称的主项，如前所述，可以直接指明其是周延的。
因此，要保证换位推理能够从真实前提得出真实结论，必须遵守以下规则：第一，推理时不改变前提判断的联项。即判断的质不变，肯定依然肯定，否定依然否定。第二，将前提判断的主项和谓项的位置互换。第三，在前提中不周延的项，换位后也不能周延。当然，也可以适当补充说明：在前提中只要关注不周延的项，在结论中只审视周延的项；前提中周延的项，不用关注其在结论中的周延性，即可以周延，也可以不周延。可进一步拓展为一个总的线索，就是断定范围不能扩大，或者说，不能从不周延到周延，其他情况则均可。</td>
<td>本环节要解决以下问题：
①性质判断主项和谓项的周延性。
②换位法规则。</td>
</tr>
<tr>
<td>【情境4】
【示例评析】(教材第48页)
所有的商品都是劳动产品，
所以，所有的劳动产品都是商品。

有的人不是说谎者，
所以，有的说谎者不是人。</td>
<td>【学生表现】
学生交流与分享各自不同的看法。
【教师评析】
这两个推理都是不正确的，都犯了“扩大概念外延”的逻辑错误。
在全称肯定判断“所有的商品都是劳动产品”中，“商品”是周延的，“劳动产品”是不周延的，所以，只能推出特称肯定判断的结论“有的劳动产品是商品”。如果推出“所有的劳动产品都是商品”的结论，就扩大了“劳动产品”的外延，犯了“扩大概念外延”的逻辑错误。
在特称否定判断“有的人不是说谎者”中，“人”和“说谎者”都是不周延的，所以，不能通过换位推理得出“有的说谎者不是人”的结论。如果这样便扩大了“人”的外延，就会犯“扩大概念外延”的逻辑错误。</td>
<td>本环节要解决以下问题：
①性质判断推理中的逻辑错误。</td>
</tr>
</table>

续　表

活动与议题	情境与任务	表现与评析	教学提示
【议题1】 性质判断换质位推理	【任务】 上述推理是否正确，为什么？ 【任务指向】 理解扩大概念外延的逻辑错误。	在实际思维活动中，可以将换质法和换位法结合起来运用，即进行换质位推理或换位质推理。例如，所有经验科学都是实证的，所以，所有经验科学不是非实证的，所以，非实证的不是经验科学，所以，非实证的是非经验科学，所以，有的非经验科学是非实证的，所以，有的非经验科学不是实证的。当然，也可以连续换位，例如，从“所有的商品都是劳动产品”，得出“有的劳动产品是商品”，再得出“有的商品是劳动产品”。让学生思考：为什么一般不进行连续换质呢？ 总之，要正确地运用推理结构，至于到底应该采用哪种推理结构则取决于变换语句形式或语气的作用，目的是使其能够起到调整或强调认识重点的作用。	②连续换质位或者换位质推理的作用。
【议题2】 三段论推理	【情境1】 【探究与分享】（教材第48页） 小明与小华在学习三段论的推理知识，小明说了一个三段论推理让小华分析。 正当防卫是不负刑事责任的， 小张的行为是正当防卫， 所以，小张的行为是不负刑事责任的。 【任务】 请你试着分析小明的推理结构。 【任务指向】 前提中有起联结作用的共同概念。	【学生表现】 学生交流与分享各自不同的看法。 【教师评析】 三段论是演绎推理的一种重要形式，通过对小明推理结构的分析，我们可以形成对三段论的初步认识，即它是以两个已知的性质判断为前提，借助一个共同的项推得一个新的性质判断的推理。可以先向学生阐述三段论的基本概况：其一，“三”是指推理中有三个性质判断，其中两个为前提，一个为结论；其二，与“三”相关的还有，推理中有三个概念，且都在前提中出现，其中一个相同概念在两个前提中分别出现，结论中只出现另外两个概念；其三，三段论中每个概念都出现两次；其四，要重点指出，三段论符合规则之所以能够成立，原因就在于那个共同的概念能够起到联结作用。 这样一来，可以激起学生的好奇心：什么叫作共同概念，它何以能够起联结作用；三段论规则有哪些；为何符合规则推理就能够成立；这些神奇的规则从何而来。	本环节要解决以下问题：三段论的含义。

续 表

活动与议题	情境与任务	表现与评析	教学提示
【议题2】 三段论推理	【情境2】 【示例评析】(教材第49页) 公共场所是禁止吸烟的， 展览厅是公共场所， 所以，展览厅是禁止吸烟的。 【任务】 请你试着分析上述三段论的特征。 【任务指向】 三段论推理的构成。	【学生表现】 学生交流与分享各自不同的看法。 【教师评析】 这是一个三段论。“所以”前面的两个判断是前提，后面的那个判断是结论。组成三段论的三个性质判断各有一个主项和一个谓项，每个主项和谓项在推理中都出现两次。 结合上例，第一，人们把结论中的主项叫作“小项”，如上例中的“展览厅”；将结论中的谓项叫作“大项”，如上例中的“禁止吸烟的”。第二，为了区别三段论的两个前提，人们把包含小项的前提叫作小前提，如上例中的“展览厅是公共场所”；把包含大项的前提叫作大前提，如上例中的“公共场所是禁止吸烟的”。第三，结论中的主项(小项)和谓项(大项)在前提中并没有直接发生联系，而是通过一个共同的项(一个相同的概念)建立起联系，这个在结论中不出现而在前提中出现两次的共同的项叫作“中项”，如上例中的“公共场所”。通过中项的媒介作用，大项和小项之间建立起一定的联系，构成了三段论的结论。第四，对于两个前提而言，一般按照表达的习惯，人们把大前提放在前面，小前提放在后面。不过，这种先后的顺序是不确定的，不能由此决定谁是大前提，谁是小前提，决定大小前提的关键在于结论。第五，三段论可以有很多形式结构。其中，有些是正确的，有些是不正确的。 人们通过对无数个思维事例的考察，在实践中概括得出正确进行三段论推理的一般性规则，不过，规则虽然是人们制定的，但不是随意的，规则的合理性是由实践保证的，正如列宁所说：“人的实践经过亿万次的重复，在人的意识中以逻辑的式固定下来。这些式正是(而且只是)由于亿万次的重复才有着先入之见的巩固性和公理的性质。”	本环节要解决以下问题： ①三段论的逻辑结构。 ②三段论规则的由来。

续　表

活动与议题	情境与任务	表现与评析	教学提示
【议题2】 三段论推理	【情境3】 【示例评析】(教材第49页) 群众是真正的英雄, 我是群众, 所以,我是真正的英雄。 【任务】 请你试着分析上述三段论有几个概念。 【任务指向】 “四概念”的逻辑错误。	【学生表现】 学生交流与分享各自不同的看法。 【教师评析】 表面看上去,这个推理的前提中只有三个概念,即“群众”“真正的英雄”“我”,不过,这也只是表面现象而已。概念是质和量的统一,结合前面关于概念种类划分的知识,我们知道,“群众”这个概念在大前提中(大前提是指这个性质判断包含了结论的谓项“真正的英雄”即大项)指的是全体,它是一个表示集合的概念;在小前提中“群众”指的是个体,它是一个非集合概念。因此,尽管它们的语词相同,但是,它们不是同一个概念,也就不能在大项和小项之间起媒介作用,所以,结论不能成立。并且,确切地说,这个推理不是三段论,因为,从三段论的含义中,我们知道,它是两个性质判断借助一个共同的概念推得一个新的性质判断的推理。一个三段论只能有三个不同的项。如果出现四个不同的项,不能必然得出结论,这种逻辑错误称为“四概念”的错误。	本环节要解决以下问题:一个形式结构正确的三段论只能有三个不同的项。
	【情境4】 【探究与分享】(教材第50页) 小华在学习了三段论推理知识后,对小明说: 优秀干部都是廉洁的, 小丽是廉洁的, 所以,小丽是优秀干部。 【任务】 这个三段论推理有什么错误? 【任务指向】 中项在两个前提中都不周延。	【学生表现】 学生交流与分享各自不同的看法。 【教师评析】 首先,要注意日常语句的整理。为了语言的生动活泼,在日常语句中,我们经常将大家能够理解的、没有歧义的部分加以省略。不过,这也只是语言形式上的省略,其语义上还是完整的。如例中“廉洁的”完整语言形式为“廉洁的人”。 其次,强调中项在前提中至少周延一次。如果中项在两个前提中都不周延,也就是说,两个前提都没有断定中项所反映的全部对象,就可能会出现这样的情况:大项与中项的一部分外延发生联系,小项与中项的另一部分外延发生联系。这样,大项和小项的关系就不能确定,这样的三段论结论就不能必然得出。在上述例子中,中项都是性质判断的谓项,它一次都不周延,这将导致由它起媒介作用无法保证另外两个概念之间关系的确定性。通过欧拉图进行直观演示,可以看出“小丽”和“优秀干部”这两个概念之间的外延关系有三种:种属关系、交叉关系和全异关系,这就是说,它们之间的关系无法确定,即无法得出具有确定性的思想内容,这违背了运用判断和推理的目的。 最后,违反这一规则,就会犯中项不周延的逻辑错误。	本环节要解决以下问题:一个形式结构正确的三段论的中项在前提中至少周延一次。

续 表

活动与议题	情境与任务	表现与评析	教学提示
【议题2】 三段论推理	【情境5】 【相关链接】(教材第50页) 在三段论推理中,判定某个概念是否周延,只要看那个概念在判断中的位置即可。如果它是在全称判断主项的位置,就是周延的。如果它是在特称判断主项的位置,就是不周延的。如果它是在否定判断谓项的位置,就是周延的。如果它是在肯定判断谓项的位置,就是不周延的。 【任务】 如何判定三段论的某个概念是否周延。 【任务指向】 周延性与概念在性质判断中的位置相关。	【学生表现】 学生交流与分享各自不同的看法。 【教师评析】 三段论的项的周延性不取决于概念的内容,只取决于其在性质判断中的位置,全称的主项和否定的谓项是周延的;特称的主项和肯定的谓项是不周延的;单称"这个"的主项,以及主项是单独概念的,一个即全部,它是周延的。	本环节要解决以下问题:判定三段论中某个概念的周延性。
	【情境6】 【探究与分享】(教材第50页) 小明在解答了小华的问题后,对小华说了以下两个推理: 班干部都要有集体荣誉感, 我不是班干部, 所以,我用不着有集体荣誉感。 自媒体是思想政治教育的工具, 自媒体也是娱乐的工具, 所以,娱乐工具都是思想政治教育的工具。 【任务】 这两个推理的问题出在哪里? 【任务指向】 大项不当扩大;小项不当扩大。	【学生表现】 学生交流与分享各自不同的看法。 【教师评析】 前提中不周延的项在结论中不得周延。这是针对大项和小项提出的要求。根据一类事物的部分对象具有某种属性,我们不能推断出这类事物的全部对象都具有这种属性。也就是说,结论不能扩大已有前提中概念的外延,否则,就会犯"大项不当扩大"或"小项不当扩大"的错误。"集体荣誉感"在前提中是肯定的谓项,它是不周延的,在结论中成为否定的谓项,它是周延的,犯了"大项不当扩大"的逻辑错误。"娱乐工具"在前提中是肯定的谓项,它是不周延的,在结论中成为全称的主项,它是周延的,犯了"小项不当扩大"的逻辑错误。全称量项"所有的"在性质判断中经常被省略,省略全称量项的判断和没有省略全称量项的判断是同一判断,不存在主项断定范围发生变化的情况。 需要指出的是:前提中周延的项到结论中可以周延,也可以不周延;结论中不周延的项,在前提中可以周延,也可以不周延。这样一来,可以概括为:前提中不周延的项到结论中不得变为周延;结论中周延的项,在前提中必须周延。也就是说,在三段论中,关于主项和谓项是否周延的问题,只需要关注前提中不周延的项,以及结论中周延的项。	本环节要解决以下问题:前提中不周延的项在结论中不得周延。

续　表

<table>
<tr><th>活动与议题</th><th>情境与任务</th><th>表现与评析</th><th>教学提示</th></tr>
<tr><td>【议题2】
三段论推理</td><td>【情境7】
【示例评析】(教材第51页)
调查报告不是文学作品,
这篇文稿不是调查报告,
所以,这篇文稿是文学作品。
【任务】
这个推理的问题出在哪里?
【任务指向】
两个否定的前提不能必然推出结论。</td><td>【学生表现】
学生交流与分享各自不同的看法。
【教师评析】
三段论中,不能两个前提都是否定的,如果这样,中项与大项、小项都是排斥的不相容关系,起不到确定大项与小项关系的媒介作用,从前提到结论就没有保真关系。同理,前提中有一个判断是否定的,则中项要么与小项,要么与大项是排斥的不相容关系,以此中项为媒介,结论中的主项和谓项之间只能是排斥的不相容关系。
示例中,两个前提都是否定的,“调查报告”和“文学作品”以及“这篇文稿”都是全异的关系,这样一来,通过“调查报告”的联结,“文学作品”和“这篇文稿”之间的关系不确定,有三种情况:全异关系、交叉关系和种属关系(或者属种关系)。
这样一来,可以概括为:一个有效的三段论,结论是肯定的,当且仅当,两前提是肯定的;结论是否定的,当且仅当,两前提有一个是否定的。也就是说,肯定判断要么是三个,要么是一个(出现在前提中);否定判断,要么没有,要么是两个(分别在前提和结论中)。
三段论是生活和工作中常用的推理类型。凡是符合这些规则的三段论,其推理结构就是正确的;违反其中任何一个规则,其推理结构都是不正确的。我们只有熟知推理的规则,才能自觉地避免这类推理中的逻辑错误,进而揭露诡辩,维护真理。</td><td>本环节要解决以下问题:①三段论中不能有两个否定的前提。②三段论中性质判断的质的特征。</td></tr>
<tr><td>总　结</td><td>【任务指向】
性质判断变形推理的规则之间和三段论推理规则之间,以及它们相互之间的区别与联系。</td><td>性质判断通过直接换质或者换位进行变形推理。换质法的规则侧重于从判断的质的方面保证前提真则结论真,而换位法侧重于从量的方面保证前提真则结论真;在进行换质时,判断中的认识对象断定的范围是不能扩大的,而在进行换位时,判断中认识对象之间质的联系是不能改变的。它们共同保证性质判断推理的有效性。
三段论中只能有三个不同的项是三个判断得以建立起联系,或者说,三段论得以形成的前提条件。中项至少周延一次是从量的角度保证结论中的主项和谓项之间的关系具有质的确定性。前提中不周延的项在结论中不得周延是从量的角度保证结论中主项和谓项的量的确定性。不能有两个否定的前提,则既保证结论的主项和谓项能够建立起联系,又从质的方面保证结论的主谓项之间质的性质的确定性。因为周延性由判断中的位置决定,则判断的质也就制约了对象的量。并且,这些规则都是用来保证三段论结论主谓项之间的必然联系,或者说推理的有效性。
总之,不论性质判断变形推理的规则之间,还是三段论推理规则之间,抑或是它们相互之间,都各有区别,更有联系,它们都是共同保证推理正确性的必备规则。</td><td>本环节要解决以下问题:对性质判断的换质、换位推理,以及对性质判断三段论推理进行总结。</td></tr>
</table>

资源与拓展

1. 为什么三段论前提中有一个是特称判断，则结论必定是特称判断？

2. 为什么三段论前提都是特称判断，则得不出结论？

3. 如何辨别和还原由两个判断形成的三段论？

疑难解答

在日常实践中，为使表达更加简练，我们经常将不言而喻的常识加以省略，这种省略通常采用三段论的省略形式：要么省略大前提，要么省略小前提，要么省略结论。不过，这种省略也只是形式上的省略，但表达内容必须是真实完整的。需要注意的是，由于三段论没有以完整的形式表述出来，往往会隐藏逻辑错误，这就需要我们将其还原。一般说来，还原应遵循的原则是：形式有效、内容真实。既要符合三段论规则，使其形式有效，又要符合客观实际，使其不违背原意。还原的步骤为：首先，判断省略的是大前提、小前提还是结论。这可以通过逻辑联结词进行判断，如果没有逻辑联结词，则需要通过语境来判断。其次，根据三段论规则中关于判断的质和项的周延性的规则，将在两个判断中分别只出现一次的两个概念联结起来形成新判断。需要注意的是：如果省略的是前提，要保证形成的新判断不仅要符合三段论规则，还要是真的；如果省略的是结论，则要保证符合规则，并且形成的结论尽可能是真实的。最后，进行判定。如果补充完整之后的三段论，既符合规则，前提又是真实的，结论也是真实的，则是正确的三段论；如果形式和内容方面有一个不具备上述要求就是无效的三段论。

第三框　复合判断的演绎推理方法

课标链接

这一框题与《普通高中思想政治课程标准(2017年版2020年修订)》选择性必修3《逻辑与思维》“2.3”相对应：“2.3 了解推理的类型；掌握演绎推理的方法；学会归纳推理、类比推理；评析常见的推理错误。”从教科书的内容看，这一框内容着重阐述了联言推理的推理依据和两种有效推理结构；选言推理的推理依据、分类和有效推理结构；假言推理的客观基础、推理依据、分类和作用；充分、必要和充分必要条件假言推理的推理结构；演绎推理的保真性条件。

背景分析

前面我们学习了通过一个或者几个性质判断得出新判断的推理。除此之外，我们经常会遇到作为推理前提的判断本身包含了其他判断，在这种情况下，该如何进行正确的推理。这就要搞清楚组成复合判断的各个支判断之间为何种逻辑关系，支判断能否和复合判断建立起联系，这种联系是否具有确定性，前提和结论之间是否有必然的联系，这种必然的联系是不是取决于推理的结构，等等。这些就是本框的学习内容。

学习目标

这一框的目标是掌握联言推理的推理依据和两种有效推理结构，明晰运用联言推理对于全面认识事物的重要性；理解选言推理的推理依据、分类和有效推理结构，明晰运用选言推理的意义；了解假言推理的推理依据和分类，明晰进行假言推理对认识事物本质和规律的重要意义；掌握充分、必要和充分必要条件假言推理的推理结构；评析充分、必要和充要条件假言推理中常见的推理错误；理解遵循演绎推理规则和掌握演绎推理方法的意义。

重点难点

1. 重点：复合判断演绎推理的有效结构；假言判断推理中常见的推理错误。

2. 难点：遵循演绎推理规则和掌握演绎推理方法的意义。

课前准备活动

搜集一些利用了复合判断推理的故事，以及日常生活中有关复合判断推理的事例，分析其对错和原因。例如，小张是班长同时也是学习委员，我们能否说“小张或者是班长，或者是学习委员”；小王某天生病，我们能否说“小王或者在家里休息，或者去学校上学”；当我们说“只有思想品德好、学习好和身体好，才能当三好生”，小明思想品德好、学习好并且身体也好，是不是意味着小明肯定能够当上三好生，而小李没有当上三好生，是不是就说明他并非思想品德好、学习好和身体好”；等等。由此形成对复合判断推理的初步认识。

教学设计

活动与议题	情境与任务	表现与评析	教学提示
导入	李雷和韩梅梅最初出现在20世纪90年代初中英语教科书里。2005年后，网络上出现集体回忆他们的各种画面：同名漫画、同名歌曲、同名话剧和同名电影。对于这两个人谁也没能牵着谁的手的结局，网友吐槽：如果李雷乐于助人，韩梅梅会嫁给他的。所以，李雷不乐于助人，韩梅梅就不会嫁给他。 【任务】 网友的观点有没有问题，如果有，问题出在哪里呢？	【学生表现】 学生交流与分享各自不同的看法。 【教师评析】 网友的观点是有问题的。网友认为“如果李雷乐于助人，韩梅梅会嫁给他的”，这是一个充分条件假言判断，根据前一课的知识，我们知道，出现“李雷乐于助人”的情况，必然出现“韩梅梅会嫁给他的”情况，但是，当“李雷乐于助人”的情况没有出现，无法确定“韩梅梅会嫁给他的”情况是否出现。这就是说，李雷不乐于助人，韩梅梅嫁给李雷，或者韩梅梅不嫁给他，“如果李雷乐于助人，韩梅梅会嫁给他的”都是真的。所以，只能确定地得出，“李雷乐于助人，但韩梅梅不嫁给李雷”是不可能的。	本环节主要激发学生学习复合判断演绎推理的兴趣。

续 表

活动与议题	情境与任务	表现与评析	教学提示
【议题1】 联言推理及其方法	【情境1】 【探究与分享】(教材第51页) 在一次班会上,老师问大家成功的心态应该是怎样的。小郑说:“要不断地努力奋斗,活到老学到老。”小刘说:“要保持知足的心态,肯定自己走过的每一步。”老师说:“你们的观点都是对的,结合起来会更好:成功的心态既要不断努力,也要知足常乐。” 【任务】老师的话是否正确,为什么? 【任务指向】 认识联言推理。	【学生表现】 学生交流与分享各自不同的看法。 【教师评析】 在认识事物的过程中,我们有时需要将分别存在的对象情况综合成比较全面的认识,有时又需要将对象的某种情况从众多共存的情况中分割出来,实现认识由肯定总体到突出重点的转化。这就需要运用联言推理。在班会上,小郑和小刘分别对何为成功的心态发表了看法,老师对他们的观点进行了概括。小郑说“要不断地努力奋斗,活到老学到老”,就是“要不断努力”;小刘说“要保持知足的心态,肯定自己走过的每一步”,就是“要知足常乐”。老师赞同他们的观点,不过,又认为他们只是分别指出了成功心态的一个方面,如果综合起来会更好,因此老师的话也对。老师的话就是一个正确的联言推理:你们的观点都是对的,“要不断努力”是对的,“要知足常乐”也是对的,结合起来会更好,即“成功的心态既要不断努力,也要知足常乐”。 联言推理是依据联言判断的逻辑性质进行的推理,其逻辑性质为:在联言判断中,当且仅当,组成它的各个联言支都是真的,这个联言判断才是真的;如果有一个联言支是假的,这个联言判断就是假的。 对其逻辑性质可以先初步阐述一下,在后面的合成式和分解式部分再详细阐述。可以让学生思考,为什么“如果有一个联言支是假的,这个联言判断就是假的”,这个判断能不能用充分必要条件来表述。	本环节要解决以下问题:①联言推理的含义。②联言推理的逻辑性质。
	【情境2】 【示例评析】(教材第52页) 实现中国梦需要我的努力, 实现中国梦需要你的努力, 实现中国梦需要他的努力, 所以,实现中国梦需要我、你、他的共同努力。 【任务】 分析联言推理的结构,得出其逻辑形式的特点。 【任务指向】 联言推理的合成式。	【学生表现】 学生交流与分享各自不同的看法。 【教师评析】 将各个联言支加以综合,得出新判断,我们称联言推理的这种形式为合成式。其推理的依据在于:从联言判断与它的联言支的真假关系来说,如果所有的联言支都是真的,联言判断就是真的。如果联言推理的前提分别断定了各个联言支是真的,它的结论就能够断定由这些联言支所构成的联言判断是真的。教师可以补充真值表内容。 本例就是一个联言推理的合成式,其三个前提所断定的对象情况分别存在,即“实现中国梦需要我的努力”“实现中国梦需要你的努力”“实现中国梦需要他的努力”,根据联言判断的逻辑性质推出结论“实现中国梦需要我、你、他的共同努力”。	本环节要解决以下问题:理解合成式的推理依据。

续　表

活动与议题	情境与任务	表现与评析	教学提示
【议题1】 联言推理及其方法	【情境3】 【示例评析】(教材第52页) 德之不修,学之不讲,闻义不能徙,不善不能改,是吾忧也。 所以,德之不修,是吾忧也。 这个联言推理由前提所断定的几种对象情况同时存在,而在结论中断定其中的个别情况也存在。 【任务】 分析联言推理的结构,得出其逻辑形式的特点。 【任务指向】 联言推理的分解式。	【学生表现】 学生交流与分享各自不同的看法。 【教师评析】 将联言判断的各个联言支加以分解,得出新判断,我们称联言推理的这种形式为分解式。其推理的依据在于:从联言判断与它的联言支的真假关系来说,如果联言判断是真的,它的联言支都是真的。如果由联言推理的前提断定联言判断是真的,由它的结论就能够断定组成联言判断的联言支是真的。教师可以补充真值表内容。 本例就是一个联言推理的分解式,其前提断定的四种对象情况存在,即“德之不修是吾忧也”“学之不讲是吾忧也”“闻义不能徙是吾忧也”“不善不能改是吾忧也”,其是指其中的每一种情况都是吾忧,不可理解为“德之不修,并且学之不讲,并且闻义不能徙,并且不善不能改,是吾忧也”。根据联言判断的逻辑性质能够推出结论“德之不修,是吾忧也”。需要提示学生的是,因为所有联言支都是真的,所以可以推出其中某一种情况,或者某两种情况,或某三种情况“是吾忧也”,当然也可以推出全部四种情况“是吾忧也”,只不过那没有意义,属于同一判断的重复。例如:从“这个商品价廉物美耐用”,可以推出,“这个商品价廉”,或者“这个商品物美”,或者“这个商品耐用”,或者“这个商品价廉物美”,或者“这个商品价廉耐用”,或者“这个商品物美耐用”,不过,如推出“这个商品价廉物美耐用”,则没有意义。 教师通过真值表,或者恰当的语言向学生阐述合成式和分解式的逻辑机理的异同点。两者的共同点在于,都遵循联言判断的逻辑性质。两者的不同点在于,合成式的依据在于其前提所断定的对象分别存在,在结论中断定它们同时存在;分解式的依据在于由前提所断定的几种对象同时存在,结论中断定其中个别情况也存在。 从上述阐述中,我们知道,联言判断和它的联言支的真假相互对应情况为:联言支都真的,则联言判断真;联言判断真,则联言支都真;联言支只有个别真,则联言判断真假不定。正如前面提到的“都真才真,真就都真”。如果我们以预设联言判断或者联言支的假为前提呢?这也正如前面提到的所谓“一假就假,假不都真”,即联言支只要有一个是假的,则联言判断就是假的;联言判断假,则无法确定联言支的真假,只知道联言支不可能都是真的,其中至少有一个联言支是假的。	本环节要解决以下问题:理解分解式的推理依据。

续 表

活动与议题	情境与任务	表现与评析	教学提示
【议题2】 选言推理及其方法	【情境1】 【探究与分享】(教材第52页) 传说，一位农夫曾被恶人诬告，被判了死罪。按当地的习俗，即将被处死的人可以用抓阄儿来碰碰运气。抓到“死”阄儿，必死无疑；抓到“生”阄儿，可以赦免。恶人不想让农夫活下来，买通制阄儿的人，把两个阄儿都制成了“死”阄儿。农夫的一个朋友得知消息后，悄悄告诉了农夫。到了抓阄儿的那天，农夫随便抓出一阄儿，放进嘴里吞了下去。他请求行刑的官吏查看剩下的阄儿…… 【任务】 1.农夫的智慧表现在哪里？ 2.请你运用推理知识，说说农夫的推理过程。 【任务指向】 选言判断的逻辑性质及其推理。	【学生表现】 学生交流与分享各自不同的看法。 【教师评析】 事物存在的可能情况是多种多样的，人们不可能对其中的每种情况都通过实践来认识，这就需要运用选言推理，在事物诸多可能情况中作出某种选择。 农夫在生死关头面临着如何选择的问题。面前有两个阄儿，一个是“死”阄儿，另外一个是“生”阄儿，必须并且只能抓取其中一个阄儿，不过，无法确定哪个是“死”阄儿，哪个是“生”阄儿，只能按照抓阄儿规则，碰碰运气。但是，问题来了。因为恶人和制阄儿的人破坏了制阄儿的规则，做成了两个相同的“死”阄儿。这样一来，确定性来临了，即农夫必定抓到“死”阄儿，并且农夫也通过自己的朋友得知了该情况。本来抓阄儿的结果可以通过三种方式呈现出来：同时展示两个阄儿，展示没有被抓的阄儿，展示抓到的阄儿。基于制阄儿人不会说出自己改变了规则，所以这几种方式在行刑的官吏看来，结果是一样的。因为抓到“死”阄儿和抓到“生”阄儿是两种不相容的情况，抓阄儿的结果就是要么抓到“死”阄儿，要么抓到“生”阄儿。农夫的智慧体现在，他确定了阄儿只能通过展示没有被抓的阄儿的方式来呈现，因为没有被抓的阄儿是确定的，只能是“死”阄儿，所以，行刑的官吏认为，“死”阄儿既然存在，那么农夫抓到的不是“死”阄儿，只能确定为“生”阄儿。 其实，农夫是正确地运用了不相容选言判断之间非此即彼的性质进行了推理。这种依据选言判断的逻辑性质进行的推理，称为选言推理。选言判断分为相容的选言判断和不相容的选言判断，选言推理也相应地分为相容的选言推理和不相容的选言推理。教师可以适当拓展，推理寻求的是某种确定性，可以是真的确定性，也可以是假的确定性，从而进一步明晰概念、判断和推理都是明确思想内容的形式工具。	本环节要解决以下问题： ①选言推理的含义。 ②选言推理的分类。

续　表

活动与议题	情境与任务	表现与评析	教学提示
【议题2】 选言推理及其方法	【情境2】 【示例评析】(教材第53页) 一个语句错误,或是不合语法,或是不合实际,或是不合逻辑, 这个语句是合语法的, 所以,这个语句错误,或是不合实际,或是不合逻辑。 【任务】 分析相容选言推理的结构。 【任务指向】 相容选言推理的要求:否定一种情况,可以肯定其他情况。	【学生表现】 学生交流与分享各自不同的看法。 【教师评析】 这个推理的第一个前提是相容选言判断,它断定了语句错误的三种可能情况,这三种情况是可以同时存在的。第二个前提否定了这个语句错误的语法问题,结论就能够肯定:这个语句错误是不合实际或者不合逻辑的问题。这种推理结构叫作相容的选言推理的否定肯定式,是一种正确的推理结构。 一个相容的选言判断,断定其选言支中至少有一个是真的。因此,一个相容的选言推理的正确推理结构为:只能是否定选言判断前提中的一部分选言支,结论肯定剩下的另一部分选言支。 当前提中否定的选言支,或者结论中需要肯定的选言支为两个及以上时,掌握这条规则需要清楚:其一,“否定选言前提中的一部分选言支”是指否定“由两个及以上选言支构成的选言判断”,并非指被否定的各个选言支之间构成选言判断。实际上,被否定的选言支共同构成一个联言的判断。例如,前提一:一个语句错误,或是不合语法,或是不合实际,或是不合逻辑。前提二:这个语句不是“不合语法,或者不合实际”。结论:所以,这个语句错误是不合逻辑。前提二中的“不是”是否定“不合语法,或者不合实际”这个选言判断,其等价于“这个语句是合语法,并且合实际的”,所以,如果否定理解为对单个选言支的否定,则否定的选言支之间是联言的关系,即同时否定一部分选言支。其二,“结论肯定剩下的另一部分选言支”既可以理解为肯定单个选言支,肯定的选言支之间是选言关系,也可以理解为肯定由选言支构成的选言判断。例如,本例的结论也可以为:这个语句错误,是“或是不合实际,或是不合逻辑”。这两种形式是等价的,故可以采取选言判断的形式直接表达为肯定剩余的单个选言支的组合。	本环节要解决以下问题: ①相容选言推理所依据的逻辑性质。 ②相容选言推理的正确推理结构。

续　表

活动与议题	情境与任务	表现与评析	教学提示
【议题2】 选言推理及其方法	【情境3】 【示例评析】(教材第53页) 一个语句错误,或是不合语法,或是不合实际,或是不合逻辑, 这个语句是不合语法的, 所以,这个语句是合乎实际和合乎逻辑的。 【任务】 这个推理的结构是否正确,为什么? 【任务指向】 相容选言推理的要求:肯定一种情况,不能否定其他情况。	【学生表现】 学生交流与分享各自不同的看法。 【教师评析】 由于相容的选言判断只断定其选言支至少一真,在进行相容的选言推理时,如果肯定了选言判断前提中的一部分选言支,结论就不能必然地否定剩下的另一部分选言支,即相容的选言推理不能用肯定否定的形式。 在本例中,前提中肯定了一个选言支"这个语句是不合语法的",结论否定了剩余的选言支:这个语句不是"或是不合实际,或是不合逻辑",其等价于"这个语句是合乎实际和合乎逻辑的"。从分析中,既可以看到其推理的形式结构是错误的,还可以再次看到否定一部分选言支的含义。	本环节要解决以下问题:相容选言推理的错误推理结构。
	【情境4】 【示例评析】(教材第54页) 某个实数,要么它是有理数,要么它是无理数, 这个实数是有理数, 所以,这个实数不是无理数。 要么社会存在决定人们的意识,要么人们的意识决定社会存在, 社会发展史充分证明绝不是人们的意识决定社会存在, 所以,社会存在决定人们的意识。 【任务】 分析不相容选言推理的结构。 【任务指向】 不相容选言推理的要求:肯定一部分情况,可以否定另一部分情况;否定一部分情况,可以肯定另一部分情况。	【学生表现】 学生交流与分享各自不同的看法。 【教师评析】 不相容的选言判断推理比较好理解。由于不相容的选言判断的选言支不可能都真,所以,在进行不相容的选言推理时,如果肯定了选言判断前提中的一部分选言支,结论就可以否定剩下的另一部分选言支;如果否定了选言判断前提中的一部分选言支,结论就可以肯定剩下的另一部分选言支。所以不相容选言推理的正确结构,既有否定肯定式,也有肯定否定式。只不过,依然要注意其中否定和肯定的含义。为了避免学生理解错误,教师可以在语义上进行分析:选言判断的否定等价于联言判断,其中的联言支为原判断中各个选言支的否定。 这两个推理的结构都正确。第一个推理结构为肯定否定式。第一个前提是不相容的选言判断,它断定了实数的两种性质,任何实数不可能同时具有这两种性质。第二个前提肯定了其中一种性质,结论必然要否定另一种性质。第二个推理结构为否定肯定式。在"社会存在"和"人们的意识"谁决定谁的问题上,第一个前提断定它们不可能共存。这个不相容的选言推理的第二个前提否定了其中一种可能性,结论可以必然地肯定另一种可能性。	本环节要解决以下问题:不相容选言推理的正确结构。

续　表

活动与议题	情境与任务	表现与评析	教学提示
【议题3】 假言推理及其方法	【情境1】 【探究与分享】(教材第54页) 张经理对李某说:“不做完这项工作,你就不能离职。”过了几天,李某把自己的工作任务完成了,要求离职,张经理仍不同意。李某认为张经理失信,张经理认为李某曲解了他的要求。 【任务】 李某是否曲解了张经理的要求?谈谈你的看法。 【任务指向】 充分条件假言推理的含义和要求。	【学生表现】 学生交流与分享各自不同的看法。 【教师评析】 在人们的认识活动中,如果把握了事物之间的条件关系,并且确认了相关事实,就可以运用假言推理推断未知的事物情况。假言推理是依据假言判断的逻辑性质进行的推理。假言判断有三种类型,相应地,假言推理也分为充分条件假言推理、必要条件假言推理和充分必要条件假言推理。 在日常交流中,经常有曲解充分条件和必要条件,并进行错误推理的情况。例如,对于“不做完这项工作,你就不能离职”,既可以理解为“如果不做完这项工作,那么你就不能离职”,也可以理解为“除非做完这项工作,否则你就不能离职”,还可以理解为“只有做完这项工作,你才能离职”。这三种理解都是没有问题的。问题经常出在对其中条件关系的理解。例如对“如果不做完这项工作,那么你就不能离职”,李某有这样一种曲解:“不做完这项工作,你不能离职”;那么“做完这项工作,你就能离职”。其实,对于充分条件推理而言,当它作为前提并且为真时,限制条件只针对作为充分条件的判断(前件)为真时,即“前(前件)真后(后件)不能为假”,或者说,不会发生前真而后假的情况,或者说只能是前件真,则后件真,或者说“有之(作为充分条件的判断,或者说是前件)必然(有后件)”。因此,从“不做完这项工作”的真,只能得出“你就不能离职”,如果从“不做完这项工作”的真,得出“你就不能离职”的假,即“你能离职”,那么作为前提的充分条件判断为假。也就是说,对于充分条件推理而言,当它作为前提并且为真时,从前件的假出发进行推理无法确定后件的真假,因为后件为真为假都符合充分条件的含义。意思就是,“做完这项工作”,“你能否离职”真假不定,故没有结论。 当然,如前一课所述,从形式逻辑真假角度来看,前件是后件的充分条件,则后件为前件的必要条件,反之亦然。或者,通俗地说,你是我的充分条件,我就是你的必要条件,反之亦然。所以,还可以进行如下推理:“不做完这项工作,你就不能离职。你离职了,只能说明你做完了这项工作。”	本环节要解决以下问题: ①假言推理的含义。 ②假言推理的分类。 ③充分条件假言推理的特点。

续 表

活动与议题	情境与任务	表现与评析	教学提示
【议题3】 假言推理及其方法	【情境2】 【示例评析】(教材第55页) 小芳与小玉相约:“如果明天上午不下雨,8点我们在教学楼前会面,然后一起去图书超市买书。”第二天上午,下起了小雨。小玉想,既然下雨了,小芳就不会去图书超市买书了。于是,小玉去小芳的宿舍,想约小芳一起去图书馆查资料。谁知小芳仍然去了图书超市。两人见面后,小玉责备小芳食言,小芳却说小玉的推论不合逻辑。 【任务】 分析充分条件假言推理的结构。 【任务指向】 理解充分条件假言推理的含义。	【学生表现】 学生交流与分享各自不同的看法。 【教师评析】 依据充分条件假言判断的逻辑性质进行的推理为充分条件假言推理。充分条件假言判断所断定的前件和后件的关系是:前件真,后件就一定真。反过来看,后件假,前件就一定假。依据这种逻辑性质进行充分条件假言推理时,如果肯定了假言判断的前件,结论就可以肯定假言判断的后件;如果否定了假言判断的后件,结论就可以否定假言判断的前件。由于充分条件假言判断并没有断定前件假时后件会怎样,也没有断定后件真时前件会怎样,因此,充分条件假言推理的否定前件式和肯定后件式都是错误的推理结构。 在这个示例中,小玉的推理如下:如果明天上午不下雨,她们就一起去图书超市买书,第二天上午下雨了,所以,她们就一定不去图书超市买书。后来,她发现小芳去了图书超市,便责备她食言。这个充分条件假言推理的一个前提否定了假言判断的前件,结论否定了假言判断的后件。这种推理结构是错误的,因为,第二天上午下雨了,就是说“明天上午不下雨”这个充分条件没有出现,或者说为假,因此,不管她们有没有一起去图书超市,小芳的话都是真的,即没有食言。其实,小芳食言的情况只有一种:第二天上午没有下雨,并且她没有陪小玉一起去图书超市。 对于小玉和小芳来说,她们是根据第二天上午是不是下雨的实际情况,决定去不去图书超市,即第二天上午不下雨,她们去图书超市,第二天上午下雨,可以不去,也可以去。因为她们是以第二天上午不下雨作为前提,这个充分条件假言推理的正确推理结构是:如果明天上午不下雨,她们就一起去图书超市买书,第二天上午没有下雨,所以,她们一定会去图书超市买书。这个充分条件假言推理的一个前提肯定了充分条件假言判断的前件,结论肯定了假言判断的后件。	本环节要解决以下问题:充分条件假言推理的正确结构。

续　表

活动与议题	情境与任务	表现与评析	教学提示
【议题3】 假言推理及其方法	【情境3】 【探究与分享】(教材第55页) 如果明天上午不下雨，她们就一起去图书超市买书， 她们没有去图书超市买书， 所以，第二天上午下雨了。 如果明天上午不下雨，她们就一起去图书超市买书， 她们去图书超市买书了， 所以，第二天上午一定没下雨。 【任务】 分析推理结构，上述两个推理的结论能否必然得出？ 【任务指向】 充分条件假言推理的推理依据。	【学生表现】 学生交流与分享各自不同的看法。 【教师评析】 因为充分条件假言推理的推理依据是前后件之间的逻辑性质，因此充分条件假言推理的有效式有两种：其一，前提肯定前件，则结论肯定后件。“如果明天上午不下雨，她们就一起去图书超市买书，第二天上午不下雨，所以，她们就一起去图书超市买书。”其二，前提否定后件，则结论否定前件。“如果明天上午不下雨，她们就一起去图书超市买书，她们没有去图书超市买书，所以，第二天上午下雨了。”即例子中第一个推理可以必然得出。不过，需要注意的是，其语义是，可以从她们没有去图书超市，说明(或者说是因为)第二天下雨了，而不是说因为她们没有去图书超市，导致天下雨。 相应地，充分条件假言推理的无效式也有两种：其一，前提否定前件，则结论否定后件。“如果明天上午不下雨，她们就一起去图书超市买书，第二天上午下雨了，她们去图书超市买书。”其二，前提肯定后件，则结论肯定前件。“如果明天上午不下雨，她们就一起去图书超市买书，她们去图书超市买书了，所以，第二天上午一定没下雨。”即例子中第二个推理不能必然得出。	本环节要解决以下问题： ①充分条件假言推理的有效式。 ②充分条件假言推理的无效式。
	【情境4】 【示例评析】(教材第56页) 主治医生看了看患者甲的体检报告说：“除非做手术，否则你的病好不了。” 患者甲说：“您的意思是，不做手术，我的病就不能治愈吗？” 主治医生说：“是这样的。” 主治医生与患者甲的对话中包含着一个必要条件假言推理： 只有患者甲接受做手术，他的疾病才能治愈， 患者甲没有接受做手术， 所以，患者甲的疾病不可能治愈。 这个必要条件假言推理的一个前提否定了假言判断的前件，结论否定了假言判断的后件。这种推理结构是正确的。	【学生表现】 学生交流与分享各自不同的看法。 【教师评析】 依据必要条件假言判断的逻辑性质进行的推理为必要条件假言推理。必要条件假言判断的逻辑含义是没有某种情况存在，则没有某种情况存在，意思就是“无之必不然”，即“没有前件就一定没有后件”，所以，依据其逻辑性质，前提否定前件，则结论必然否定后件。 另外，以联结词“除非……否则……”表达必要条件时，学生理解起来也比较困难，教师可以提醒学生，“否则”意味着否定，所以如果把“否则”去除，将它后面那个判断(即后件)否定即可。例如，“除非做手术，否则你的病好不了”，即“除非做手术，你的病才能治愈”，或者直接说“只有做手术，你的病才能治愈”。可以拓展为“如果你的病治愈了，	本环节要解决以下问题： 必要条件假言推理的特点。

续 表

活动与议题	情境与任务	表现与评析	教学提示
【议题3】 假言推理及其方法	【任务】 正确理解主治医生与患者甲的对话。 【任务指向】 必要条件假言推理的含义。	那么是做手术了”，即从形式推理角度看，充分条件和必要条件是可以通过互换位置相互转化的，当然这种转化要在学生已经掌握充分条件和必要条件的含义之后进行，因为这是从真假值关系角度阐述的。总之，不管怎么阐述，有一点是明确的：判断是不是假言判断，以及是何种假言判断，要从三个方面看——语境、联结词、各种假言判断的含义。	
	【情境5】 【探究与分享】(教材第56页) 如果“只有患者甲接受做手术，他的疾病才能治愈”的前提成立，再加上以下所给的前提，其推理是否成立，为什么？ 假设“患者甲接受了做手术”，能否必然得出“他的疾病能治愈”的结论？ 假设“他的疾病没有治愈”，能否必然得出“患者甲没有接受做手术”的结论？ 假设“他的疾病治愈了”，能否必然得出“患者甲接受了做手术”的结论？ 【任务】 分析上述材料中前提和结论之间的联系。 【任务指向】 必要条件假言推理的依据。	【学生表现】 学生交流与分享各自不同的看法。 【教师评析】 必要条件假言判断所断定的前件和后件的关系是：前件假，后件就一定假。反过来看，后件真，前件就一定真。依据这种逻辑性质进行必要条件假言推理时，其有效式有两种：其一，前提否定前件，则结论否定后件。其二，前提肯定后件，则结论肯定前件。其无效式也有两种：其一，前提肯定前件，则结论肯定后件。其二，前提否定后件，则结论否定前件。 很显然，第一和第二个假设是无效推理，第三个假设是有效推理。因为假设“患者甲接受了做手术”，“他的疾病能否治愈”是不确定的。同理，假设“他的疾病没有治愈”，“患者甲是否接受做手术”是不确定的。还可以假设“患者甲没有接受做手术”，则必然得出“他的疾病不能治愈”的结论。 还可以进一步以“蕴涵”的含义向学生阐述，“蕴涵即前真后不可能为假”，充分条件就是蕴涵，必要条件就是逆蕴涵。因此，一个判断蕴涵另外一个判断，则另外一个判断逆蕴涵这个判断。这样一来，充分和必要条件假言判断的推理可以统一为“沿着蕴涵的方向是肯定为真，逆着蕴涵的方向是否定为真”：沿着蕴涵的方向，前提肯定一个判断(前面一个判断)，则结论肯定另外一个判断(后面一个判断)；逆着蕴涵的方向，则前提否定一个判断(后面一个判断)，结论否定另外一个判断(前面一个判断)。 而沿着蕴涵的方向，前提否定一个判断，则结论不能否定另外一个判断；逆着蕴涵的方向，前提肯定一个判断，结论不能肯定另外一个判断。当然，这是从形式推理的有效性角度，从蕴涵的方向性来区分前一判断和后一判断的，不再使用前后件。也可以采用其他方法适当避免使用前后件的描述，因为以此来记忆规则时，充分条件和必要条件有不一致的地方，时间长了学生就混淆了。当然，这要在掌握充分条件、必要条件以及蕴涵的本来含义的基础上，使用人工语言刻画后的描述。	本环节要解决以下问题： ①必要条件假言推理的有效式。 ②必要条件假言推理的无效式。

续　表

活动与议题	情境与任务	表现与评析	教学提示
【议题3】 假言推理及其方法	【情境6】 【探究与分享】(教材第56—57页) 如果“三角形有一个角是90°,当且仅当,这是一个直角三角形”的前提成立,再加上以下所给的前提,其推理是否成立,为什么? 假设“这个三角形没有一个角是90°”,能否必然得出“这个三角形不是直角三角形”的结论? 假设“这个三角形不是直角三角形”,能否必然得出“这个三角形没有一个角是90°”的结论? 假设“这个三角形是直角三角形”,能否必然得出“这个三角形有一个角是90°”的结论? 假设“这个三角形没有一个角是90°”,能否必然得出“这个三角形是直角三角形”的结论? 【任务】 概括推理结构,并说明理由。 【任务指向】 理解充分必要条件假言推理的含义。	【学生表现】 学生交流与分享各自不同的看法。 【教师评析】 依据充分必要条件假言判断的逻辑性质进行的推理为充分必要条件假言推理。有效式结构为,前提中的前件和后件与结论中的后件和前件之间是肯定与肯定、否定与否定一一对应的。违背了这种一一对应就是错误的无效式。 因此,假设“这个三角形没有一个角是90°”,能必然得出“这个三角形不是直角三角形”的结论。 假设“这个三角形不是直角三角形”,能必然得出“这个三角形没有一个角是90°”的结论。 假设“这个三角形是直角三角形”,能必然得出“这个三角形有一个角是90°”的结论。 假设“这个三角形没有一个角是90°”,则不能必然得出“这个三角形是直角三角形”的结论。 另外,假设“这个三角形有一个角是90°”,能必然得出“这个三角形是直角三角形”的结论。 假设“这个三角形不是直角三角形”,则不能必然得出“这个三角形有一个角是90°”的结论。	本环节要解决以下问题:充分必要条件假言推理的特点。
	【情境7】 【示例评析】(教材第57页) 某个数是偶数,当且仅当,它能被2整除, 这个数是偶数, 所以,这个数能被2整除。 这个充分必要条件假言判断推理的一个前提肯定了假言判断的前件,结论肯定了假言判断的后件。这种推理结构是正确的。	【学生表现】 学生交流与分享各自不同的看法。 【教师评析】 充分必要条件假言判断所断定的前件和后件的关系是:前件真,后件就一定真;前件假,后件就一定假。反过来看,后件真,前件就一定真;后件假,前件就一定假。依据这种逻辑性质进行充分必要条件假言推理的有效式为:肯定前件式、肯定后件式、否定前件式和否定后件式。 推理是从真前提出发,符合规则得出真结论,而从虚假的前提出发,则一切皆有可能。正如恩格斯所说,“从歪曲的、片面的、错误的前提出发,循着错误的、弯曲的、不可靠的道路行进,往往当正确的东西碰到鼻子尖的时候还是没有得到它”。	本环节要解决以下问题:①充分必要条件假言推理的有效式。

续 表

活动与议题	情境与任务	表现与评析	教学提示
【议题3】 假言推理及其方法	【任务】 分析前提和结论之间的联系。 【任务指向】 充分必要条件假言推理的依据。	需要注意的是，从真前提出发，并不都是从真判断出发，也可以从假判断出发，例如，前提为"有的判断为假"是真的，在这里"'有的判断为假'是真的"就是真前提。事物情况之间的条件联系体现着事物发生、发展的内在规律。依据正确反映事物情况之间条件联系的假言判断进行假言推理，人们可以推断出新的情况，可以预见事物的发展方向，为进一步认识事物的本质和规律创造必要的前提。	②假言推理的作用。
总 结	【任务指向】 各种复合判断推理的正确结构。	进行复合判断推理要保证形式有效，形式有效即认为推理正确。其中联言推理的有效结构为合成式和分解式；相容选言推理的有效式为否定肯定式，而不相容选言推理的有效式可以是否定肯定式，也可以是肯定否定式；充分条件假言推理的有效式为肯定前件，则肯定后件，以及否定后件，则否定前件；必要条件假言推理的有效式为肯定后件，则肯定前件，以及否定前件，则否定后件；充分必要条件假言推理的有效式有肯定前件式、肯定后件式、否定前件式和否定后件式。 这些正确的推理结构都是以复合判断的逻辑性质为依据总结出来的，即前提真，形式有效，则结论一定为真。	本环节要解决以下问题：综合认识不同复合判断推理的内在联系。

资源与拓展

1. 利用真值表理解前提和结论之间的真假关系。
2. 搜集和选取选言支没有穷尽的选言推理，分析其逻辑错误。
3. 搜集和选取两难推理的案例，分析其逻辑错误。

疑难解答

推理是从已有前提，依据规则，推出结论。对于前提蕴涵结论的演绎推理而言，如果前提真实，形式有效，结论就必然是真的，即"正确的演绎推理结构具有普遍保真性"。但是，对于结论内容超出前提的非演绎推理而言，例如，归纳推理和类比推理，即使前提真实，并且符合规则，结论也可能真实，也可能虚假，是要由实践标准检验的。对于演绎推理来说，至少还有两种情况需要明确。其一，即使前提真实，形式有效，结论的真实性也有待实践的检验，因为形式逻辑只是一个认识世界的辅助工具，不能作为判定认识真假的标准。其二，有时会出现前提真实并且形式无效，但是结论正确的情况。对于这种情况应该这么理解：首先，这里结论之所以为真，是因为它已经是人类在实践中得到认可的认识，它的真实性并不是通过规则来保证的，或者说这个结论并不是通过推理得出的，或者说如果从正确推理的角度看，也推不出这个结论。其次，不符合经过实践反复验证的演绎推理的规则，从前提中认识对象之间的联系能够得出真结论，也不意味着规则有问题，只能说明这个结论的得出具有偶然性，如果按照相同的逻辑结构，我们会发现许多不正确的结论。最后，只要遵循规则，即使结论的真实性还未得到实践的验证，但只要前提是已经得到实践验证的，那么我们就可以相信结论是真实的。

第七课 学会归纳与类比推理

第一框 归纳推理及其方法

课标链接

这一框题与《普通高中思想政治课程标准(2017年版2020年修订)》选择性必修3《逻辑与思维》"2.3"相对应:"2.3了解推理的类型;掌握演绎推理的方法;学会归纳推理、类比推理;评析常见的推理错误。"从教科书的内容看,这一框是依据"学会归纳推理""评析常见的推理错误"呈现的,包括归纳推理的含义和归纳推理的方法等内容。

背景分析

归纳推理是以个别性或特殊性知识为前提,推出一般性结论。完全归纳推理是根据某类事物每一对象具有或不具有某种属性,推出该类对象都具有或不具有某种属性的推理。完全归纳推理的特点在于,前提中考察了一类事物的全部对象,结论断定的知识范围没有超出前提,因此完全归纳推理的前提和结论间的联系是必然的,如果前提真实,则结论真实。不完全归纳推理是根据一类事物中的部分对象具有或不具有某种属性,推出该类对象都具有或不具有某种属性的推理。不完全归纳推理的特点在于,前提只是断定了一类事物的部分对象具有或不具有某种属性,结论却是断定该类事物的全部对象都具有或不具有某种属性,结论所断定的知识范围超出了前提。因此,不完全归纳推理前提与结论间的联系是或然的,结论也是或然的。尽管不完全归纳推理具有不确定性,但它是创新的"发动机",对于日常论证和科学创新等具有极大的启发。因此,在教学过程中,教师可以用生活中不同的现象引起学生的学习兴趣,以问题启发学生思考。

学习目标

这一框的学习目标是掌握归纳推理的含义和方法,把握归纳推理的两种类型,掌握完全归纳推理和不完全归纳推理的定义、特征,以及提高不完全归纳推理可靠性的要求,明晰探求事物因果联系的五种方法。基于此,引导学生运用相关理论解决现实问题。

重点难点

1.重点:归纳推理及其分类。

2.难点:探求因果联系的五种方法。

课前准备活动

引导学生查阅相关资料,了解归纳推理在科学发明和创造中的作用。

教学设计

活动与议题	情境与任务	表现与评析	教学提示
导 入	树木有年轮，从它的年轮可以知道树木生长的年数。动物也有年轮，较为引人注意的是乌龟的年轮，从龟甲环数，就可以知道它的年龄。牛马也有年轮，它们的年轮在牙齿上，从它们的牙齿就可以知道牛马的年龄。最近，日本科学家发现人的年轮在脑中。这些事实表明，所有生物都有记录自己寿命的年轮。 【任务】 思考并说明此推理有什么特征。 【任务指向】 归纳推理的含义。	【学生表现】 学生讨论与交流各自不同的看法。 【教师评析】 人们认识事物总是先通过观察、实验和调查等途径搜集有关对象的事实材料。在这个过程中，需要我们对这些事实材料进行整理和加工，从而得到一些个别性或特殊性的知识。在此基础上，人们进行推理，得出一般性的结论。正如材料中的结论"所有生物都有记录自己寿命的年轮"这个一般性的结论就是通过观察树木、动物以及人都有年轮这些若干个别性事实，最后概括出结论。这种推理形式就是我们教材中所讲的归纳推理。	本环节主要调用学生的日常生活经验，体验"归纳"过程，初步了解"归纳推理"的含义。
【议题1】 归纳推理的含义	【情境1】 【探究与分享】(教材第59页) 我国的医学宝典《黄帝内经》记载了一则故事。一个患头痛病的樵夫不慎碰破了脚趾，却感到头不痛了。后来，他头痛病复发，又偶然碰破了上次碰破过的脚趾，头痛又好了。以后，一旦头痛复发，他就有意地去刺破该处，结果每次都有减轻或消除头痛的效果。一位郎中听到此事后，经过反复针刺实验，终于发现这个地方就是针灸穴位中的"大敦穴"。 农谚是我国劳动人民生产和生活智慧的结晶。我国的很多地区都有农谚流传。有的地方就流传这样的农谚，"八月十五云遮月，正月十五雪打灯"，"正月十五雪打灯，一个谷穗打半斤"。 【任务】 1. 从思维的角度，谈谈"大敦穴"的发现给我们的启示。 2. 列举几条农谚，想一想它们是如何形成的。 【任务指向】 归纳推理的功用和特征。	【学生表现】 学生分小组交流讨论，通过"针刺大敦穴可缓解头痛"这一中医理论的获得过程，知道这一中医理论是"归纳"得出来的，或者是通过"从许多个别概括为一般"而得到的。 【教师评析】 人们认识事物，总是先通过观察、实验和社会调查等途径搜集有关对象的事实材料，对它们进行整理和加工，得到一些个别性或特殊性的知识，然后，以这些个别性或特殊性知识为前提，推出一般性的结论。 "大敦穴"的例子和农谚放到一起时，我们可以看出医学知识和农谚是不同门类的知识，而这些知识都可以通过归纳得到，也就是用归纳的方法从个别获得一般性的知识。这也表明，知识既可以在被动的过程中获得，也可以通过主动实验获得，应当把二者结合起来，这就是人的主观能动性。	本环节要解决以下问题： ①归纳推理的作用。 ②归纳推理的特征。

续　表

活动与议题	情境与任务	表现与评析	教学提示
【议题1】 归纳推理的含义	【情境2】 【探究与分享】(教材第61页) 花生仁是否有花生衣包着?甲将一筐花生一一剥开查看。乙只拣了几个样品,有大的、小的,已经成熟的、尚未成熟的,一仁的、多仁的,不过剥了一把花生,就得出结论:花生仁的确都有花生衣包着。 【任务】 1.你怎么看甲与乙的做法? 2.类似"花生仁是否有花生衣包着"的问题,你怎么解决? 【任务指向】 完全归纳推理的局限和不完全归纳推理的必要性。	【学生表现】 学生分享与交流成果,互相点评。 【教师评析】 在现实生活中,人们经常不对认识对象中的全部情况逐一进行考察,只考察其中的部分情况,往往也能得出一般性的结论。也就是说,当一类事物的数量过于庞大,无法一一加以考察时,就可以考察其中的部分情况,从而得出一般性的结论。正如材料中剥花生的例子,实际上即使把一筐花生都剥完,对于花生这类事物来说,仍然只是考察了部分对象。这正是不完全归纳推理。不完全归纳推理是根据某类认识对象中的部分对象具有或不具有某种属性,推出该类全部对象具有或不具有某种属性的归纳推理。由于不完全归纳推理只考察了一类认识对象的部分对象而不是全部对象,结论超出了前提的范围,所以前提与结论之间的联系是或然的。未遇反例,是不完全归纳推理的重要推理依据;未遇反例并不等于不存在反例,一旦发现反例,不完全归纳推理的结论就被推翻了。	本环节要解决以下问题: ①完全归纳推理有何局限性。 ②什么是不完全归纳推理。
【议题2】 归纳推理的方法	【情境1】 【探究与分享】(教材第62页) 英国一家农场曾有近10万只鸡和鸭,由于吃了发霉的花生而患病死去。用这种饲料喂养的羊、猫、鸽子等,也先后患病死去。有人在实验室里观察白鼠吃了发霉花生后的反应,结果,白鼠患了肝病。科学家发现,发霉的花生中含有黄曲霉素。他们推断:黄曲霉素是致病物质。 【任务】 科学家的推断用的是归纳推理,其结论的可靠程度如何? 【任务指向】 探求因果联系的求同法。	【学生表现】 学生以小组为单位,讨论科学家的推断是基于什么方法得出的,然后在课堂上分享讨论的结果。 【教师评析】 因果联系是事物之间的一种联系方式。一个或一些现象的存在或发生,引起了一个或另一些现象的存在或发生,那么,前面发生的现象是原因,后面发生的现象就是结果。这种联系叫作因果联系。例如,物体的摩擦引起了物体的温度升高。那么,物体的摩擦就是原因,温度升高就是结果。 事物现象之间的因果联系是普遍存在的。任何现象都有其产生的原因,也都会产生一定的结果。没有无因之果,也没有无果之因。 因果联系是复杂的,有一因一果,也有多因一果,还有多因多果。因果联系是确定的,在同样的条件下,同样的原因一定会产生同样的结果。例如,在标准大气压下,水到0℃就会结冰。因果联系的这种确定性,使人们可以把握并利用它。 材料中使用了探求因果联系的方法,被考察现象"动物患病"出现在多个场合,而在这些场合只有一个有关因素"发霉的花生"是共同的,那么,这个共同因素"发霉的花生"与被考察的现象"动物患病"有因果联系。	本环节要解决以下问题: ①认识探求因果联系的方法。 ②探求因果联系的方法结论的可靠程度问题。 ③探求因果联系的求同法的含义和特点。

续 表

<table>
<tr><th>活动与议题</th><th>情境与任务</th><th>表现与评析</th><th>教学提示</th></tr>
<tr><td rowspan="2">【议题2】
归纳推理的方法</td><td>【情境2】
【示例评析】(教材63页)
有人把一定数量的白薯种分为两部分,一部分先用温水浸过,另一部分则不经过这道程序。结果用温水浸种的那块白薯地的产量比未经过浸种的产量要高。由于其他条件都相同,此人由此得出结论:用温水浸白薯种是白薯增产的原因。
【任务】
这种探求因果联系的方法有何特点?
【任务指向】
求异法的特点。</td><td>【学生表现】
学生可能用比较法去理解这种探求因果的方法。
【教师评析】
求异法不是一般意义的比较法。比较法既比相同,也比不同。求异法是推理方法,它是指:如果在被研究的现象出现和不出现的正反两个场合中,只有一个情况不同,其他情况都相同,这个唯一不同的情况很可能与被研究现象有因果联系。它是在“同中求异”。</td><td>本环节要解决以下问题:
①求异法的含义。
②求异法的特点。</td></tr>
<tr><td>【情境3】
【探究与分享】(教材第63页)
对一个物体加热,在其他条件不变的情况下,随着温度不断升高,物体的体积会不断膨胀。由此,人们得出结论:物体受热与物体体积膨胀有因果联系。根据这一原理,人们制造了体温计、气压表等。
【任务】
这种探求因果联系的方法有何特点?
【任务指向】
共变法的特点。</td><td>【学生表现】
学生发现物体受热与物体体积膨胀之间有某种关系。
【教师评析】
共变法是根据被考察现象出现的若干场合,在其余相关因素不变的情况下,某一相关因素发生程度不同的变化,被考察现象也伴随着发生程度不同的变化,进而确定该因素与被考察的现象之间有因果联系的逻辑方法。共变法的特点在于“求量的变化”。例如,热胀冷缩的规律就是运用共变法得出的。人们发现,物体的体积会随着温度的升高而增大。温度越高,体积越大,于是得出了上述结论。共变法的公式是:
①A_1、B、C——a_1
②A_2、D、E——a_2
③A_3、F、G——a_3
————————
A——a
该公式显示:被研究现象a的程度变化与相关情况A的程度变化一致,而其他情况都没有变化。那么,A是a的原因。运用共变法应当注意如下两点:
第一,只有其他因素保持不变,两种共变现象之间才有因果联系。共变现象之间不一定都有因果联系。例如,雷与闪电是共变现象,闪电越大则雷越大。其实,这两者之间并无因果联系,它们都是空中自然放电现象的结果。
第二,有因果联系的共变关系,也往往有一定的限度。超出了这个限度,共变关系也将消失。例如,物体的热胀冷缩就是有限度的,水在0℃以下体积不仅不缩小反而会增大。又如,某种营养物质的摄入有利于健康,这是共变的,但超过了一定限度,就不仅不有利于健康,反而会损害健康。</td><td>本环节要解决以下问题:
①共变法有何特点。
②运用共变法有何意义。</td></tr>
</table>

续　表

活动与议题	情境与任务	表现与评析	教学提示
总　结	【任务指向】 五种探求因果联系的方法。	【教师评析】 求同法、求异法、求同求异并用法、共变法和剩余法，是科学归纳的方法，有助于使用者探求归纳推理的前提与结论之间的因果联系，也是科学发现的重要方法，但其所得结论是或然性的，是有待实践检验的。	本环节要解决以下问题：如何认识探求因果联系方法的作用。

资源与拓展

一、分析下列实例，指出它们各属于哪种归纳推理，并写出其逻辑形式。

1. 牛顿、爱因斯坦、居里夫人、爱迪生等科学家都为人类作出了重大的贡献。他们有一个共同的特点，就是勤奋。由此可见，为人类作出重大贡献者必须勤奋。

2. 孔子的弟子曾参曾说过儒家的孝道是“推而放诸东海而准，推而放诸西海而准，推而放诸南海而准，推而放诸北海而准”。后人把曾参的这句话作了归纳，成了今天常用的成语“放诸四海而皆准”。

二、下列研究活动，应用了哪种探求因果联系的逻辑方法，可得出什么样的结论。

1. 一位心理学家曾做过这样一项实验，把一群生活条件相同、饲养方法相同的同种狗分成两组，为其中的一组狗做手术，切除它们的大脑皮质，另一组则不做这种手术。心理学家发现，做了手术的那一组狗失去了条件反射，另一组未做手术的狗有条件反射。

2. 19世纪，德国有机化学家李比希到英国考察绘画颜料柏林蓝的制造过程，在工厂里，他看到工人用一根铁棍在装配好的有机溶液的大锅里搅拌，搅拌时发出很大的声响，李比希觉得很奇怪。后来工人对他说，搅得声音越大，柏林蓝的质量越好。李比希认为搅拌的声响只不过是表面现象，通过进一步分析，他发现，搅拌的声音大，无非是用铁棍使劲蹭锅，把更多的铁屑蹭下来，使铁屑与有机溶液化合而制成柏林蓝。

3. 20世纪初，科学家为了研究甲状腺肿大的原因，对疾病流行地区进行了调查研究，结果发现，这些地区的人口、气候、地理位置等各不相同，但有一个共同情况，就是这些地区的饮水中缺碘，土壤与河流中都缺碘。

4. 1885年，德国夫顿堡矿业学院的矿物学教授威斯巴克发现了一种新矿石，他首先请当时著名化学家李希特对矿石作定性分析，李发现其中含有银、硫和微量的汞等。后来，他又请文克勒做了一次精确的定量分析，这次分析一方面证明李希特对矿物成分的分析是正确的，但另一方面又发现，把各种化验出来的已知成分按百分比加起来，始终只得93%，那么剩余的7%必定是由矿物含有的某种未知元素构成。于是，他对矿石进行分离和提纯，终于得到了新元素。

5. 户外植物的叶子一般是绿色的，但把马铃薯、白薯、葱头、萝卜等放在地窖中，它们发芽长出的叶子都没有绿色。田里的韭菜、蒜都有绿叶，但在暗室里培养出来的韭菜、蒜都是黄色的。把一株在户外生长的有绿叶的植物移入暗室，它的绿色渐渐退去；若再把它移至户外，则绿色逐渐恢复。

疑难解答

1. 归纳推理与演绎推理的关系。

在逻辑史上，曾有过归纳派和演绎派的对立和争论。归纳派把归纳推理当作唯一的科学思维方法，而否认演绎推理的作用。演绎派则把演绎推理当作唯一的科学思维方法，而否认归纳推理的作用。这两种观点都是片面的。恩格斯说:“归纳和演绎，正如分析和综合一样，是必然相互联系着的。不应当牺牲一个而把另一个捧到天上去，应当把每一个都用到该用的地方，而要做到这一点，就只有注意它们的相互联系、它们的相互补充。”可见，归纳推理与演绎推理是既有区别又有联系的。

(1)归纳推理与演绎推理的区别。

第一，归纳推理与演绎推理的思维进程不同。

归纳推理是从个别(或特殊)性的前提推出一般性的结论，而演绎推理则从一般性的前提推出个别(或特殊)性的结论。

第二，归纳推理与演绎推理的结论的可靠性程度不同。

归纳推理(完全归纳推理除外)的结论的断定程度超出了前提，其结论是或然的;而演绎推理的前提则蕴涵结论，结论断定的范围没有超出前提，其结论是必然的。

(2)归纳推理与演绎推理的联系。

第一，演绎推理离不开归纳推理。

演绎推理常常以表达一般性知识的判断为前提，然后推出特殊性的判断作结论。而一般性知识的形成常常是归纳推理的结果。同时，演绎推理的各种形式及其规则，也是人们对人类思维活动进行归纳的产物，所以，如果没有归纳推理，就不会有演绎推理，演绎推理依赖于归纳推理。

第二，归纳推理也离不开演绎推理。

首先，归纳要以感性材料为基础，而感性材料的获得需要通过观察和实验，而观察和实验则离不开理论指导，即在观察和实验过程中渗透着演绎推理。

其次，有了感性材料之后，对感性材料的归纳，也必须以一般性知识作指导，归纳什么、怎样归纳，要通过演绎推理来确定。

最后，通过归纳推理得到一般性知识后，又可以运用演绎推理进一步考察许多特殊事物，更深刻地认识事物的本质，从而验证和深化原有的一般性知识，进一步提高归纳推理结论的可靠程度，所以，没有演绎推理的参加，归纳推理也将无法进行。

总之，归纳推理与演绎推理在实际思维中是相辅相成的，有时以归纳为主，有时以演绎为主，它们是互相区别的，又是不可分割的。

2. 科学归纳推理与简单枚举归纳推理的联系与区别。

科学归纳推理与简单枚举归纳推理都是不完全归纳推理，结论断定的范围都超出了前提，这是它们的相同之处。但二者有很大区别。

(1)根据不同。

科学归纳推理是以分析事物与属性之间的因果联系为依据的，而简单枚举归纳推理则是以观察某一事物情况的重复出现而又没出现反例为依据的。

(2)结论的可靠程度不同。

如果对事物与属性的必然联系的分析是正确的，科学归纳推理的结论应当是可靠的。当然，由于主观与客观情况的复杂性，难以保证这种分析的正确性，所以，这种推理的结论并非总是必然真实的。而简单枚举归纳推理的结论只是或然的。

(3)对前提的数目要求不同。

对科学归纳推理来说，前提数量多少，对结论的可靠程度不起主要作用，关键是对事物情况作出科学分析，找出因果联系。而简单枚举归纳推理的前提数量越多，结论的可靠程度越大。

典型事例分析法是科学归纳推理的一种，它的前提就只有少数几个，甚至只有一个。但是，这种方法是用唯物辩证法对一类事物的个别典型事例的本质作出分析，从而概括出关于这一类事物的一般性结论。典型事例虽少，却能反映事物的本质，结论是比较可靠的。所谓“麻雀虽小，五脏俱全”就是指的典型事例分析的作用。

因为科学归纳推理的结论比较可靠，所以，科学归纳推理在生产实践和科学实验中得到更广泛的运用，它也是一种重要的论证方法。

第二框　类比推理及其方法

课标链接

这一框题与《普通高中思想政治课程标准(2017年版2020年修订)》选择性必修3《逻辑与思维》“2.3”相对应：“2.3了解推理的类型；掌握演绎推理的方法；学会归纳推理、类比推理；评析常见的推理错误。”从教科书的内容看，这一框是依据“学会类比推理”“评析常见的推理错误”呈现的，包括类比推理的含义和类比推理的方法等内容。

背景分析

类比推理是根据两个或两类对象某些属性相同或相似，推出它们在其他属性上也相同或相似的推理。类比推理是或然推理。因为事物属性之间既有相似性也有差异性，从两个或两类事物某些方面相同或相似就推出它们在其他方面也相同或相似，其前提与结论之间的联系是或然的。尽管类比推理前提与结论之间的联系是或然的，但类比推理是探索真理、发现真理的重要手段。因此，在教学过程中，教师要启发学生思考，使学生能够做到“举一反三”。

学习目标

这一框的学习目标是掌握类比推理的含义和方法。通过对案例的逻辑形式的分析，能够展现类比推理的基本结构，进而说明类比推理是一种或然性推理，明确提高类比推理的结论可靠性程度的逻辑要求。在此基础上，引导学生尝试运用类比推理获取新的知识。

重点难点

1. 重点：类比推理的特点和作用。

2. 难点：提高类比推理结论可靠性程度的逻辑要求。

课前准备活动

引导学生查阅相关资料，了解类比推理在探索真理、发现真理中的作用。

教学设计

活动与议题	情境与任务	表现与评析	教学提示
导 入	《庄子·杂篇·外物》载：庄周家贫，故往贷粟于监河侯。监河侯曰："诺。我将得邑金，将贷子三百金，可乎？"庄周忿然作色曰："周昨来，有中道而呼者。周顾视车辙中，有鲋鱼焉。周问之曰：'鲋鱼来！子何为者邪？'对曰：'我，东海之波臣也。君岂有斗升之水而活我哉？'周曰：'诺。我且南游吴越之王，激西江之水而迎子，可乎？'鲋鱼忿然作色曰：'吾失我常与，我无所处。吾得斗升之水然活耳，君乃言此，曾不如早索我枯鱼之肆！'" 【任务】 从材料中找出庄子的推理，并分析其特征。 【任务指向】 类比推理的含义。	【学生表现】 学生发现材料中包含一个类比推理：鲫鱼急需水救命，庄子急需借粮救命，这是二者的共同属性；鲫鱼如果等到西江水来救命，就会干死，所以，庄子如果等到秋后再借到粮也会饿死。 【教师评析】 类比推理是从个别到个别或从一般到一般的"横向"推理。类比推理的最大优点是直观形象，使一些本来抽象、深奥的道理变成生动、具体，易于被人理解和接受。但类比推理毕竟是一种或然性的推理，其结论的可信度不高，如果仅仅根据对象某些表面情况相同或相似，就推出它们在其他情况上也相同或相似，很容易出现逻辑错误。就像刚才交流讨论的，庄子通过鲫鱼急需水救命和他自己急需借粮活命进行类比，从而得出：如果等到秋后借粮，就相当于鲫鱼等到西江水来救命一样，都会死掉。	本环节主要调用学生的文言文常识，让学生体验先哲的"类比"过程，初步了解"类比推理"的含义。
【议题1】 类比推理的含义	【情境】 【探究与分享】(教材第64页) 据说，在一次上山的路上，鲁班抓住灌木和野草一步一步往上爬。他的手指忽然被一根野草划破，流出血来。野草的叶子怎么会这样厉害呢？他仔细一看，这根草的叶子长长的，边缘有许多锋利的小齿。他在手指上试了试，一拉就是一道口子，这可提醒了鲁班。他想，如果照小草叶子的样子，用铁打一把有齿的工具，在树上来回拉，不是比斧子砍树强得多吗？就这样，鲁班发明了锯。 【任务】 1. 在鲁班发明锯的过程中，其思维方法有何特点？ 2. 在我们的生活和学习中是否使用过类似的思维方法？ 【任务指向】 类比推理的特点和意义。	【学生表现】 学生分小组交流讨论，分享自己的观点。 【教师评析】 类比推理体现出的思维方法就是根据两个或两类对象某些属性相同或相似，推出它们在其他的属性上也相同或相似。此种思维方法的特点在于，用已经认识的某个或某类事物去推断尚未认识的另一个或另一类事物。类比推理的一个重要特点是有启发思考和联想的作用。许多科学假说的提出，许多技术上的发明创造，最初就是通过类比推理提出来的。此外，在人们的日常生活和学习中，类比推理也具有积极的作用。类比推理是启发人们思考、获取新知识的重要方法。	本环节要解决以下问题： ①类比推理的含义。 ②类比推理的意义。 ③类比推理在思维创新中的作用。

续 表

活动与议题	情境与任务	表现与评析	教学提示
【议题2】 类比推理的方法	【情境1】 【探究与分享】(教材第65页) 蛙眼具有准确地跟踪空中飞行目标的特别功能。人们根据蛙眼的结构和功能,研制出能够跟踪卫星、监视空中飞行目标的“电子蛙眼”。 蝙蝠具有发射和回收超声波的功能。人们根据蝙蝠的这种功能,发明了能够测定、跟踪空中飞行目标的雷达。 人们模仿水母,制成了自动漂浮的浮标站,用于气象观测。 【任务】 列举几个你所知道的仿生技术新发明,体会仿生技术所使用的思维方法。 【任务指向】 类比推理的方法。	【学生表现】 学生列举了一些仿生技术新发明:电子狗鼻的发明和运用就是仿生技术,建筑师从鸡蛋的外壳受到启发——它虽然很轻薄,却不易被捏破,从而发明了薄壳结构,用来建筑大型场馆和礼堂…… 【教师评析】 现代自然科学和工程技术中广泛应用的模拟方法就是类比推理的推广和应用。模拟方法就是利用模型代替原型,利用对模型的研究间接认识原型的规律。现代工程技术不仅由试验模型类推到研制原型,而且也由自然原型的研究类推到人工模仿系统,创造了一门仿生学。所谓仿生学,是指20世纪60年代出现的专门模仿生物的构造及其功能以建造先进技术装置的学科。仿生学也是以类比推理为理论基础和逻辑依据的。仿生学的类比推理结构如下: 自然原型具有a、b、c、d属性; 技术模型具有a、b、c属性; 所以,技术模型也具有d属性。	本环节要解决以下问题: ①类比推理的方法。 ②加深理解类比推理的意义。 ③仿生学中蕴涵的类比推理方法。
	【情境2】 【探究与分享】(教材第66页) 由蜘蛛结网,到不需要在深水处建筑桥墩的吊桥。 由叩击木桶、凭声音估计桶内有多少酒,到用叩诊方法诊断病情。 由苍蝇两翅后的平衡棒(楫翅),到新型导航振动陀螺仪的发明。 【任务】 上述类比是在对象之间“比”什么? 【任务指向】 类比的不同角度。	【学生表现】 学生分小组进行讨论,分享讨论结果。 【教师评析】 类比推理是依据事物之间相同或相似的属性进行的推理,事物的要素、结构和功能是其属性的主要内容。从思维的角度说,既可以在对象的要素和结构之间进行类比,也可以在对象的功能之间进行类比,还可以从导致事物某种功能的条件方面进行类比。	本环节要解决以下问题: ①类比推理到底在“类比”什么。 ②类比推理的三个角度。

续　表

活动与议题	情境与任务	表现与评析	教学提示
【议题2】 类比推理的方法	【情境3】 【探究与分享】(教材第67页) 《晏子春秋·杂下》载:“晏子至,楚王赐晏子酒。酒酣,吏二缚一人诣王。王曰:‘缚者曷(何)为者也?’对曰:‘齐人也,坐盗。’王视晏子曰:‘齐人固善盗乎?’晏子避席对曰:‘婴闻之,橘生淮南则为橘,生于淮北则为枳,叶徒相似,其实味不同。所以然者何?水土异也。今民生长于齐不盗,入楚则盗,得无楚之水土使民善盗耶?’王笑曰:‘圣人非所与熙也,寡人反取病焉。’” 【任务】 从思维方法看,晏子反驳楚王的推论是否可靠,为什么? 【任务指向】 类比推理的特点。	【学生表现】 学生讨论交流,分享讨论结果。 【教师评析】 类比推理是一种或然推理,它的结论不是必然的。因为类比推理是根据两个或两类对象的某些属性相同,就推知其他属性也相同。显然,结论断定的情况是前提中没有提供的,它超出了前提已知的范围。所以,类比推理的根据很不充分,这就决定了其只能是一种或然推理。由此,类比推理的结论不一定是真实的、完全可靠的。因此,我们在做类比时,一定要注意提高类比推理的可靠程度。	本环节要解决以下问题: ①类比推理的逻辑结构是什么。 ②类比推理具有什么特点。
总　结	【任务指向】 如何提高类比推理结论的可靠性程度?	【教师评析】 要提高类比推理结论的可靠性程度,一要注意前提中已知的共同属性不能太少,二要注意前提中已知的共同属性应与推出属性有较高的相关程度。	本环节要解决以下问题: 类比推理是一种或然性推理,虽然有助于人们启发思路,发现问题,用来说明某些道理,但不能独立用它完成科学定理的逻辑论证。

资源与拓展

一、分析下列类比推理是否正确,如正确,请指出是怎样根据相同属性推出结论的。

1.在台湾发现了全身长白毛的猴子后,有人就作出推断说,与台湾自然条件、生活环境相类似的西双版纳也会有这种白色的猴子。

2.繁星商厦在前一阵疲软的服装市场中打了一个反季节销售的胜仗。据统计,繁星商厦羽绒服和皮衣的销售额在6、7、8三个月连续成倍增长,6月527件,7月1269件,8月3218件。商厦高层认为,这种反季节销售的策略非常成功,今年11、12月和明年1月的夏季销售肯定能有一个大突破。

3.罗马体育馆的设计师,通过分析研究人的头盖骨的结构和性能发现,人的头盖骨由8块骨片组成,形薄体轻,但比较坚固。他由此受到启发:如果体育馆的屋顶也用形薄体轻的材料建成颅形,应该也是坚固的。他按照这种想法设计组织施工,果然达到了预期效果。

4.神学家比西安·亚雷在说明地球是太阳系的中心时是这样论证的:太阳是被上帝创造出来照亮地球的。这是因为人们总是移动火把去照亮房子,而不是移动房子去被火把照亮。因而只能是太阳绕地球旋转,而不是地球绕太阳旋转。

5.我们可以把地球与火星作一些比较:它们都绕太阳公转,又都绕自己的轴自转;地球上有氮、氧、氢、碳四种生命存在的必需元素,火星上也有这四种元素;地球上有大气层,火星上的大气层相当稀薄,但毕竟也有;地球上有大气压,火星上的大气压是地球的百分之一,但毕竟也有大气压;地球上有水,火星上也有少量蒸汽;地球上有生命存在,包括人这样的高等动物,火星上到目前虽然排除了高等生物存在的可能,但仍有可能有低等生物存在。

6.我国明代的科学家宋应星,在探求声音的传播方式时,用水波来作类比。他说,"物之冲气也,如其激水然。气与水,同一易动之物。以石投水,水面迎石之位,一拳而止,而其文浪以次而开,至纵横寻丈而犹未歇。其荡气也亦犹是焉。"

7.某火场发现一具死尸,经检验口腔、鼻腔、气管内,特别是细支气管和肺泡内没有烧伤过程吸入的烟灰、碳木等异物,气管、支气管黏膜及肺泡壁无充血、水肿现象,没有稠厚的浆液纤维渗出,血管内无透明的血栓形成等。经调查证实,这一尸体不是现场烧伤致死,而是死后焚尸的。当另一个火场发现的尸体也有上述特征时,就可以推出该尸体也不是现场烧伤致死的。

8.一个星期六的晚上,某地发生了一起作案人趁男女青年谈恋爱之机抢夺其手表的案件。公安人员发现,此案与一个月前发生的另一起抢夺手表的案件有许多相似之处:两案都是趁男女青年周六晚上在僻静地方谈恋爱之机作案;作案人都诈称是公安人员;据反映,作案人的口音、身材、身高、年龄均基本相同。公安人员先破了其中一案,查清作案人是田某,于是又将田某列为另一起案件的重点嫌疑对象。破案结果证明:两案均为田某所为。

二、确定研究主题,谈谈类比推理的方法在我们生活、学习中的作用。

疑难解答

类比推理与归纳推理、演绎推理的关系。

首先我们需要明确,哲学认识论根据"个别"与"一般"的思维进程把推理作了"演绎""归纳""类比"三重划分。

演绎推理就是由一般性前提推导出特殊性结论的推理,也就是从关于某类事物的一般性知识出发,推出该类事物中某一特殊对象情况的结论的推理。它的思维进程的方向，亦即由前提得出结论的思维过程，是由“一般”推知“特殊”，或者说，是根据一个比较一般性的原理，来认识或证明某个比较特殊的判断。这里所谓前提的“一般性”是相对于结论的“特殊性”而言的，是指作为推理基本依据的前提判断所断定的对象范围或事物情况，较结论判断断定的对象范围或事物情况更为宽泛，也就是或者前提判断所断定的对象范围已包含了结论断定的对象在内，或者前提断定的事物情况已包含了结论断定的那种事物情况。在演绎推理中，总是以一般性的前提作为推理基本依据而进行的，因而说它是由“一般”推向“特殊”的推理。因为演绎推理是由一般推向特殊，是根据一般性的判断来证明或确认某个特殊性的或个别性的判断的推理，所以，在运用演绎推理时，人们总是基于所需认识的关于某类或某个对象情况的判断出发，再将其导入思想中已有的、相关的一般性知识（判断）断定的范围，然后联结而得出关于某类或某个对象事物情况的结论。

归纳推理就是由若干个特殊（个例）性的前提推导出一个一般性结论的推理；它的思维进程的方向，亦即由前提得出结论的思维进程，是由特殊（或个别）推知一般，是从一系列特殊性或个别性的事例中，得出一个比较一般性命题的结论。归纳推理的前提是关于一类事物包含的若干对象情况的判断；结论则是关于这类事物情况的整体性的判断。实际上，归纳推理的结论是对前提若干对象或事例的概括。归纳推理结论断定的对象范围，相对于它各个前提断定的对象范围来说，更为宽泛，更具一般性，所以说它是由特殊推向一般的推理。归纳推理是由特殊（或个别）推知一般的过程，其实就是从一系列特殊性（或个别性）的具体事例中，概括出共同的属性并将其扩展到同类事物中去，从而得出关于该类事物的整体性结论的过程。唯物辩证法告诉我们，人们能够通过感知而直接认识的对象，只能是个别性或特殊性的；然而个性中包含共性，特殊中包含一般。因此，我们也就能够通过对一系列具体事例的考察，概括出它们的共性，获得关于该类事物的整体性认识。这是归纳推理之所以能够由特殊（或个别）推出一般的认识论基础，也是它能够从一系列个别性或特殊性事例中概括出一类事物整体性结论的客观依据。

类比推理是根据某个（或某类）对象与另一个（或另一类）对象的许多属性都相同或相似，从而推知某个（或某类）对象，与另一个（或另一类）对象的另外某种属性也相同或相似的推理。从这个角度说，类比推理的前提判断断定的对象范围与结论判断断定的对象范围，是“同等”的。也就是说，或者是根据这个对象的情况，推知另一个对象的情况；或者是根据这类对象的情况，推知另一类对象的情况。因此，类比推理思维进程的方向，也就是它由前提得出结论的思维过程，是一种“由此及彼”的推导活动。所以说，类比推理是由“特殊”推向“特殊”的推理。类比推理表面看来似乎其前提就是甲、乙两个（或两类）对象，其实它推理的依据或者说它用以作为推理的前提，是甲、乙两个（或两类）对象的若干相同或相似的属性。

类比推理与归纳推理的主要区别就在于，它的结论不仅不是对前提已知情况的概括，而且结论也不是比前提判断断定范围更为宽泛的全称判断，它只是某个特殊的类或关于某个具体对象的判断。

一般而言，演绎推理是必然性推理，归纳推理（完全归纳推理例外）和类比推理是或然性推理。当然，如果从形式逻辑的二重划分看，其中的“类比”也是一种非必然的“归纳”。

综合探究　把握逻辑规则　纠正逻辑错误

教学提示

辨析“飞矢不动”“白马非马”等论题。运用所学逻辑知识，分析日常生活中常见的各类逻辑和推理错误，培养逻辑思维能力。

背景分析

本单元以四课的篇幅讲解了概念、判断和推理的知识，第一单元讲解了逻辑基本规律的知识，至此，学生对传统形式逻辑的知识有了比较全面的了解。本单元的综合探究侧重于对前两单元所学逻辑思维知识的应用和拓展。

学习目标

将第二单元的四课和第一单元第二课的逻辑理论知识同人们的生活实际结合起来，通过对日常生活中的逻辑思维问题的分析，也就是在“课程内容活动化”“活动内容课程化”的探究活动中，实现学生对逻辑思维要义的把握，帮助其实现逻辑思维由自发性向自觉性的转化，使学生在自觉的逻辑分析中提高逻辑思维水平，增强逻辑思维能力。

重点难点

1. 重点：理解概念的逻辑特征，不同判断的逻辑性质，不同类型推理的逻辑性质。

2. 难点：明确概念的定义方法，准确判断的方法，正确推理的方法。

课前准备活动

复习第一单元第二课和本单元四课的内容，领会概念、判断、推理和逻辑基本规律的要义，为所学知识的实际应用做好准备。

教学设计

活动与议题	情境与任务	表现与评析	教学提示
【议题1】 结合日常思维材料，运用明确概念的知识，掌握澄清概念的方法	【情境1】 国家对土地增值税的规定是：对转让房地产，即转让国有土地使用权和地上建筑物及其附着物并取得收入的单位或个人征收的税。 【任务】 下列情况应征土地增值税的是（　　） A.小王和小张协议将两人分别在A、B两地的房屋互换 B.小王由于家里住房紧张，将两居室隔成了三居室 C.房地产公司购买郊区一块闲置地皮，并盖起商品房 D.小刘继承父亲留给他的一处四合院 【情境2】 清华大学曾在中学进行的自主招生的试题（中英文综合）： 从“酷”“粉丝”“小众化”“媒体”……流行名词中选择1个，解释其含义。 【任务】 如何解释清楚1个语词或概念的含义。 【任务指向】 明确概念的逻辑方法。	【学生表现】 很多学生能够回答上述问题，给出正确的答案，但对其中的逻辑原理不一定有透彻的理解。 【教师评析】 对于情境1，很多同学能够给出正确的答案C，这是国家公务员录用考试的试题，同学们学习过逻辑思维，并不难回答。这里有两个问题：其一，国家录用公务员为什么要考逻辑思维能力；其二，能够正确回答这个问题的同学应该进一步思考，我们的回答运用了哪些逻辑知识。 国家录用公务员之所以要考逻辑思维能力，是因为逻辑思维能够明确概念，准确判断和正确推理。就这个问题而言，如果我们不能够明确地理解“土地增值税”这个概念，就可能在实际中造成失误，对该征税的对象没有征税，而对不该征税的对象征了税，这种失误会引起社会纠纷。 再好好想一想，这个问题实际涉及概念知识的两个方面，一是内涵，二是外延。题干明确告知了“土地增值税”的内涵是什么，而设问的是哪些属于“土地增值税”的外延。 就情境2来说，实际上就是给出几个概念或者词语，让考生说出它们的内涵或外延。	本环节通过情境设置，引导学生学会在思维实践中运用“概念”的知识。

续 表

活动与议题	情境与任务	表现与评析	教学提示
【议题2】 结合具体的判断活动，运用所学判断的知识，理解正确运用判断的逻辑要求	【情境】 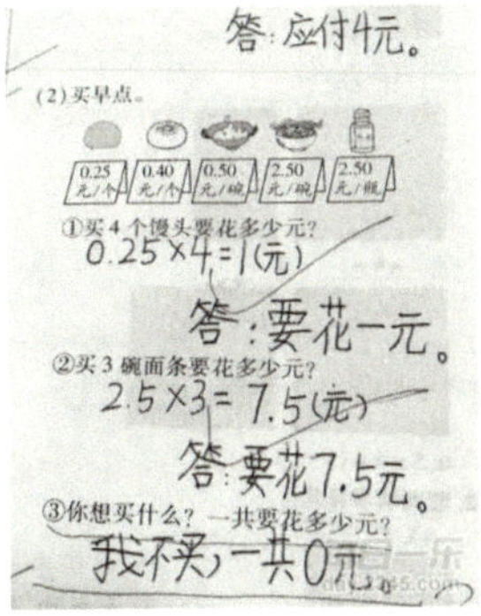 【任务】 这张试卷中有没有逻辑问题？ 【任务指向】 正确运用判断的逻辑要求。	【学生表现】 学生们大都会发现设问③中的逻辑问题。 【教师评析】 正确运用判断，首先要对认识对象的情况（如对象的性质、范围，以及对象之间的各种关系等）有正确的认识。认识不正确，就不可能作出正确的判断。其次要运用内涵明确、外延确定的概念构成判断。再次在概念的搭配方面、在判断的联结方面也需恰当，否则，就会产生判断不当的毛病。最后还要注意在思维实际中，每一个判断都是预先设定的，也就是“预设”。只有交流双方都认同了预设，以“判断”的形式进行的交流才能正常而且正确地进行下去。这张试卷的设问③就是出题人的预设，没有得到做题学生的认同，学生的回答超出了出题人预设的范围，才出现了让人啼笑皆非的事情。	本环节主要帮助学生进一步理解正确运用判断的逻辑要求。
【议题3】 分析具有因果关系的思维材料，辨析其中的逻辑推理方式，领悟演绎推理的要义，学会归纳推理和类比推理的方法，提升我们的逻辑推理能力	【情境】 雨果说：“吝啬的人是瞎子，他只看见金子，看不见财富。挥霍的人是瞎子，他只看见开端，看不见结局。卖弄风情的女人是瞎子，她看不见她的皱纹。有学问的人是瞎子，他看不见自己的无知。诚实的人是瞎子，他看不见坏蛋。坏蛋是瞎子，他看不见上帝。上帝也是瞎子，他创造世界的时候，没有看见魔鬼也跟着混进来了。我也是瞎子，我只知道说啊说啊，没有看见你们是聋子。” 【任务】 1. 从思维角度看，上述论证运用了什么推理？ 2. 作为一篇文章的论证，上述论证是否可信？ 【任务指向】 体悟推理中的因果关系的强弱程度。	【学生表现】 学生交流与分享各自不同的看法。 【教师评析】 雨果的论证，抓住了事物的一个方面，然后进行不完全归纳推理。由于这种归纳推理的前提不涉及认识对象全部范围而只涉及其部分范围，没有对前提中的每个对象情况都进行考察，就得出一般性结论，这种推理的前提与结论之间的联系是或然的。也就是说，雨果论证的结论是不可靠的。即便他所论证的前提与结论之间有因果联系，这种联系的强度也不是很高，而要增加其强度，除了增加更多的前提，还应该寻找其中可能存在的因果关联。	本环节要求学生能够正确分析基于因果关系的逻辑推理。由于在课本中演绎逻辑推理有较多相关练习，归纳推理和类比推理篇幅相对较少，这里旨在强化学生对归纳推理的认识。

3

第三单元

运用辩证思维方法

★ 第八课　把握辩证分合

★ 第九课　理解质量互变

★ 第十课　推动认识发展

★ 综合探究　领悟辩证精髓　处理复杂问题

第八课 把握辩证分合

第一框 辩证思维的含义与特征

课标链接

这一框题与《普通高中思想政治课程标准(2017年版2020年修订)》选择性必修3《逻辑与思维》"3.1"相对应:"3.1 结合对复杂事物的把握,体会辩证思维的特征;理解分析与综合的辩证关系。"本框所呈现的内容是"3.1"中"辩证思维的含义与特征"。

背景分析

上一个单元主要是从思维的形式结构角度学习了合乎逻辑的思维在形式结构上应该具有的特征,需要遵循的逻辑规则。但是,思维不仅有其形式结构,还有其具体内容。正确的思想既要遵循形式逻辑的要求,更要实事求是,接受社会实践的检验。辩证思维不仅涉及思维的形式结构,还涉及思维的具体内容。因此可以说,辩证思维是形式逻辑思维的深化和升华。而从思维实际来说,把握复杂事物,处理复杂问题,也需要在形式逻辑思维的基础上对辩证思维灵活运用,由此可见辩证思维的重要地位。什么是辩证思维？它与形而上学有什么区别,又与矛盾分析方法有什么关联？具有哪些鲜明的特征？本框主要探究的是辩证思维的含义以及特征。

学习目标

这一框的目标是理解与把握辩证思维的含义及特征,包括辩证思维的整体性特征与动态性特征,强调辩证思维是整体性与局部性、动态性与静态性的统一;了解辩证思维与形而上学思维、诡辩论、相对主义的区别;理解辩证思维的发展历程;教会学生自觉应用整体性思维和动态性思维,自觉反对形而上学、诡辩论、相对主义。

重点难点

1. 重点:辩证思维与形而上学思维、唯心主义诡辩论的差别。
2. 难点:辩证思维的含义及其整体性、动态性的特征。

课前准备活动

搜集一些诡辩论、形而上学思维、辩证思维的案例。在案例讨论中,引导学生理解辩证思维的含义、特征,深刻认识联系、发展、全面地看问题的重要性。

教学设计

活动与议题	情境与任务	表现与评析	教学提示
导 入	同学们，这世上是先有鸡，还是先有蛋？ 利用一个学生有话可说的千古哲学谜题作为新课的开始，鼓励学生大胆想象、畅所欲言。 各小组探讨分享，教师利用学生感兴趣的问题，创设一个开放性的问题情境，引导学生发挥想象力，积极思考与发言。	【学生表现】 学生畅谈各自的理解，交流与分享。 【教师评析】 如果觉得世间万物是即是，非即非，那么这个世界上不是先有鸡就是先有蛋。然而，这种思维方式在这里陷入了窘境：如果先有鸡，那么这只鸡是怎么孵出来的呢？如果先有蛋，那么这个蛋是怎么生出来的呢？这样就陷入了无穷的循环之中。 而科学的回答是：这个世界上，鸡不是从来就是这样的鸡，蛋也不是从来就是这样的蛋，而是在生物漫长的进化过程中，逐渐形成这样的形态的。这就跳出了非此即彼的思维怪圈。所以，我们在分析问题时要应用辩证思维的方式。	本环节主要是引发学生对认识不同思维方式的兴趣。一个老生常谈的争议问题，能够让学生产生思维的碰撞，学生也因此能够较快地进入学习状态。随后再引导学生区分材料中不同思维方式的差异，为讲解比较抽象的辩证思维作铺垫。
【议题1】 辩证思维的含义	【情境1】 塞翁走失一匹好马，邻居们来安慰他。塞翁说：“这难道不是福吗？”几个月后，这匹马竟从胡人居住的地方带回一群好马。邻居们又来祝贺他，塞翁说：“这难道不是祸吗？”果真，他儿子学骑马，不慎摔折了腿。邻居们赶快劝塞翁，塞翁说：“这能说不是好事吗？”不久战争爆发，国君征兵。塞翁的邻居中青壮年都当兵去了，唯有塞翁的儿子因腿折而留在家里。 【任务】 1. 父子因为什么得以相保？ 2. 在思考问题时，我们应该如何进行科学思维？科学思维就是辩证思维吗？	【学生表现】 学生的思考如下：丢失的马引来了一群马，儿子骑马不慎摔折了腿，几年后胡人入侵时，邻居中的青壮年人都去当兵，很多人战死，而塞翁的儿子因为腿折没有去当兵，所以没有死。父子俩因祸得福。 辩证思维方法是科学思维方法的重要组成部分，科学思维要运用联系、发展、全面的观点去看待事物和思考问题。 【教师评析】 《塞翁失马》通过一个循环往复的极富戏剧性的故事，阐述了祸与福的对立统一关系，揭示了“祸兮福所倚，福兮祸所伏”的道理。如果单从哲学角度去看，这则寓言启发人们用发展的眼光辩证地去看问题：身处逆境不消沉，树立“柳暗花明”的乐观信念；身处顺境不迷醉，保持对“死于安乐”警觉的忧患意识。在一定的条件下，好事和坏事是可以互相转换的，坏事可以变成好事，好事可以变成坏事。这也就是利用辩证思维的方式思考问题。相反，形而上学思维认为每件事情之间都是孤立的，没有联系的，更不用说发展了。 形而上学思维的含义：认为事物是一成不变的，事物之间的界限都是绝对分明和固定不变的，并把这种看法变成一种世界观、方法论。 辩证思维的含义：用联系、发展、全面的观点看待事物和思考问题，其实质和核心是运用矛盾分析方法，在对立统一中把握事物。	本环节要解决以下问题： ①领会辩证思维的含义，理解辩证思维与形而上学思维的差异。

续　表

活动与议题	情境与任务	表现与评析	教学提示
	【任务指向】 明确辩证思维的含义及其与形而上学思维的区别。	科学思维方法中的辩证思维方法，包括很多具体方法，比如分析与综合的方法等。要在正确的世界观和方法论的指导下运用科学思维，不仅要从事物的各个组成部分来认识事物，还要从事物的整体出发来看待事物，结合事物的整体发展趋势进行思维。不能"头痛医头，脚痛医脚"，用孤立的、静止的、片面的观点来观察和处理问题，"只见局部，不见整体""只见树木，不见森林"。解决问题的时候，也要从整体的角度出发去思考。	②掌握形而上学世界观与形而上学思维的实质。
【议题1】 辩证思维的含义	【情境2】 【探究与分享】(教材第73页) 《吕氏春秋·察今》载："荆人欲袭宋，使人先表澭水，澭水暴益，荆人弗知，循表而夜涉，溺死者千有余人，军惊而坏都舍。向其先表之时可导也，今水已变，而益多矣，荆人尚犹循表而导之，此其所以败也。" 【任务】 1.结合材料，从思维方式角度谈一谈"荆人袭宋"失败的原因。 2.说一说对"因事而化、因时而进、因势而新"中思维方式的理解。 【任务指向】 明确辩证思维的含义及其与形而上学思维的区别。	【学生表现】 学生交流与分享各自不同的看法。 【教师评析】 楚国人先前做标记的时候，河水不深，士兵是可以通过的，现在水位发生了变化，上涨了许多，其还通过旧标记渡河，必然行不通。从思维方式上看，楚国人失败是因为他们用孤立的、静止的、片面的形而上学思维来认识事物。 因事而化就是要抓住事物、解疑释惑、化解难题；因时而进就是要抓住时机、锐意进取；因势而新就是要抓住大势、与时俱进、创新发展。"因事而化、因时而进、因势而新"中的思维方式，是辩证的思维方式，是以普遍联系和变化发展的方式认识问题的，这样的思维才能反映客观事物发展的规律。"事"与"化"、"时"与"进"、"势"与"新"是相辅相成的。 我们要因事而化，从具体的客观事物、客观规律出发认识事物；要因时而进，当时代已经变迁，客观事物已经发生变化，我们要抓住时机，从变化的情况出发认识事物；要因时而新，当一切都已发生了变化，我们的认识也要与时俱进，随之发展。 人们对辩证思维的认识和研究也是不断发展的，经历了由古代朴素辩证思维方式到近代辩证思维方式的研究，再到马克思、恩格斯科学形态的辩证思维学说的创立，这样一个由自发走向自觉的过程。并且，随着社会实践和现代科学的发展，特别是研究复杂大系统的系统科学的兴起与发展，辩证思维学说得以进一步丰富和深化。	本环节要解决以下问题： ①领会辩证思维的含义，理解辩证思维与形而上学思维的差异。 ②理解辩证思维的发展历程。

续 表

活动与议题	情境与任务	表现与评析	教学提示
【议题2】 辩证思维的特征	【情境1】 有一个愚蠢的富人，看见另一富人家有三层楼，轩敞壮丽，好生羡慕。他有的是钱，马上叫来造那个三层楼房的泥木匠，要求建造同样的三层楼。泥木匠便开始打地基、垒砖头。富人见了，心生疑惑，问道："你这是造什么房子呀？"泥木匠回道："造三层楼啊。"他连忙制止说："我不要什么第一、二层楼，只要第三层就够了。还是先给我把它造起来吧。" 【任务】 1.这个富人的楼房能够建造起来吗？ 2.将楼房看成一个整体，每层楼都是它的组成部分，谈谈你所认为的整体与部分之间的关系。 【任务指向】 1.理解辩证思维的整体性特征。 2.掌握辩证思维中整体性与局部性之间的关系。	【学生表现】 学生A：不能，富人只看到事物的局部而忽视整体，不建一、二层楼，直接建造三楼是不现实的想法。 学生B：整体与部分不是相互割裂的关系，它们相互依存，正如集体与个人，二者有了对方才能够存在，而不是孤立地存在着。 【教师评析】 整体性是辩证思维的重要特征。建楼房要从地基开始，一砖一瓦地往上盖，富人只要一个三楼是不可能的。事物的整体是由各个部分组成的，富人忽视了事物之间的普遍联系，只要第三层楼而不要第一、二层，这样看待问题是孤立的、片面的，实际上是否定了事物的整体性。其实，任何认识对象都是由它的各个要素、各种联系构成的有机整体。整栋楼是由第一、二、三层楼构成的，第三层楼也是在第一、二层楼基础上建造起来的，因此，富人不能只要轩敞壮丽的第三层楼。辩证思维要用全面的观点看问题，要反映认识对象的各个要素、各种联系的丰富性、多样性，从整体角度去思考如何解决问题。 整体与部分是既相对独立，又相互联系的；既是非此即彼的，又是亦此亦彼的。"此"与"彼"之间是相互依存的，一切对立面都会经过中间环节而相互过渡。 我们要学会运用辩证思维科学地处理整体与部分之间的关系，同时，也要认识到辩证思维的整体是有层次之分的整体，其好比一栋大楼的不同楼层。而事物的整体总是相对而言的，辩证思维就是把多层次、多视角的认识综合起来，整体性地思考问题。	本环节是本框题的重点，要解决以下问题： ①理解辩证思维整体性的特征，学会整体性思考问题，把握事物变化发展的规律。 ②掌握辩证思维中整体性与局部性之间的关系。 ③把握辩证思维与唯心主义诡辩论之间的根本区别。

续　表

活动与议题	情境与任务	表现与评析	教学提示
【议题2】 辩证思维的特征	【情境2】 【探究与分享】 北美洲的开巴高原上曾有约4 000只鹿生存，也有狮子和狼等猛兽。为了保护鹿，人们大量捕杀狮子和狼。后来，狮子和狼被捕杀殆尽，而鹿猛增了约10万只。森林很快被鹿毁灭，大量的鹿因找不到食物而饿死，鹿的数量剧减。	【学生表现】 学生根据自己的理解，交流与分享各自的认识。 【教师评析】 狮子增加时，鹿的数量就会减少，降至不能维持狮子的生存时，狮子就会因饥饿而死亡，相反，鹿的数量会增加。由此可见，自然界的生态系统是动态的、相对的。其他客观事物也是如此，同样是不断变化发展的，人们的思维要正确地反映事物实际存在的过程，就必须以动态的方式去思考认识对象。 动态性是辩证思维的又一重要特征。用动态性的辩证思维看问题，就是用变化、发展的观点看问题，用矛盾运动的观点看问题。因此，我们不仅要考察事物的现状和历史，而且要想到事物的未来，把认识对象看成不断变化的开放系统。运用动态性的辩证思维能够让我们科学地把握事物的发生、发展过程，我们也只有用动态性的辩证思维看问题，才能把握事物变化发展的规律。强调事物的动态性是不是就否定事物的静态性呢？答案是否定的。 比如，从一个长的时间线上来看，开巴鹿的生存状态呈现一个动态的过程，但是从每一个小的时间段上来看，它的数量会维持一段时间的稳定，是动态性与静态性的统一。所以辩证思维虽然强调动态性，但也不排斥相对的静态性，辩证思维是在动态性与静态性的对立统一中把握事物的。如果割裂了运动跟静止之间的关系，只承认运动而否认了相对静止的存在，就容易陷入诡辩论。就像克拉底鲁所认为的“人连一次也不能踏进同一条河流”，只讲运动，完全否认静止的存在，这就是相对主义的诡辩论。 需要明确的是，辩证思维虽然强调整体性，但并不排斥局部的独立性；辩证思维强调动态性，也不排斥相对的静态性。辩证思维是在整体性与局部性、动态性与静态性的对立统一中把握事物的，如果割裂了它们来思考和处理问题，就会失败。比如在开巴高原上，鹿与狮子、狼等猛兽共同构成了完整的生态系统，我们应该用对立统一的观点分析鹿与狮子、狼等猛兽和整个开巴高原生态系统的关系，应该着眼于整体的联系，运用动态性的辩证思维来看待猛兽与生态系统的关系，如此，才能更准确地预见到未来的发展态势。但遗憾的是，由于人们没有整体性和全面性地思考问题，最终导致了保护鹿的努力以失败告终。	本环节是本框题的重点，要解决以下问题： ①理解辩证思维动态性的特征，学会动态性地思考问题，把握事物变化发展的规律。 ②掌握辩证思维中动态性和静止性之间的关系。

续　表

活动与议题	情境与任务	表现与评析	教学提示
【议题2】 辩证思维的特征	【任务】 1.开巴高原鹿的生存状态的变化对你有什么启发? 2.开巴高原鹿的生存状况是一个动态的过程,那是否就否定了事物的静态性? 【任务指向】 1.理解辩证思维的动态性特征。 2.掌握辩证思维的动态性和静止性之间的关系。 3.辩证思维与唯心主义诡辩论之间的根本区别。	此外,辩证思维坚持用实践的观点看问题,认为凡未经实践检验的东西,决不轻信和盲从。这是辩证思维同唯心主义诡辩论的根本区别。诡辩论都是建立在主观唯心主义和相对主义的哲学基础上的,经不起实践的检验,因此不是真正的辩证思维。	③把握辩证思维与唯心主义诡辩论之间的根本区别。
总　结	【任务指向】 理解并掌握辩证思维的意义。	【学生表现】 学生交流与分享各自不同的看法。 【教师评析】 学会辩证思维,我们就能把事物看得全、看得深、看得远、看得活、看得真实。因此,学会它,不仅会让我们变得聪明,还会使我们充满智慧。	

资源与拓展

1.有同学认为“辩证思维只强调在动态中把握事物”,请运用辩证思维的有关知识分析该同学的看法。

2.结合自己的学习体会,谈一谈辩证思维对我们认识与解决问题有什么帮助。

疑难解答

1.形而上学思维的必要性和局限性在哪里?

形而上学思维的必要性体现在:由于人们不可能一步到位地认识客观世界的整体的和变化发展的状态,必须把整体的各个部分、各种性质相对独立起来,把变化发展的对象相对确定下来,一步一步地进行认识。形而上学思维的局限性体现在:如果完全切断事物及其各个部分、各种性质之间的联系,认为事物是一成不变的，事物之间的界限是绝对分明和固定不变的，就不能正确地反映事物的本来面貌。

2.唯物辩证法和辩证思维的关系。

辩证思维是唯物辩证法在思维领域中的具体运用，没有唯物辩证法，也就不可能有真正科学的辩证思维。离开了唯物辩证法作思想指导，辩证思维的研究就可能偏离正确的方向。

第二框　分析与综合及其辩证关系

课标链接

这一框题与《普通高中思想政治课程标准（2017年版2020年修订）》选择性必修3《逻辑与思维》“3.1”相对应：“3.1 结合对复杂事物的把握，体会辩证思维的特征；理解分析与综合的辩证关系。”本框所呈现的内容是“3.1”中的“理解分析和综合的辩证关系”。

背景分析

本框继续围绕“辩证”，强调辩证地分析综合的“辩证”。学生已经在必修四《哲学与文化》的学习中掌握了整体与部分的相关知识，能够辩证地认识生活中各类现象，同时，也大体能了解生活中处处存在的分析和综合方法的案例，这为学生进一步把握分析与综合的辩证关系奠定了一定的基础。

学习目标

通过情境案例的分析，让学生了解分析与综合的含义、方法，理解分析与综合各自的特征和优势；把握分析与综合的辩证关系，在分析与综合的对立统一中认识事物，纠正形而上学割裂分析与综合的错误认识。

重点难点

1.重点：分析与综合的含义、方法和特征。

2.难点：分析与综合的辩证关系。

课前准备活动

回顾《哲学与文化》教材中关于整体与部分的内容，思考我们在日常生活中是如何去认识事物的整体与部分，并尝试整理相关案例。

教学设计

活动与议题	情境与任务	表现与评析	教学提示
导 入	请各学习小组派代表分享课前整理的关于认识事物的整体与部分的典型案例。 各学习小组分享课前整理的案例成果。教师引导学生尝试梳理认识事物的步骤和程序，指出问题，解释原因，互相评析。	【学生表现】 各学习小组代表分享成果，各学习小组相互点评。 【教师评析】 从同学们整理、分享的案例中可以看出，我们所认识的对象都是以有机整体的方式存在和发展的，为了更好认识该对象的本质和规律，我们需要将认识对象的各个部分、要素暂时分割开来，把被考察部分、要素从对象整体中抽取出来。只有这样，才能逐步“解剖”认识对象。这是我们在运用分析的方法。	本环节教师要调动学生的先行经验，引导学生回顾关于整体与部分关系的相关内容，为学习本课内容提供客观依据。
【议题1】 把握分析的含义、方法和特征	【情境1】 1665年夏，可怕的鼠疫又一次侵袭了英国。从6月到8月，英国伦敦市内死尸遍街，人口减少了1/10。剑桥大学担心被鼠疫波及，便让学生疏散到外地去。大学刚刚毕业的牛顿便回到了家乡武耳索普小镇，在一幢茅屋的二楼度过了18个月。在这段与世隔绝的日子里，他潜心钻研学问，硕果累累，其中有一项成果就是他发现了白光色散的原理。一天他与往常一样把自己锁在房里，演算万有引力的公式，不觉日已当午，他饥肠辘辘，推开文稿纸，抬起头来伸个懒腰。这一抬头，他见到紧闭的门缝里露出一缕细细的光束，不觉大喜。立即伸手从抽屉摸出一块近日磨制的三棱镜，迎上去截住那束光。这时他惊诧地看到墙上竟出现了一段红、橙、黄、绿、青、蓝、紫的彩色光带，他将镜子转了转，光斑便上下移动。经过几次调节，一个椭圆形状的彩色光斑终于清晰地映现在墙壁上。	【学生表现】 牛顿通过三棱镜先明确了光的色散，继而再分别研究各个成分的波长，从而认识到光的本质。	本环节要解决以下问题： 理解“分析”的含义、方法和特征。

续　表

活动与议题	情境与任务	表现与评析	教学提示
【议题1】 把握分析的含义、方法和特征	从这天起，牛顿就把自己关在房里，还把门窗用床单遮得严严实实，只让一束白光透入房中，用三棱镜做这类游戏。几天后，牛顿渐渐领悟到一个道理，我们平时看到的白光，其实并不是一色白，它是由许多光混合而成的。后来经过多次实验，牛顿对阳光经过三棱镜在墙上形成彩色的光带这一事实作如下的解释：“这个原因不是别的，正是由于阳光不是同类的或均匀的，而是由不同类型的光线组成的。其中的一些比另一些更能被折射。”这是牛顿对光的色散现象的解释。 牛顿用三棱镜把日光分解成为按红、橙、黄、绿、青、蓝、紫顺序排列着的彩色光带，这就是光的色散。他把光波分解成频谱，分别研究各个成分的波长，这才明确了光的颜色。 【任务】 牛顿是如何认识到光的本质的？ 【任务指向】 通过牛顿认识光的本质的故事，正确理解分析的内涵。	【教师评析】 牛顿为了认识光的本质，先把光的各个部分、要素暂时地分割开来，把被考察的部分、要素从对象整体中抽取出来，继而对光的本质进行剖析，这一思维方法就是我们说的分析。 分析就是把认识对象分解为各个部分、各个要素、各个层次，或者把认识对象的复杂的发展过程分解为若干阶段，分别加以认识的一种思维方法。	
	【情境2】 习近平总书记曾经用“绿水青山就是金山银山”生动诠释了新时代生态文明建设思想的核心价值观。 【任务】 1. 习近平新时代生态文明建设思想的核心价值观体现了怎样的分析方法？ 2. 阅读教材第77页“相关链接”，理解不同分析方法的内涵，并尝试举出实例。 3. 阐释不同的分析方法体现了怎样的特征？ 【任务指向】 通过分析情境和阅读教材内容，让学生了解在科学研究和社会生活中常用的分析方法以及它们之间的共性特征。	【学生表现】 学生交流与分享各自不同的看法。 【教师评析】 实践的需要不同，决定了我们在分析不同具体内容的时候，所采用的分析方法也不尽相同。在科学研究中，我们常常运用定性分析和定量分析等多种方法，认识被研究的对象。比如，在企业管理上，常以企业财务报表为主要数据来源，再按照某种数理方式进行加工整理，得出企业信用结果，这就是定量分析的方法。而在社会生活中，我们则需要对社会的基本矛盾、主要矛盾进行科学的分析。但是需要注意的是，我们在将注意力集中在问题的“点”上进行分析时，要将具体的“点”认识透彻，但是，认识也不能只局限在问题的“点”上，否则就难免会产生“只见树木，不见森林”的片面认识。	本环节要解决以下问题： 理解体现辩证思维精髓的矛盾分析的含义。

续　表

活动与议题	情境与任务	表现与评析	教学提示
【议题2】 把握综合的含义、方法和特征	【情境1】 【探究与分享】(教材第77页) 19世纪中叶，人们已发现63种元素，对单个元素的性质也分别有所了解，但看不出这63种元素之间有什么关系。被发现的元素越多，化学家越感到迷茫。要从表面杂乱的元素现象中理出头绪，就必须从特性各异的元素中找出某种规律。门捷列夫把元素的主要特征和原子量写在一张张小卡片上，对这几十种元素反复加以排列、组合，终于发现：按原子量大小排列起来的元素，在性质上显现出周期性。 【任务】 门捷列夫是如何发现元素周期性的？此案例从思维的角度给我们怎样的启示？ 【任务指向】 通过用门捷列夫发现元素周期性的例子，说明对事物进行整体性和规律性的认识需要采用综合的方法，从而引出综合方法的学习。	【学生表现】 门捷列夫是通过将63种元素进行反复排列和组合，从而发现了元素周期性。这启示我们：对事物的认识，需要从整体上去认识和把握。 【教师评析】 要形成对事物整体的认识，还必须把通过分析得到对事物的各个部分、各个要素、各个层次，以及事物发展过程中的若干阶段的认识，按照对象所固有的联系重新组合起来，这就需要运用综合方法。综合就是把认识对象的各个部分、侧面、因素和不同发展阶段，按照其固有的联系联结和统一起来进行考察的思维方法。	本环节要解决以下问题： 理解综合的含义、方法和特征。
	【情境2】 在研究光是什么的实验中，人们在分析了光的直线传播、反射、折射后，认为光是微粒；人们又分析研究了光的干涉、衍射现象和其他一些微粒说不能解释的现象，认为光是波。当人们测出了各种光的波长，提出了光的电磁理论，似乎光就是一种波，一种电磁波。但是，光电效应的发现又是波动说无法解释的，又提出了光子说。当人们把这些方面综合起来以后，一个新的认识产生了：光具有波粒二象性。 【任务】 1. 这个案例体现的是哪种综合分析方法？其有怎样的特征？ 2. 结合案例，就分析与综合的关系谈一谈你的感悟。 【任务指向】 通过对情境的分析，让学生了解不同的分析方法，并且感悟综合分析方法的特征及将综合与分析辩证统一起来的必要性。	【学生表现】 学生根据自己的理解，谈谈各自的认识，交流与分享。 【教师评析】 任何一次综合的结果都只是对认识对象相对完整的认识，只是对现实原型的近似描述。只有将分析与综合辩证地统一起来，才能全面而又深刻地把握认识对象。 不同的认识领域，有着不同的认识目的和综合范围。比如在科学研究中，我们常常运用结构综合和功能综合等多种方法，来获得研究对象整体结构、所具功能、演化过程的认识，从整体上把握具体研究对象的性质和规律。而哲学中的综合，主要是把握物质世界的本质和事物发展的普遍规律。 还要注意的是，与分析方法的注意力在于问题的“点”上不同，综合方法的注意力则主要放在各部分之间的联系上。整体性是综合方法的重要特征。	本环节要解决以下问题： ①理解综合的含义、方法和特征。 ②理解综合与分析辩证统一的必要性。

续　表

活动与议题	情境与任务	表现与评析	教学提示
【议题3】 把握分析与综合的辩证关系	【情境1】 党的十八大报告中指出："建设中国特色社会主义，总依据是社会主义初级阶段，总布局是五位一体，总任务是实现社会主义现代化和中华民族伟大复兴……必须更加自觉地把全面协调可持续作为深入贯彻落实科学发展观的基本要求，全面落实经济建设、政治建设、文化建设、社会建设、生态文明建设五位一体总体布局，促进现代化建设各方面相协调，促进生产关系与生产力、上层建筑与经济基础相协调，不断开拓生产发展、生活富裕、生态良好的文明发展道路。" 【任务】 从分析与综合的方法角度，谈谈我们应如何理解"五位一体"之间的关系。 【任务指向】 引导学生思考五位一体总体布局中所体现的思维方法。	【学生表现】 学生们根据自己的理解，谈谈各自的认识，并进行交流与分享。 【教师评析】 一方面，"五位一体"各有其内在规定性要求，其中经济建设是根本，政治建设是保证，文化建设是灵魂，社会建设是条件，生态文明建设是基础。另一方面，五位一体总布局是一个有机整体，只有坚持"五位一体"，才能形成经济富裕、政治民主、文化繁荣、社会公平、生态良好的发展格局，把我国建设成为富强民主文明和谐美丽的社会主义现代化国家。它们之间是相辅相成、相互促进、相得益彰的。通过"五位一体"的这种关系，我们可以看出分析与综合的辩证关系。 从辩证思维角度看，分析是综合的基础，综合是分析的先导；分析为综合作准备，而综合的结果又指导人们继续对事物进行新的分析。在辩证思维中，分析和综合是方向相反却相辅相成的对立统一的互补关系。	本环节要解决以下问题： 把握辩证分析综合的含义及其客观基础。
	【情境2】 经济体制改革仍然是全面深化改革的重点，经济体制改革的核心问题是处理好政府与市场的关系。 【任务】 从辩证思维的角度，分析"经济体制改革的核心问题是处理好政府与市场的关系"与"全面深化改革"之间的关系。	【学生表现】 学生发表各自的意见，并进行交流与分享。 【教师评析】 "经济体制改革的核心问题是处理好政府与市场的关系"与"全面深化改革"之间的关系是辩证思维中的部分与整体的关系。如果政府与市场的关系没有处理好，就不会有经济体制改革的成功。而国家要全面深化改革，就必须要解决经济体制改革的核心问题。 辩证的分析与综合方法，就其本质来说，是矛盾分析法。世界充满了矛盾，不仅事物内部包含矛盾，而且事物之间也存在矛盾，事物的各个矛盾以及每一矛盾两方面之间的对立统一关系构成了事物矛盾的总体，使事物成为多种规定性的统一体。	本环节要解决以下问题： ①结合具体案例，理解辩证的分析与综合的关系。

续 表

活动与议题	情境与任务	表现与评析	教学提示
【议题3】 把握分析与综合的辩证关系	【任务指向】 辩证的分析与综合的方法是矛盾分析法的体现。	因此，我们要想深刻地认识事物，就必须认识事物的矛盾，认识矛盾的普遍性和特殊性、主要矛盾和次要矛盾、矛盾的主要方面和次要方面及其相互转化，只有这样，才能把握事物的本质和规律。要完成这个认识任务，我们就要应用辩证的分析和综合方法。毛泽东指出：“分析的方法就是辩证的方法。所谓分析，就是分析事物的矛盾。”因此，辩证的分析与综合方法是矛盾分析法的集中体现，是在分析的基础上揭示事物的整体，在综合得到的整体中指导分析。 只有运用辩证的分析综合方法，在分析与综合的对立统一中揭示事物的整体，才能推动认识不断由低级向高级发展。	②掌握辩证的分析与综合的方法。

资源与拓展

1. 阅读毛泽东的《论持久战》，进一步体会辩证的分析与综合的方法。

2. 用结构图标识分析与综合方法的关系图。

疑难解答

1. 分析与综合的辩证关系。

在辩证思维看来，分析和综合是方向相反却相辅相成的对立统一的关系。一方面，综合以分析为基础，没有分析就没有综合。只有对客观对象进行详尽分析，对事物的各个要素有了清楚的认识，才能在这个基础上进行综合。另一方面，综合是分析的前导。没有关于对象的整体认识，人们就不可能正确认识对象的各个部分。只有把分析和综合两者辩证地结合起来，才是认识事物的科学思维方法。

2. 从分析与综合的角度而言，形而上学思维的特点是什么？

形而上学思维的特点是把分析和综合割裂开来，片面地强调一方面而否定另一方面。其在讲分析的时候，只专注对象的某个方面，并把它绝对化；而在讲综合的时候，又只见整体而不见部分。从科学发展史来说，某一些科学研究主要用分析的方法，另一些科学研究主要用综合的方法；一门科学在某一阶段主要用分析方法，另一阶段主要用综合方法，这种状况是存在的，但这不是说，分析和综合可以割裂开来。而且，主要运用分析的方法还是运用综合的方法不是随意决定的，要根据对象的情况和认识的需要来确定。

第九课 理解质量互变

第一框 认识质量互变规律

课标链接

这一框题与《普通高中思想政治课程标准(2017年版2020年修订)》选择性必修3《逻辑与思维》“3.2”相对应:“3.2联系事物发展过程中的渐进性和飞跃性,懂得事物的发展过程是量变与质变的统一;理解质量互变规律;把握适度原则。”本框所呈现的内容是“3.2”中的“联系事物发展过程中的渐进性和飞跃性,懂得事物的发展过程是量变与质变的统一;理解质量互变规律”的要求。

背景分析

质量互变规律揭示了事物存在和变化的最基本状态和过程,它是世界联系和发展的基本规律之一,也是学习和训练辩证思维应该把握的重要的方法论基础。生活中常见的质变和量变现象经常引发我们的思考,为什么说“只要再多走一小步,即使是向同一方向迈的一小步,真理便会变成错误”?为什么说“一个人做一件好事并不难,难的是一辈子做好事,不做坏事”?真理与谬误、难与不难之间有没有鲜明的界限?准确地把握事物发展过程中的量变与质变,正确地认识事物发展过程中的渐进性与飞跃性、连续性与间断性,对我们认识事物的本质、遵循事物的发展规律具有重要意义。本框在阐明质和量、质变和量变等基础概念的基础上,说明了质量互变规律的基本原理,又从如何把握事物发展过程中的渐进性与飞跃性、连续性与间断性方面说明遵循质量互变规律的方法。

学习目标

这一框的学习目标是认识质量互变规律。质和量是事物存在的最具有普遍性的规定。《逻辑与思维》教材中的这部分知识衔接和补充了“哲学与文化”课程模块的教学内容,本课就是对其“第三课 把握世界的规律”的延伸,本课中我们应该理解质量互变规律的含义并领会遵循质量互变规律的要求。本框题的主要任务是在理解事物发展过程中的渐进性和飞跃性的基础上认识事物发展之质变与量变的统一性,即“量变是质变的必要前提,质变是量变的必然结果,体现并保存量变的成果,并为新的量变开辟道路。量变与质变的关系是辩证的”。既要理解质量互变规律的含义,又要领会遵循质量互变规律的要求,同时也为下一课学习在理解质量互变规律的基础上把握认识的适度原则打好理论基础。

重点难点

1. 重点:质与量、质变与量变的含义;事物发展过程中的渐进性和飞跃性、连续性和间断性。
2. 难点:质量互变规律的含义与要求。

课前准备活动

学生自主阅读教材“认识质量互变规律”的内容，初步理解质与量、质变与量变的含义，搜集体现质量互变规律的成语和故事等，从思维的角度思考这些成语和故事告诉了我们怎样的道理。

教学设计

活动与议题	情境与任务	表现与评析	教学提示
导 入	【探究与分享】(教材第80页) 《鹤林玉露》载：“张乖崖为崇阳令。一吏自库中出，巾下有一钱。乖崖仗之，吏曰：‘一钱何足道，乃仗我耶？尔能仗我，不能斩我也。’乖崖援笔判云：‘一日一钱，千日千钱。绳锯木断，水滴石穿。’” 【任务】 你们还知道哪些与“绳锯木断，水滴石穿”类似的成语？从思维角度谈谈这些成语告诉了我们怎样的道理。	【学生表现】 学生甲：集腋成裘、聚沙成塔、冰冻三尺非一日之寒…… 学生乙：量变积累到一定程度，事物就会发生质的变化。 【教师评析】 材料大意：张乖崖在崇阳当县令。有一个衙吏从库房中出来，张乖崖看见他鬓角旁的头巾下藏有一文钱。张乖崖命令下属杖打他，衙吏说：“一文钱哪里值得一提，你怎么能杖打我呢？你能杖打我，也不能杀我！”张乖崖提笔判决道：“一天偷一文钱，一千日偷一千文钱，用绳子锯木头日积月累也能砍断木头，水滴在石头上日积月累也能滴穿石头。” 张乖崖认为“一日一钱，千日千钱”，积小过而成大罪，这和绳子锯断木头、水滴击穿石头的道理一样。“一日一钱”“绳锯”“水滴”是量变，量变日积月累达到一定程度，就会“千日千钱”“木断”“石穿”，此时就发生了质变。	本环节主要是通过宋朝张乖崖“绳锯木断，水滴石穿”的哲理故事让学生先自行感知和体悟生活中的质量互变关系原理，激趣法的课堂导入能够激发学生的学习热情。举与“绳锯木断，水滴石穿”类似的成语，可以帮助学生更好地体会成语中蕴含的哲学道理，无形之中让学生体会质变与量变的辩证关系。
【议题1】 认识“质”与“量”	【情境1】 多媒体展示：质是一事物成为自身并区别于他事物的内部固有的规定性。 (教师展示教具：杯子、碟子、罐子、碗、盆。) 【任务】 1.根据质的概念尝试总结，作为饮器的杯子，它的“质”是什么？ 2.如果一个杯子既漏水又很锋利容易割破嘴唇，那它还是杯子吗？	【学生表现】 学生甲：杯子主要是用来喝水的，最重要的应该是不漏水。 学生乙：杯子还应该不锋利、不粗糙，这样才不会割破嘴唇。 学生丙：制作杯子的材料要不溶于水。 【教师评析】 此物之所以为此物，并区别于他物，就是由于它具有自身的质的规定性，一旦丧失了自己固有的质的规定性，它就不是原来的此物而变成了他物。 质和事物的存在是直接同一的，特定的质就是特定的事物存在本身。质和事物的直接同一有两方面的含义：一方面，事物是具有一定质的事物，不具有质的事物是没有的；另一方面，质是一定事物的质，离开特定事物的质也是没有的，离开事物的质只是主观的抽象。	本环节要解决以下问题： ①理解质的含义。 ②理解量的含义。

续　表

<table>
<tr><th>活动与议题</th><th>情境与任务</th><th>表现与评析</th><th>教学提示</th></tr>
<tr><td rowspan="2">【议题1】
认识“质”与“量”</td><td>【任务指向】
根据质的概念，对生活中的常见物品水杯进行“质”的定义。</td><td>同学们也可以进一步思考：就事物本身来说，既有本质的属性，又有非本质的属性，哪些属性对于我们确定事物的质具有决定作用？</td><td></td></tr>
<tr><td>【情境2】
多媒体展示：量是事物存在和发展的规模、程度、速度等可以用数量表示的规定性，以及事物构成因素在空间上的排列组合方式。
【任务】
1.根据“量”的概念来举例说明生活中有哪些“量”？
2.这杯与室温（26℃左右）相同温度的水，如果加热到50℃还是水吗？那降温到10℃呢？加热或降温到什么温度才不是水呢？
【任务指向】
根据量的概念，从生活中找寻事物“量”的规定性。</td><td>【学生表现】
学生甲：水的体积、温度、密度、重量、水压等方面的量值。
学生乙：我们之前学过的商品的价值量、价格、商品数量等。
学生丙：还有我们的身高、体重、年龄、血压、视力也都是量。
【教师评析】
量是事物存在和发展的规模、程度、速度等可以用数量表示的规定性，以及事物构成因素在空间上的排列组合方式。量的规定性不同于质的规定性，在一定范围内的量的增减并不影响某物之为某物。量总是一定事物的量。离开具体事物的“纯粹”的量，只存在于思维的抽象中。即使像数学这门从“纯粹”形态上研究量的科学，归根到底也是对客观事物的量与量关系的反映。</td><td>本环节要解决以下问题：
让学生更真切地从现实生活中体会“质”与“量”的含义。</td></tr>
<tr><td>【议题2】
认识质量互变规律</td><td>【情境1】
观看视频：科学实验《冰、水、水蒸气》。
在一个标准大气压下，液态水的度就是0℃—100℃，0℃和100℃就是它的两个关节点，当温度低于0℃这个关节点时，水就变成了冰；当温度高于100℃这个关节点时，水就变成了水蒸气。
【任务】
1.水的“量”和“质”发生了怎样的变化？
2.尝试归纳量变和质变的含义和特征。
【任务指向】
量变和质变的含义及特征。</td><td>【学生表现】
学生们根据自己的理解，谈谈各自的认识，并进行交流与分享。
【教师评析】
<table><tr><th></th><th>含义</th><th>特点</th></tr><tr><td>量变</td><td>量变即量的变化，是事物数量的增减和场所的变更</td><td>较小的、不显著的变化（在度的范围内的延续和渐进）</td></tr><tr><td>质变</td><td>质变即质的变化，是事物由一种质态向另一种质态的飞跃</td><td>根本性的、显著的突变（原有度范围内的连续和渐进的中断）</td></tr></table></td><td>本环节是本框题的重点，要解决以下问题：
①质变和量变的含义及特征。
②质量互变规律的含义。</td></tr>
</table>

续 表

活动与议题	情境与任务	表现与评析	教学提示
【议题2】 认识质量互变规律	【情境2】 观看视频：纪录片《飞向月球》片段。 从“嫦娥一号”拍摄的全月球影像图，到“嫦娥二号”首次实现我国对小行星的飞跃探测；从“嫦娥三号”成功实现落月梦想，到“嫦娥四号”实现人类首次从月球背面软着陆……15年的探索、38万公里的追导，中国航天以“探月梦”托举“中国梦”，书写了人类文明发展历程中的惊鸿之笔。 未来3年，我国航天领域将有多个“大动作”，包括载人空间站建设、嫦娥五号探月工程、首次火星探测工程以及全面建成北斗三号全球卫星导航系统和高分辨率对地观测系统等。发展航天事业，建设航天强国是我们不懈追求的航天梦。 【任务】 从“量变”和“质变”的角度，分析探究我国航天人追求“航天梦”的历程。 【任务指向】 质量互变规律的含义。	【学生表现】 学生们根据自己的理解，谈谈各自的认识，并进行交流与分享。 学生总结：事物的发展总是从量变开始，量变达到一定程度必然引起质变。从“嫦娥一号”到“嫦娥四号”，这一次次的重大跨越体现了我国载人航天工程发展过程中的量的积累和质的飞跃。事物的发展就是这样由量变到质变，又在新质的基础上开始新的量变，如此循环往复，不断前进，中国航天人仍将继续追梦圆梦。 【教师评析】 量变与质变的关系是辩证的。量变是质变的必要前提。质变是量变的必然结果，质变体现并保存量变的成果，并为新的量变开辟道路。这就是质量互变规律。 习近平指出：“青年的价值取向决定了未来整个社会的价值取向，而青年又处在价值观形成和确立的时期，抓好这一时期的价值观养成十分重要。这就像穿衣服扣扣子一样，如果第一粒扣子扣错了，剩余的扣子都会扣错。人生的扣子从一开始就要扣好。”“广大青年要牢记‘空谈误国、实干兴邦’，立足本职、埋头苦干，从自身做起，从点滴做起，用勤劳的双手、一流的业绩成就属于自己的人生精彩。” 所以，我们在生活和学习中应当自觉地运用质量互变规律，正确把握量变和质变的关系，既要有改天换地的远大目标，又要有一步一个脚印的求实精神；既不要做满足微小进步的庸人，也不要做不务实际的狂想家。	本环节要解决以下问题： ①理解质、量之间的关系。 ②领会任何事物都是质与量的统一体。 ③在结合探月工程的基础上，理解质量互变规律，同时进行价值引领，实现价值教育的内化。

续　表

活动与议题	情境与任务	表现与评析	教学提示
【议题3】 遵循质量互变规律	【情境1】 【探究与分享】(教材第81页) 荀子说:“不积跬步,无以至千里。”意思是说,路要一步一步地走,只有通过一步步的积累,才能到达千里之遥的目的地。 成语“为山九仞,功亏一篑”的本义是说,筑造九仞高的大山,由于只差一筐土而没有成功,比喻做一件事只差一点儿而未完成。 【任务】 上述材料告诉我们什么道理,对我们有什么启发?	【学生表现】 学生发表各自的意见,并进行交流与分享。 学生甲:路要一步一步地走,通过一步步的量变才能达到千里之遥的质变。质量互变规律支配了事物量变与质变的相互转化、相互交替,是事物发展的基本过程。我们平日里要注重量的积累,在量变已经达到一定程度时,我们要果断地、不失时机地突破其范围和限度,积极促成质变,实现事物的飞跃和发展。这一规律启示我们要实现人生理想、达到学习目标,必须注重量的积累。 学生乙:古今中外著名的思想家、科学家的卓越成就,并不是一朝一夕而突然成就的,他们都经历了艰苦的探索过程,有着知识和经验的长期准备,最终实现了质的飞跃。我们在今后的学习生活中应当自觉地运用质量互变规律,正确把握量变和质变的关系,既要有仰望星空的远大目标,又要有脚踏实地的务实精神。 【教师评析】 客观事物的质量互变规律要求我们,以统一性的观念正确把握事物发展过程中的量变与质变、渐进性与飞跃性、连续性与间断性的关系。 事物发展过程中的连续性是指事物只是在量上发生了变化,表现在现实中就是这一事物还是它自身,是事物发展中的渐进性过程。事物发展过程中的间断性是指事物在质上发生了变化,是从旧质到新质的飞跃,是渐进性过程的中断,或连续性的间断。这个过程不是事物停止了发展,而是打破旧的质的规定性而代之以新的质的规定性,表现在现实中就是出现了新事物。	本环节要解决以下问题: ①理解事物发展过程中的渐进性和飞跃性、连续性和间断性。 ②领会遵循质量互变规律的要求。
	【情境2】 观看视频:纪录片《面孔:20世纪传奇人物》片段。 屠呦呦及其团队经过多年攻坚,提出应对疟疾防治工作中“青蒿素抗药性”难题的切实可行治疗方案:一是适当延长用药时间,由三天疗法增至五天或七天疗法;二是更换青蒿素联合疗法中易产生抗药性的辅助药物。疗效立竿见影。 【任务】 为什么“适当延长用药时间”可以解决青蒿素耐药性问题? 【任务指向】 领会遵循质量互变规律的要求。		本环节要解决以下问题: 要以统一性的观念正确把握事物发展过程中的量变与质变、渐进性与飞跃性、连续性和间断性的关系。

资源与拓展

1.搜索资料,分析古今中外著名的思想家、科学家的卓越成就,分析其中是怎样体现质量互变规律的。

2.结合自己的学习体会,从质与量的角度,谈谈日积月累地践行正确的价值观与成就精彩人生之间的关系。

3.阅读《关于正确处理人民内部矛盾的问题》,领会其中的辩证思维方法,认识辩证思维对把握事物本质、作出恰当判断、有效解决问题的重要意义。

疑难解答

1.质量互变规律的普遍性。

质量互变规律是自然界、社会和人类思维的普遍的客观规律,这一规律在实践中是被证实了的。质量互变规律的普遍性首先表现为,物体总是因其空间大小与质量的不同而区分为不同质的物的层次;其次表现为,不论何种层次、何种运动形式的质的变化都是由互相对立着的量的变化所引起的。

2.量变的复杂性。

质量互变规律在现实世界中是丰富多彩、错综复杂的。量变的复杂性首先表现在量变形式的多样性上,一种是数量的增减,另一种是构成事物的成分在空间关系即排列次序和结构形式上的变化。量变的复杂性还表现在总的量变过程中包含着部分质变:一是事物的根本性质未变而比较次要的性质发生了变化,使事物的发展呈现出阶段性,可称为阶段性的质变;二是事物全局的性质未变而其中个别部分的性质发生了变化,可称为局部性的质变。

第二框　把握适度原则

课标链接

这一框题与《普通高中思想政治课程标准(2017年版2020年修订)》选择性必修3《逻辑与思维》"3.2"相对应:"3.2联系事物发展过程中的渐进性和飞跃性,懂得事物的发展过程是量变和质变的统一;理解质量互变规律;把握适度原则。"本框所呈现的内容是"3.2"中的"把握适度原则"的要求。

背景分析

理解"适度"的含义,不仅要认识适度是什么,还需要领会把握适度原则的要求。犹如我们对"学习"的认识,首先我们要知道什么是"学习",当了解到"学习是从阅读、听讲、研究、实践等途径获得知识或技能的过程",我们就知道了学习是什么。但仅仅理解"学习是什么"还是远远不够的,还需要我们了解"如何去学习",需要遵循哪些要求,这样才算是对它有了较为全面的把握。对"适度"的认识也是这样。上一框内容是说明"质量互变规律的含义以及遵循质量互变规律",这一框内容是在理解质量互变规律的基础上告诉我们适度是什么,以及如何去把握适度原则。

学习目标

这一框的目标是理解适度、适度原则的含义,以及如何领会遵循适度原则的要求。在初步认识事物时，人们可以把质和量分开来考察，但要真正认识事物的本质和规律，就必须把质和量统一起来，即必须把握事物的度，才能深刻认识事物之间的差别，才能把握事物发展变化的规律性。从思维方式上，适度原则就是在“度”的范围内寻求和把握事物发展的适当程度的原则。本框题的主要任务是既要弄清楚适度的含义，也要弄清楚应该从哪几个角度去把握适度原则，从而更好地思考和处理问题。

重点难点

1. 重点：理解适度原则的含义，防止犯极端化的错误。
2. 难点：领会遵循适度原则的要求，反对折中主义。

课前准备活动

学生搜集一些关于“适度”的知识，在大脑中形成“适度是什么”的初步认识。同时，搜集与学生学习实际、生活实际有关的“适度”主题的素材，比如：平时妈妈在做饭时如果不放食盐就会寡淡无味，如果放过量的食盐就会很咸，而放适量的食盐则会味道鲜美。如果是你做饭你会怎样控制食盐的量？从而使学生联系实际来理解适度的含义和把握适度原则的要求。

教学设计

活动与议题	情境与任务	表现与评析	教学提示
导 入	作为人工智能标志性技术之一，人脸识别技术现已在我国各产业实现大规模落应用。从脸部解锁、身份证验证、刷脸支付到扫脸过门禁等，人脸识别技术应用从通行到安全等领域，逐渐得到普及。  【任务】 请同学们阅读材料，谈谈对人脸识别技术应用的看法。	【学生表现】 学生讨论并交流各自不同的看法。 【教师评析】 人脸识别技术的发展给我们的工作、生活带来诸多便利的同时，也带来一定的安全隐患。如杭州动物园的人脸识别第一案、戴头盔看房、用户信息的泄露与恶意买卖等问题的曝光，让我们认识到人脸识别这项技术是一把“双刃剑”。如果我们不能及时完善行业规范，健全行业法规，在推动技术发展的同时，考虑安全隐患和个人隐私问题，也就是说不能掌握好使用它的“度”，就会给我们个人、国家带来较大的困扰。上节课我们学习了质量互变规律，本节课我们就来了解适度是什么，以及我们该如何去把握适度原则？	本环节主要是引发学生对适度的认识兴趣。通过人脸识别技术争议这个热点问题入手，确立认识“适度”的方式，以及理解遵循适度原则的必要性。

续 表

活动与议题	情境与任务	表现与评析	教学提示
【议题1】 适度的含义	【情境1】 杰米扬和福卡是邻居，两家的关系不错。杰米扬很好客。一天，他做了好多鱼汤，他知道邻居福卡爱喝鱼汤，就把福卡请到家里喝鱼汤。 杰米扬热情地说："我亲爱的邻居，请吃呀！"福卡说："好邻居，我已经撑到喉咙口啦。""没关系，再来一汤盘，你听我说，这鱼汤，是我专门为你做的，烧得很香。""我已经喝了3盘啦。""咳，得了，记这些干什么，只要你喜欢就行。为了健康，来让我们再把它喝光吧！多么鲜美的鱼汤，你瞧瞧有多稠：上面油腻腻的一层，简直跟琥珀一样。请赏光呀，我亲爱的朋友！喏，这是鳊鱼和鱼肚，这是鲟鱼片！哪怕再来上一小勺！哎，夫人，你快出来招待我们的好朋友呀！" 杰米扬就是这样款待邻居福卡的。不让他休息，也不让他喘一口气。福卡虽然早已喝得大汗淋漓，但他还是接过了盘子，鼓起所有的力气，总算把鱼汤喝完了。"这样的朋友我才喜欢！"这时杰米扬热烈欢呼道。他继续说："有些傲慢的家伙才叫人讨厌！好，请再来一盘，亲爱的朋友。"这时我们可怜的福卡，尽管他很爱喝鱼汤，但是为了躲过这场灾难，赶紧抓起帽子和腰带，慌慌张张地逃回了家。从此以后，他再也不敢跨进杰米扬家的门槛了。 【任务】 为什么杰米扬如此热情好客，而福卡却再也不敢跨进杰米扬家的门槛？ 【任务指向】 从故事中把握"度"的含义。	【学生表现】 学生讨论并交流各自不同的看法。 【教师评析】 杰米扬知道福卡爱喝鱼汤，在福卡来做客时不停地给福卡喝鱼汤，在喝汤过程中福卡已经再三强调自己喝不下去了，但是杰米扬仍然让福卡继续喝鱼汤。福卡由爱喝鱼汤到认为在杰米扬家喝鱼汤是一场灾难，最后他落荒而逃。 在这个过程中，杰米扬没有把握适度的原则。事物质与量的统一体现在"度"中。度是一事物保持自身质的稳定性的量的限度。在度的范围内，质与量相互结合、相互规定。当量的变化达到或超出定量限度时，事物就开始发生质的转化。任何度的两端都存在着关节点或临界点，度是关节点范围内的幅度。关节点是事物量变达到的极限，是引起质变的节点。如：在一个标准大气压下，水的度是0℃—100℃，在这个幅度内，水保持自身的不变。如果超度0℃-100℃这个范围，突破度的两个关节点或临界点(0℃或100℃)，水就失去自己的质，而变成冰或水蒸气了，发生质的变化。	本环节要解决以下问题："度"的含义是什么。

续　表

活动与议题	情境与任务	表现与评析	教学提示
【议题1】 适度的含义	【情境2】 猴子很聪明，而且善于模仿人类的动作。猴子想学种葡萄，便走到葡萄园里。它见园丁正给葡萄苗浇水，就说："原来种葡萄需要水，这还不容易！我要给葡萄苗浇更多的水，让它结更多的葡萄！"于是，它把一棵葡萄秧插进河里，葡萄秧被淹死了。 猴子又来到葡萄园，它看见园丁正在给葡萄施肥料，就说："哦，原来葡萄需要肥料。我要给葡萄施更多的肥料，这样就能结更多的葡萄！"于是，它把葡萄秧子栽在粪堆上，葡萄秧被烧死了。 猴子再次来到葡萄园，这时已到了冬天，猴子看见园丁用稻草把葡萄秧包起来埋在地下，就说："哦，原来我的葡萄秧栽不活，是因为葡萄秧苗害怕寒冷。这次我一定要注意保护，使它免受风霜！"次年冬天，猴子种上一株葡萄秧，学着园丁用稻草把葡萄秧包得结结实实，埋在地下，不几天葡萄秧就闷死了。 【任务】 为什么猴子学习了园丁种植葡萄的经验，却还是没有栽活葡萄秧？ 【任务指向】 理解在实践活动中遵循适度原则的必要性。	【学生表现】 学生讨论并交流各自不同的看法。 【教师评析】 故事开篇就提到了猴子很聪明，善于模仿。但在模仿的过程中，猴子并没有思考适度的水和肥料与过度的水和肥料对葡萄秧所产生的作用。这启示我们种植葡萄要遵循适度原则。 事物的变化是发生在度的范围之内还是超出度的范围，这是区分量变与质变的根本标志。在度的范围之内，事物的质保持不变，质规定着量的运动范围和变化幅度；超出这个范围，事物的质就发生变化，质与量的统一就会破裂。这就要求我们在实践活动中遵循适度原则。 众所周知，葡萄的正常生长是多种生存条件综合作用的结果。只有按时浇水，适时、适量施肥，越冬防寒措施跟上，葡萄秧才能枝繁叶茂、苗壮成长。猴子虽然认识到水分、肥料乃葡萄秧苗生长之必需，却没能掌握合理灌溉、施肥技术，造成葡萄秧生长期间水分过剩、营养过旺，最终死亡。另外，葡萄植株越冬时，既要防寒保暖，防止冻死，又要保持通风通气。而猴子只知道防寒保暖，却不知还需通风通气，以致葡萄秧被活活闷死。俗话说，"物极必反"。这个故事说明，任何事物都必须保持自身质的稳定性的量的限度。在一定界限内，量的变化不会改变事物的质，而一旦超出这个界限，量的变化就会引起质的变化。在自然现象和社会现象中，任何事物都有个"度"，只有使事物保持特定的界限，才能不断促进事物发展。	本环节要解决以下问题：适度的含义是什么。

续 表

活动与议题	情境与任务	表现与评析	教学提示
【议题2】 掌握适度原则	【情境1】 【探究与分享】(教材第83页) 生活的常识告诉我们,处理事情要适当、适度,切忌走极端。比如,服药治病,剂量必须适当,用量过少治不了病,用量过多会造成药物中毒。又如,适当给作物施肥有助于其生长,肥量过多反而不利于作物生长。 【任务】 1.上述材料反映了什么道理? 2.想一想你对学习与娱乐的关系的把握是否适度? 3.为自己制订一份适度的学习和休息的计划。 【任务指向】 了解适度原则的含义以及学会把握分寸的要求。	【学生表现】 学生结合自身情况发表看法,并进行交流与分享。 【教师评析】 两则材料告诉我们"度"在我们的生活中无处不在,只有恰当地把握事物的"度",遵循适度原则,才能妥善处理和解决问题。 学习与娱乐关系的处理也一样。对两者关系的讨论是一个古老的话题,也有很多经典的论述,比如玩物丧志、业精于勤荒于嬉等。但学习和娱乐并不必然是"鱼和熊掌不可兼得"的关系。相反,处理得好,还可以相辅相成、相互促进。娱乐也是一种学习,在娱乐中我们能学到放松身心的方法和书本上未涉及的知识。学习和娱乐作为生命的两种形式,就像弓的张弛一样,要想张得更开,就要充分地松弛。学习是为了有更多的时间娱乐,娱乐是为了更好地学习。但我们的生活安排应以学习为主,娱乐为辅。处理学习和娱乐的关系关键在"度","度"是分界线,"度"是临界点。只有把握好"度",学习和娱乐才能正相关,反之则会相互制约、相互影响。 请大家课下制订一份适度的学习和休息计划。注意科学作息,全面安排好学习、锻炼、休息、娱乐活动的时间。掌握好度,不仅不会影响学习,还会增强学习能力,提高学习效率。 总之,为了保持我们所需要的事物特定的质,应当把事物的变化控制在度的范围内,防止过犹不及。从思维方式上说,适度原则就是要在"度"的范围内寻求和把握事物发展的适当程度的原则。适当就是幅度"得当",而不是"失当"。适度原则要求我们在思考和处理问题时把握好"分寸",不犯极端化的错误。	本环节要解决以下问题:适度原则的含义。

续　表

活动与议题	情境与任务	表现与评析	教学提示
【议题2】 掌握适度原则	【情境2】 【相关链接】(教材第84页) 折中主义是企图把对立的思想、观点和理论无原则地调和拼凑在一起的做法。其特征和表现是:把矛盾双方等同起来,不分主次;把对立双方调和起来,混淆是非;在原则问题上模棱两可,没有自己独立的见解和坚持的立场。它是一种无原则的思维方式,是形而上学思维方式的表现形式。 【任务】 折中主义和适度思维的区别,在遵循适度原则的要求方面给了我们什么启示? 【任务指向】 理解遵循适度原则"积极推动事物发展到最佳状态"的要求。	【学生表现】 学生发表各自的看法,并进行交流与分享。 【教师评析】 折中主义是企图把对立的思想、观点和理论无原则地调和拼凑在一起的做法,通俗地概括就是模棱两可。比如在与人交往中,折中主义表现为无明确的做人原则和立场,使人人满意但又不得罪任何人,盲目追求"一团和气"的一种态度,就是我们通常所说的左右逢源、八面玲珑、各方讨好等。这其实不利于人与人之间良好关系的建立。 在交友过程中,我们如果懂得适度原则,就不会毫无原则、立场,盲目追求与他人的一团和气。事实上,交往中真正得到众人欣赏的人,一定是在交往的原则问题上不会模棱两可的人,一定会遵循人与人之间的真诚信任、平等尊重、坦率热情等原则。适度原则,就是包含着积极地认识和推动事物发展到最佳的状态,而不只是被动地适应事物的存在状态。适度思维是"得中"而处之的思维。"中"的不偏不倚,无过与不及。"得中"是把持有度,合适且正好。这里的"得中",不是凡事都采取折中主义的消极的思维方式。	本环节要解决以下问题:批判折中主义。
	【情境3】 1949年4月20日,南京政府拒绝了中国共产党提出的《国内和平协定》。4月21日,毛泽东向人民解放军发出的《向全国进军的命令》,号令全军"奋勇前进,坚决、彻底、干净、全部地歼灭中国境内一切敢于抵抗的国民党反动派,解放全国人民"。接到命令,第二、第三野战军在千里战线上强渡长江,一举摧毁国民党军队苦心经营三个半月的长江防线,于4月23日占领国民党政府统治中心南京,这宣告了国民党反动统治的终结。	【学生表现】 学生发表各自的看法,并进行交流与分享。 【教师评析】 "宜将剩勇追穷寇,不可沽名学霸王。"这句诗的典故来自楚汉之争。原本项羽有优势可以灭掉刘邦,但是却选择了分地而治,分天下而管,这为后来刘邦的发展创造了条件,刘邦最后将项羽逼到乌江自刎,含恨而死。而在1949年,当时国共内战,长江以北大部分为解放区,以南国民党部队仍然负隅顽抗,于是解放军作出百万雄师下江南的作战计划,解放长江以南地区。毛主席的这首诗就是为鼓励当时的革命部队而创作的。	本环节要解决以下问题:①如何适时地促进事物的质变。

续 表

活动与议题	情境与任务	表现与评析	教学提示
【议题2】 掌握适度原则	毛泽东在香山双清别墅得知南京解放的消息，心情久久不能平静，思及楚汉之争，挥毫写下《七律·人民解放军占领南京》的著名诗篇："钟山风雨起苍黄，百万雄师过大江。虎踞龙盘今胜昔，天翻地覆慨而慷。宜将剩勇追穷寇，不可沽名学霸王。天若有情天亦老，人间正道是沧桑。"诗中"宜将剩勇追穷寇，不可沽名学霸王"，思的是两千多年前楚汉之争的历史故事，用的是"将革命进行到底"的当今大计。 【任务】 从思维角度，说一说"宜将剩勇追穷寇"给了我们什么样的启发。 【任务指向】 理解遵循适度原则"积极促成事物的质变，使其达到我们所期望的存在状态"的要求。	前面我们学过量变与质变，也知道它们是事物存在和发展的两种基本状态。对于这两种状态，我们不是无所作为的。我们要改变不需要的事物的特定的质，就应当积极创造条件，促进事物量的变化，并使其向度的边缘不断发展，使该物转化为他物。"宜将剩勇追穷寇，不可沽名学霸王"，讲的就是量变达到一定程度时，我们要积极促成事物的质变，使其达到我们所期望的存在状态。	②遵循适度原则的要求。
总 结	【任务指向】 掌握适度原则需要遵循哪些要求？	【学生表现】 学生交流与分享各自不同的看法。 【教师评析】 掌握适度原则需掌握以下三点：在思考和处理问题时把握好分寸；积极地推动事物发展到最佳的状态；积极促成事物的质变，使其达到所期望的状态。	本环节要解决以下问题：掌握适度原则的精髓。

资源与拓展

1."入乡随俗"是礼仪的重要原则，但做起来又面临很多实际问题，请你谈谈其中有哪些问题体现了适度原则。

2. 根据扁鹊见蔡桓公的典故，说说其中体现的遵循适度原则的方法。

3. 运用适度原则，谈谈你对战国时期的著作《司马法》中的名言"国虽大，好战必亡；天下虽安，忘战必危"的理解。

疑难解答

1. 适度原则与折中主义有什么区别。

折中主义是企图把对立的思想、观点和理论无原则地调和拼凑在一起的做法。其特征和表现是：把矛盾双方等同起来，不分主次；把对立双方调和起来，混淆是非；在原则问题上模棱两可，没有自己独立的见解和坚持的立场。它是一种无原则的思维方式，是形而上学思维方式的表现形式。适度是指事物保持其质和量的限度，是质和量的统一。在度的范围之内，事物的质保持不变；超出这个范围，事物的质就发生变化。为了保持我们所需要的事物特定的质，应当把事物的变化控制在度的范围内，防止过犹不及。适度原则是一种科学的思维方式，是辩证法思维方式的表现。

2. 如何理解中庸之道。

中庸之道不是折中主义，而是一种辩证的智慧。在儒家学说中，中庸之道既是哲学意义上的认识论和方法论，又是道德伦理上的行为准则。所谓“中”，就是适度，合宜并含有正确之意，体现了处理问题的正确性；所谓“庸”，就是平凡、普遍并含有运用之意，体现了适用于一切事物的普遍性。所以，“中”与“庸”的结合，乃是理论上的基本原则与实践中的具体运用两者之间的辩证统一。所谓“中庸”，就是正确而普遍适用的原则。在方法论上，中庸之道的基本法则是坚持“中”，戒“过”而勉“不及”。在认识论上，中庸之道反对偏执、片面，主张诸要素（特别是主要因素）的兼济、统一与平衡，表现为一个动态的过程；在人的品德修养上，中庸之道作为伦理道德的行为准则，要求人们必须遵循戒其“过”、勉其“不及”的“中行”准则，以期达到“从心所欲，不逾矩”的至德境界。

第十课 推动认识发展

第一框　不作简单肯定或否定

课标链接

这一框题与《普通高中思想政治课程标准(2017年版2020年修订)》选择性必修3《逻辑与思维》"3.3"相对应:"3.3 辨析简单肯定一切或否定一切的危害,解析认识经由'感性具体—思维抽象—思维具体'的途径;了解辩证否定观的实质;体会认识不断深化的历程。"本框所呈现的内容是"3.3"中的"辨析简单肯定一切或否定一切的危害"和"了解辩证否定观的实质"的要求。

背景分析

学生学习了辩证思维的含义与基本特征、了解了质量互变规律、把握了适度原则之后,对辩证思维有了初步的认识和理解。在此基础之上,了解如何正确运用辩证思维,有效推动人类认识不断向前发展,就显得非常重要。本框题为"不作简单肯定与否定",就是要求我们正确把握事物内部肯定方面与否定方面的辩证关系,看待事物、解决问题要避免简单肯定一切或否定一切,从而避免陷入主观的、极端的思维方式,犯形而上学的错误。本框是《逻辑与思维》第三单元的最后一课,也是本单元的落脚点,从前面对辩证思维的含义、特征到相关原则,最终引导学生在此基础上学会正确使用辩证思维。

学习目标

了解事物发展的复杂性,对事物发展不作简单肯定或否定,防止主观、片面和极端的思维方式;理解事物发展否定之否定的内在规律,学会辩证思维方式。

重点难点

1. 重点:辨析简单肯定一切或否定一切的危害,了解其背后的形而上学的思维本质。
2. 难点:了解辩证否定观的实质,学会辩证思维方式。

课前准备活动

《哲学与文化》教材中学习了否定之否定规律,要求学生搜集一些否定之否定的案例,结合课文的预习,分析其中包含的事物发展基本规律的道理。

教学设计

活动与议题	情境与任务	表现与评析	教学提示
导 入	五四新文化运动期间，有人提出对中华传统文化要彻底打倒，“全盘否定”，对西方的文化要“全盘接受”。 【任务】 你如何看待对中华传统文化的简单否定和对西方文化的简单肯定？从科学思维角度如何来理解？	【学生表现】 学生都知道对中华传统文化不能作简单否定，对西方外来文化不能作简单肯定，但是不完全了解其内在的科学思维意涵。 【教师评析】 对学生的表现进行评析。自1840年鸦片战争开始，中国逐步沦为半殖民地半封建社会，国力衰弱，民生凋敝，国家处于内忧外患之中。为了救亡图存，陈独秀、李大钊等有识之士人在抵制文化复古的过程中发起了新文化运动。一些激进的知识分子认为：中国文化与西方文化在本质上是迥然不同的，中国的传统文化代表的是腐朽和没落，西方文化代表的是人类文明和进步。仅仅“师夷长技”难以从根本上动摇顽固的传统文化，只有“夷之文化”才能带来思想上的革命。因此，他们全面否定中华传统文化，要求全面学习西方文化，认为这是中国走向现代化的必由之路。陈序经在《中国文化的出路》一书中断言：“我们的惟一办法，是全盘接受西化。”胡适又以“充分世界化”的提法，表示“完全赞同陈序经先生的全盘西化论”。 中华传统文化中有糟粕但也有精华，西方文化中有精华也有糟粕。对中华传统文化作出简单的全盘否定，对西方文化作出全盘接受的态度是错误的。尽管这一做法在当时的历史条件下是可以理解的。 从科学思维角度来看，对待事物全盘肯定或全盘否定的态度，其实质是片面的僵化的形而上学思维。我们应该采取科学思维，辩证看待中华传统文化，取其精华去其糟粕，弘扬中华优秀传统文化，对其进行创造性转化和创新性发展。	本环节以新文化运动中对待中华传统文化和西方文化的态度为导入，提出了简单肯定一切和简单否定一切的问题，导入课文，并为后面引出习近平总书记弘扬中华优秀传统文化的重要论述奠定基础。
【议题1】 简单肯定或简单否定有什么危害？	【情境1】 【探究与分享】(教材第85页) 维生素是人和动物维持正常的生理功能不可或缺的微量有机物质，在人体生长、代谢、发育过程中发挥着重要的作用。有人由此认定，“补充维生素多多益善”，甚至采信所谓的“维生素疗法”，为预防癌症，治疗高血压、高血脂和动脉硬化等，大剂量地服用维生素，结果导致维生素中毒。	【学生表现】 很多学生都知道维生素是人体必需的微量元素，补充维生素对身体有益，但是不知道大剂量服用维生素会中毒。	本环节要解决以下问题： ①简单肯定的危害。

续 表

活动与议题	情境与任务	表现与评析	教学提示
【议题1】 简单肯定或简单否定有什么危害?	【任务】 从思维方式看,"补充维生素多多益善"的认识误区,其问题出在哪儿? 【任务指向】 树立对事物不作简单肯定的科学思维观念。	【教师评析】 维生素是维持身体健康所必需的一类有机化合物。大多数的维生素是机体不能合成或合成量不足的,不能满足机体的需要,人们必须通过食物获取,而缺乏就会引发相应的维生素缺乏症,对人体健康造成损害。但如果过度摄入维生素,则会引发维生素中毒。比如维生素C对身体有诸多好处,如果孕妇在孕期缺乏维生素C,可能引起维生素C缺乏病,对胎儿非常不利。补充维生素C还能预防感冒和促进孕妇感冒后的康复,增加铁的吸收等。维生素C非常便宜,购买方便,每天吃上几片就省了吃蔬菜水果了,因此有人主张孕妇要多补充维生素C。但是,现代科学发现,补充大量维生素C可能带来不利影响,如诱发肾结石、导致贫血等。如果人们长期每天服用1克以上的维生素C,形成习惯后一旦终止,就可能产生维生素C缺乏症。 因此,从思维角度看,"补充维生素多多益善"只看到了维生素的积极作用,忽视了过量服用产生的毒副作用,对事物作了简单的全盘肯定的错误认识,从而忽视了其内在的消极性、否定性因素。	②事物是肯定与否定的对立统一体。
	【情境2】 【相关链接】(教材第86页) 20世纪初期,有些海外留学的知识分子信奉西医而排斥中医,认为中医一无是处,甚至诟之为"杀人的祸首"。有人宣称"宁死不吃中药,不看中医"。这里虽有其情感、态度等原因,但仅就思维方式而言,这种反对中医中药的片面言论不是以科学精神进行的批判,而是一种简单否定的思维的结果。	【学生表现】 学生都知道中医中药是中华优秀传统文化的重要组成部分,在治病、保健等方面有重要功效,我国实行中西医并重的医药卫生体系。普遍反对对中医全盘否定的态度。 【教师评析】 今天估计再也没有中国人会提出"中医一无是处"的言论了。20世纪初期的特殊情况是这种言论产生的时代土壤。当时强烈的危机感使得很多知识分子认为:中国要摆脱落后挨打的困境,必须"脱胎换骨",兴西学,弃旧学。1879年,国学大师俞樾发表了《废医论》,态度坚决地主张"废除中医"。随后,一批近现代史上的著名人物,包括孙中山、胡适、梁启超、严复等人的"废医"主张,更是言辞激烈。1929年,国民党第一届中央卫生委员会在当时的卫生部副部长刘瑞恒的主持下,提出了"废止中医案",虽终因受到社会强烈抵制而未果,但此后歧视、排斥、限制、打击中医的政策和言论一直没有停止。直到中华人民共和国成立,毛泽东提出"中西医并重"的卫生工作方针,中医才获得了其应有的社会地位。 从思维角度看,"中医一无是处"就是只看到中医的消极作用,忽视了其应有的治病救人的积极作用,对事物作了简单的全盘否定的错误认识,从而忽视了其内在的积极性、肯定性因素。	本环节要解决以下问题: ①简单否定的危害。

续　表

活动与议题	情境与任务	表现与评析	教学提示
【议题1】 简单肯定或简单否定有什么危害?	【任务】 从思维方式看,“中医一无是处”的认识误区,其问题出在哪儿? 【任务指向】 树立对事物不作简单否定的科学思维观念。	任何事物内部都包含着肯定与否定两个方面。肯定方面是事物保持自身存在的方面,即肯定这一事物为它自身的方面。否定方面是促使该事物灭亡的方面,既促使它转化为他事物的方面。 事物内部的肯定方面与否定方面是对立的。肯定方面维持着事物的质的规定性,当肯定方面处于优势时,事物就会保持其原有的性质和自身的存在;当否定方面在事物发展中取得支配地位时,事物就会改变自己的根本性质,实现对自身的否定。 补充维生素和中医药看病这两件事情,都是该事物的肯定性方面,但也包含着过量补充导致中毒以及中医药看病有局限的否定性方面。这里的肯定性方面与否定性方面是内在统一的。肯定中包含着否定。任何事物都包含着肯定性的因素和否定性的因素,二者的对立与斗争必然使事物的发展进入自我否定阶段,并因自我否定而自我更新。否定中包含着肯定。否定并不是全盘否定,矛盾斗争的结果并不是将矛盾双方消解为虚无,而是产生新的规定性。这种包含肯定的否定就是“辩证的否定”。	②理解黑格尔的“扬弃”。
【议题2】 如何坚持辩证的否定观?	【情境1】 鲁迅先生写作的杂文《拿来主义》,批判了当时国民党的卖国主义政策和一些人对待文化遗产的错误态度,阐明了应该批判继承和借鉴文化遗产及外来文化的论点。文章深入浅出、浅显易懂、耐人寻味。 【任务】 鲁迅先生在《拿来主义》一文中,提出了对待中国传统文化“或使用,或存放,或毁灭”的拿来主义原则。从思维角度如何理解? 【任务指向】 对辩证的否定观的理解。	【学生表现】 有的学生会凭直觉给出自己的答案,请给出答案的学生说明理由。 个别学生可能给不出答案。 【教师评析】 对学生给出的答案进行简要点评。鲁迅先生《拿来主义》中提出的对待中国传统文化“或使用,或存放,或毁灭”的拿来主义原则,是我们对待中华传统文化的正确态度,至今仍然具有借鉴价值。 教师应引导学生得出结论:拿来主义的本质是“取其精华,去其糟粕”,是对中华传统文化的辩证的否定,是一种“扬弃”的态度。 辩证否定的丰富内容在“扬弃”这一范畴中得到了恰当的表述。黑格尔认为,“扬弃”既含有取消或舍弃之意,又含有保持或保存之意。这个词语具有积极的和消极的双重意义。因此,我们要把否定的环节、否定的过程既看成是消灭旧事物的环节,又看成是产生新事物的环节;既看成是先前事物与后续事物中断的环节,又看成是后续事物与先前事物连续的环节。	本环节要解决以下问题: ①了解辩证否定的特点。

续 表

活动与议题	情境与任务	表现与评析	教学提示
【议题2】 如何坚持辩证的否定观?	【情境2】 【探究与分享】(教材第86页) 中华优秀传统文化是中华民族的“根”和“魂”。五千多年连绵不绝、博大精深的中华文化,积淀着中华民族最深沉的精神追求,包含着中华民族最根本的精神标识,是中华民族生生不息、发展壮大的丰厚滋养。“不忘本来才能开辟未来,善于继承才能更好创新。”既不能片面地厚古薄今,也不能片面地厚今薄古。中华优秀传统文化与社会主义市场经济、民主政治、先进文化、社会治理等还存在需要协调适应的地方。弘扬中华优秀传统文化,要处理好继承和发展的关系,实现中华优秀传统文化的创造性转化和创新性发展。 【任务】 如何才能对中华传统文化中的利与弊、好与坏作出正确的肯定与否定? 【任务指向】 坚持辩证否定,不作简单肯定或否定。	【学生表现】 学生发表各自的看法,进行交流与分享。 【教师评析】 要坚持辩证的观点,不能对中华传统文化作简单的肯定与否定判断,而是要对其利与弊、好与坏进行深入细致的分析、客观公正的评价。尤其要注意运用辩证思维,既看到其积极有利的因素,也要看到其消极不利的因素;既要看到眼前,又要关注长远;既要看到事物自身,也要看到事物与其他事物和周围环境的关系。总之,必须坚持辩证观点,注重事物内部诸因素的对立统一。	②坚持辩证否定观,把握肯定和否定之间的辩证关系。
	【情境3】 【探究与分享】(教材第87页) 正确地对待传统文化和外来文化,应该采取下面的态度。 对待传统文化,我们既要反对文化复古主义,又要反对民族虚无主义,应该“取其精华,去其糟粕”,批判地继承和弘扬,古为今用。 对待外来文化,我们既要反对全盘照搬,又要反对盲目排外,应该批判地吸收,洋为中用。 【任务】 列举与上述材料类似的观点,谈谈其思维方式的特点。 【任务指向】 坚持辩证否定,不作简单肯定或否定。	【学生表现】 学生发表各自的看法,进行交流与分享。 【教师评析】 科学的思维方式要求我们坚持辩证否定观,不作简单肯定或否定。辩证的否定具有肯定与否定的双重性。在事物的发展过程中,相对于肯定阶段来说,否定阶段是较后也是较高的环节。它包含着肯定,同时又具有比肯定更为丰富的内容,更能体现事物发展的辩证法。 坚持辩证的否定观,要深刻把握肯定与否定之间的辩证关系。作为事物发展过程中的否定,是对旧事物整体、旧矛盾统一体的否定。没有对这一整体、统一体的否定,旧事物就不能灭亡,新事物就不能产生。否定中所包含的肯定绝不是对旧事物整体、旧矛盾统一体的肯定与保留,而是对旧事物整体、旧矛盾统一体中合理因素的肯定与保留;即使对合理因素的保留,也不是原封不动地将它照搬到新事物之中,而是经过改造,把它们包含在新事物之中。	

续　表

活动与议题	情境与任务	表现与评析	教学提示
总 结	【板书】 肯定→否定→否定之否定 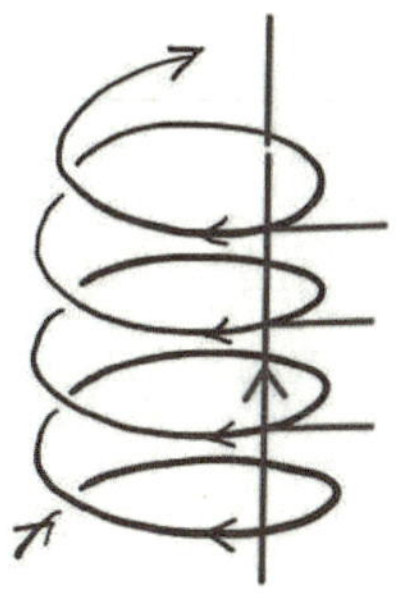	【教师评析】 唯物辩证法告诉我们：任何事物内部都存在着肯定与否定两个方面。这两个方面既对立又统一，二者之间的矛盾构成了事物发展的内在动力。因此，我们看待事物、解决问题就不能简单地肯定一切或否定一切，否则，就会陷入主观的、极端的思维方式中，犯形而上学的错误。我们要坚持科学思维，树立辩证的否定观。	本环节要解决以下问题：概括辩证否定观的精髓和要义。

资源与拓展

1.用所学的知识解释“爱屋及乌”“因噎废食”两个成语中存在的思维问题。

2.黑格尔曾举例：小麦种到地里，长出麦株，麦株是对麦粒的否定。麦株又长出新的麦粒，这又是对麦株的否定。试用辩证否定观解释这种现象。

疑难解答

1.不作简单肯定或否定是不是不要肯定或否定？

通常意义上的肯定指的是对事物持有的赞成、确认的态度，否定指的是对事物存在或真实性、合理性不予承认，实际上是对事物的真实性、合理性、确定性作出的判断。日常生活中我们必须经常作出这样的判断，如好坏、对错等。这里的肯定和否定不是一般意义上的确定或不确定，而是哲学意义上的，肯定方面是事物保持自身存在的方面，即肯定这一事物为它自身的方面；否定方面是促使该事物灭亡的方面，即促使它转化为他事物的方面。任何事物的内部都包含了维持自身存在的肯定方面和促使自身变化的否定方面，二者之间既对立又统一。肯定不是否定，否定不是肯定，二者相互对立和排斥。但是，肯定和否定这两个对立的方面又是统一的，是相互联系和相互制约的，它们在同对方的区别、相互关联中获得自身的规定性，并以对方的存在作为自身存在的前提。如资本主义社会这一确定的事物，其肯定方面是资产阶级，否定方面是无产阶级，双方是相互规定的，都在同对方的联系中而存在。同时，肯定和否定的区别和对立不是固定不变的，它们可以在一定条件下相互转化、相互过渡。事物自身的肯定和否定两个方面，由于内在的矛盾而彼此进行着斗争，当肯定的方面处于矛盾的主导地位时，事物保持其原来的性质和存在；当否定的方面在一定条件下取得支配地位时，事物就超越自身，转化为自身的对立面，一事物就变为他事物。不作简单肯定或否定，就意味着我们看待事物、解决问题不能简单地肯定一切或否定一切，而是要采取辩证的眼光，否则就会陷入形而上学的思维错误中。

2.辩证否定观是不是一种折中与妥协？

辩证否定观强调不作简单肯定或否定，因此有人认为这是一种折中与妥协。这个理解是错误的。第九课“理解质量互变”曾提到折中主义，它是把各种不同的观点无原则地拼凑在一起的做法和理论。其特征和表现是：把矛盾双方等同起来，不分主次；把对立双方调和起来，混淆是非；在原则问题上模棱两可，没有自己独立的见解和坚持的立场。折中主义本质上是一种形而上学，也是一种唯心主义，它是同马克思主义的唯物辩证法根本对立的。辩证唯物主义强调事物内部的复杂性，是矛盾的对立与统一，任何事物内部都存在着互相矛盾的两个方面，这两个方面绝不是均衡的关系，其中必定有一方是主要的，它决定事物的性质；另一方是次要的，它受主要方面的支配。折中主义与此相反，它认为任何事物都没有本质的区别，抹杀事物发展过程中主要矛盾与次要矛盾的区别、事物内部矛盾的主要方面和次要方面的区别。例如，政治与军事、政治与经济、政治与文化教育等关系，在折中主义看来都是并行的、等同的，因而取消政治的重要地位。这种观点，表面看来似乎"公正"和"全面"，实际上却是本末倒置，是非不分，把人们的认识引到邪道上去。机会主义者、修正主义者经常用折中主义来偷换唯物辩证法。

第二框　体会认识发展的历程

课标链接

这一框题与《普通高中思想政治课程标准(2017年版2020年修订)》选择性必修3《逻辑与思维》"3.3"相对应："3.3 辨析简单肯定一切或否定一切的危害，解析认识经由'感性具体—思维抽象—思维具体'的途径；了解辩证否定观的实质；体会认识不断深化的历程。"本框所呈现的内容是"3.3"中的"解析认识经由'感性具体—思维抽象—思维具体'的途径"和"体会认识不断深化的历程"的要求。

背景分析

学生学习了辩证思维的含义与基本特征、了解了质量互变规律、把握了适度原则之后，对辩证思维有了初步的认识和理解。在此基础之上，了解如何正确运用辩证思维，有效推动人类认识不断向前发展，就显得非常重要。本框题为"体会认识发展的历程"，就是要在前面避免简单肯定一切和简单否定一切学习的基础之上，阐述人类的认识如何实现从感性具体到思维抽象，再从思维抽象到思维具体的飞跃，从而实现从感性认识上升到对事物本质的把握。经过这两个飞跃实现的思维具体，是人类形成真理性认识的前提。

学习目标

把握从感性具体到思维抽象，再从思维抽象到思维具体的思维过程，体会认识发展的历程。

重点难点

1. 重点：理解感性具体、思维抽象和思维具体的含义及其关系。

2. 难点：把握认识从感性具体到思维抽象，再从思维抽象到思维具体的认识发展过程。

课前准备活动

预习课文内容，形成对相关概念的初步认识。

教学设计

活动与议题	情境与任务	表现与评析	教学提示
导　入	庖丁为文惠君解牛，手之所触，肩之所倚，足之所履，膝之所踦，砉然响然，奏刀騞然，莫不中音，合于桑林之舞，乃中经首之会。文惠君曰："嘻，善哉，技盖至此乎？" 庖丁释刀对曰："臣之所好者道也，进乎技矣。始臣之解牛之时，所见无非牛者。三年之后，未尝见全牛也。方今之时，臣以神遇而不以目视，官知止而神欲行。依乎天理，批大郤，导大窾，因其固然。技经肯綮之未尝，而况大軱乎！良庖岁更刀，割也；族庖月更刀，折也。今臣之刀十九年矣，所解数千牛矣，而刀刃若新发于硎。彼节者有间，而刀刃者无厚；以无厚入有间，恢恢乎其于游刃必有余地矣！是以十九年而刀刃若新发于硎。虽然，每至于族，吾见其难为，怵然为戒，视为止，行为迟，动刀甚微，謋然已解，如土委地。提刀而立，为之四顾，为之踌躇满志，善刀而藏之。" 文惠君曰："善哉！吾闻庖丁之言，得养生焉。" 【任务】 "庖丁解牛"对你的启发是什么？	【学生表现】 学生分享交流各自不同的看法。 【教师评析】 庖丁初学解牛时，只对牛的外部特征有直观的认识，不知道该从何处下刀。经过一段时间的实践之后，他逐步掌握了牛的内部结构，认识从感性直观深入理性抽象，达到了"庖丁解牛，目无全牛"的阶段。但这还不是纯熟的阶段。再经过一段时间的实践之后，庖丁弄清楚了牛的内部结构和外部特征之间的关系，这是呈现在他面前的牛，又是一头完整的牛，但不是最初的只见其表不知其里的牛，而是一头既知其表又知其里，且知道表里关系的牛。这时，庖丁才能纯熟地解牛。 这个过程中，认识经历了从感性具体到思维抽象，再从思维抽象到思维具体的发展历程。	本环节以庖丁解牛故事导入，提出了认识发展的两个重要阶段，导入课文内容，为后面的学习奠定基础。
【议题1】 从感性具体到思维抽象	【情境1】 【探究与分享】(教材第87页) 我们初到一所学校，看到它的教室、宿舍、食堂、操场、花草树木，接触一些同学和老师，了解这所学校的规模以及它的周围环境，于是在头脑中形成了关于这所学校的一个比较完整的印象。 【任务】 你对所在学校的最初印象是什么？现在的看法又是怎样的？ 【任务指向】 认识从感性具体到思维抽象。	【学生表现】 学生交流与分享各自不同的看法。 【教师评析】 学生对所在学校的最初印象可能是对校园的某一方面的具体认识，也可能是对校园外在形象的整体反映。这些感性具体的认识只停留在事物的外部形象上，未揭示事物的内部联系和本质，是一种不完全的认识。经过一段时间，学生对学校的认识可能涉及学校的精神风貌和价值追求等，更接近学校的本质。从最初的印象到现在的看法，认识经历了从感性具体到思维抽象的发展过程。 事物是现象和本质的统一体。人们通过感官感知到的认识对象总是具体的。这种感性具体的认识，是一种直观的整体表象，是事物多种多样的现象和外部联系在头脑中的反映。 感性具体虽然是对事物整体的认识，但它只停留在事物的外部形象上，还没有揭示事物的内部联系和本质，没有把握本质与现象相统一的事物整体，它对事物的认识还不完全。认识要向前发展，就需要思维抽象。	本环节要解决以下问题： ①感性具体的含义与特征。

续 表

活动与议题	情境与任务	表现与评析	教学提示
【议题1】 从感性具体到思维抽象	【情境2】 【示例评析】(教材第88页) 下例展现的是数学中通过思维抽象形成“交换”概念的过程。 第一级抽象：1+2=2+1，4+5=5+4；8×6=6×8，9×7=7×9 第二级抽象：A+B=B+A；A×B=B×A 第三级抽象：ARB=BRA 【任务】 分析上述数学公式所呈现的思维抽象的具体过程。 【任务指向】 把握思维抽象及其形成过程。	【学生表现】 学生交流与分享各自不同的看法。 【教师评析】 以自然数表示具体事物的量，得到自然数之间相加或相乘的“第一级抽象”；以A、B表示任一自然数，得到A与B之间相加或相乘的“第二级抽象”；以R表示相加或相乘关系，得到A与B关系的“第三级抽象”。经过层层的思维抽象，我们对“交换”概念的理解逐步深入和全面。 思维抽象是指从多样性统一的事物整体中抽取某一方面的本质规定，或者从其个性中抽取共性的思维活动。 思维抽象和抽象思维不一样。抽象思维是和形象思维相对应的一种思维形式，是用概念、判断、推理等反映认识对象、揭示事物本质和规律的思维活动。而思维抽象则是人们认识发展的一个重要环节。	②思维抽象的含义。
	【情境3】 【探究与分享】 古希腊伟大的思想家、哲学家亚里士多德认为，物体下落的快慢是由它们的重量决定的。他的这一论断流传了近2000年。直到16世纪末，文艺复兴时期伽利略对这个论断提出了质疑，伽利略进行了思想实验：假设有两块石头，大的重量为8，小的为4，按照亚里士多德的观点，大的下落速度为8，小的下落速度为4。当两块石头被绑在一起的时候则有两种可能：一种是下落快的会因为慢的而被拖慢，一种是绑在一起重量增加速度加快。两个结论自相矛盾。伽利略由此推断物体下落的快慢与重量无关。他提出假设：落体运动是一种最简单的变速运动，物体的速度应该是均匀变化的。伽利略通过数学运算得出：落体的位移与时间成正比关系。	【学生表现】 学生在物理中学过“伽利略对自由落体运动的研究”，专门讨论了伽利略发现落体定律的过程及其意义价值，学生进行热烈交流分享。 【教师评析】 从思维方法的角度看，伽利略发现落体运动规律的过程是正确运用思维抽象的结果。思维抽象的具体过程千差万别。分离、提纯、简略化和理想化是其重要的环节。	本环节要解决以下问题： ①思维抽象的重要环节。

续　表

活动与议题	情境与任务	表现与评析	教学提示
【议题1】 从感性具体到思维抽象	伽利略采用斜面实验，用来“冲淡”重力，巧妙解决了测量速度和时间的难题。他在一块木板上刻出一道直槽，槽内贴上羊皮纸使之平滑，用自制的水钟测量时间，做了上百次实验，探究一个光滑黄铜小球沿倾斜直槽滑下时的运动情况，发现小球沿光滑斜面运动时通过的位移与时间的平方成正比，小球的运动是匀变速直线运动。伽利略由此推论：如果小球从光滑斜面滑下，速度是随时间均匀变化的，自由落体的速度也随时间均匀变化。因自由落体可认为在倾角为90°的斜面上运动。伽利略发现的落体定律，可以用一个公式简单表达为：$s=\frac{1}{2}gt^2$。 【任务】 伽利略发现自由落体定律的主要思维方法有哪些？ 【任务指向】 认识思维抽象的主要环节。	分离是思维抽象的起始环节，是暂时不考虑研究对象与其他对象之间可能存在的各式各样的联系，而将其与其他对象分割开来、从与其他对象的联系中抽离出来。伽利略只考虑物体自由下落这种情况，不考虑物体的其他属性，这就是一种分离。提纯是思维抽象的关键环节，是在思想中排除那些干扰人们认识的因素，以便在某种单一的状态下研究事物某一方面的性质和规律。伽利略考虑落体下落的位移与时间之间的关系就是一种提纯，只考虑位移与时间之间的联系，忽略其他影响因素。 简略化是表述思维抽象结果的环节，是对单一状态下的认识事物的结果进行简要化处理，或对认识结果的一种简略表达。用$s=\frac{1}{2}gt^2$这个公式表示落体定律就是一种简略化。此外思维抽象中还有一个贯穿始终的要素就是理想化，它是思维抽象的一种特殊形式，是在思维中对认识对象存在状态的纯然构想。伽利略的实验中的物体就是一个纯粹的点。此外几何学中“点”没有大小、“线”没有宽度、“面”没有厚度，这些都是一种理想化状态。	②思维抽象的分离、提纯、简略化和理想化等环节。
【议题2】 从思维抽象到思维具体	【情境1】 【探究与分享】（教材第89页） 人们早已知道雷电，知道漆棒、玻璃棒与毛皮、绸布摩擦可以吸引纸屑、头发等轻微物质，还知道磁铁可以吸引铁屑等现象。人们还发现有电流的导线会使磁针发生偏转现象。在实验中，法拉第发现了电磁感性定律。麦克斯韦的电动力学出现以后，电磁理论更加系统。在电磁理论的基础上，人们开始利用电磁原理设计制造发电机、电动机等。电磁波理论推动了无线电技术发展，无线电发射机、接收机被制造出来，产生了现代遥控、导航等新技术。随着电子技术的飞速发展，人们的生活发生了一系列新的变化。 【任务】 结合上述材料，谈谈你对认识发展道路的理解。 【任务指向】 认识从思维抽象到思维具体的过程。	【学生表现】 学生交流与分享各自不同的看法。 【教师评析】 人们发现的自然界中的静电吸引轻微物体、磁铁吸引铁屑等现象，是一种感性具体，在此基础上通过形成系统的电磁理论，人们的认识上升到了思维抽象的阶段。以电磁理论为基础，人们推动无线电技术发展，发明了遥控、导航等新技术造福人类，这是对思维抽象的进一步发展，也就是思维具体。 思维具体是指在理性认识的层次上反映事物具体整体的认识，是人们在思维中把事物各个方面的本质规定按照其内在联系综合起来，形成关于事物整体的本质和规律的认识。它是多样性统一的事物整体在思维中的再现，表现为具有丰富内涵的科学概念。	本环节要解决以下问题： ①思维具体的含义。

续　表

活动与议题	情境与任务	表现与评析	教学提示
【议题2】 从思维抽象到思维具体	【情境2】 【相关链接】(教材第90页) 在资本主义社会,商品关系是最普遍的社会关系。“商品”这个概念把各种具体商品的个性舍弃掉,只保留其最一般的规定。以“商品”这个概念为起点,能够揭示整个资本主义社会的内在联系和普遍规律。在《资本论》中,马克思把“商品”作为剖析资本主义社会的逻辑起点,通过对“商品”的内在矛盾的分析,引出了“货币”的概念。货币出现以后,发展到一定阶段会转化为资本。在进一步的发展中,由资本而产生剩余价值,社会财富大量集中,必然加剧劳动与资本之间的矛盾,促使社会主义革命不可避免地到来。《资本论》是对整个资本主义社会规律的具体阐述。 【任务】 如何理解“商品”在《资本论》中逻辑起点的地位作用? 【任务指向】 正确选择思维上升的起点,实现从思维抽象到思维具体。	【学生表现】 学生发表各自的看法,进行交流与分享。 【教师评析】 “商品”在《资本论》中,是研究资本主义社会内在联系和普遍规律的逻辑起点。就是说,从思维抽象到思维具体,要有合适的上升起点。这样的起点应是某一领域里最简单、最基本的概念,是对研究对象的基本单位的反映。它能以“胚芽”的形式,包含着研究对象整个发展过程中的一切矛盾。把这个“胚芽”扩展开来,就能展现出一个完整的对象。《资本论》从“商品”这个胚芽开始,经过货币、资本的推理环节,完整展示了资本主义社会发展运行的主要过程、基本规律及其不可克服的内在矛盾,为社会主义革命提供了理论依据。 上升的起点,往往是某一认识对象的矛盾焦点。随着认识的发展,起点中所包含的种种矛盾会逐一展现出来。这些一一展现出来的矛盾是认识发展的环节,也是思维从抽象逐步走向具体的桥梁。思维从最一般的抽象规定开始,通过各个上升环节,达到再现事物多样性的统一。最终完成的思维具体是飞跃的终点。它是对认识对象整体本质和规律的认识。	②“思维上升”的环节。 ③在认识发展两个阶段中思维活动的逻辑关系。
总　结	【板书】 感性具体→思维抽象→思维具体	【教师评析】 运用从抽象上升到具体的方法,目的在于把握客观对象的整体及其发展规律。这种方法以感性具体为起点,经过抽象的中间环节,又回复到思维中的具体。从感性具体到思维抽象,再从思维抽象到思维具体,思维过程的这两个阶段相互依赖、不可分割。掌握这种辩证思维方法,对于我们获得对事物全面而具体的认识具有重要的意义。	本环节要解决以下问题:理解在认识发展中思维方式的促进作用。

资源与拓展

阅读毛泽东《人的正确思想是从哪里来的?》一文,用认识发展历程理论解释毛泽东提出的由实践到认识、由认识到实践的两个飞跃过程。

疑难解答

1.思维具体是思维活动一个周期的终点。

在一个完整的认识过程中,人们必然经历从感性具体到思维抽象,再从思维抽象到思维具体的过程。从这个意义上说,思维具体是一个完整的认识过程的终点,这实际上完成了辩证思维运动的一个周期。客观物质世界是无限的,因而反映客观物质世界的辩证思维也是无限的。对一个对象的认识而言,如果经历了从感性具体到思维抽象再到思维具体的完整过程,那么可以说对这个事物的认识达到了某种程度的"终点"。但就人类总的认识和实践过程来看,还要在此基础上开始新的更高层次的辩证思维运动,而且这一过程是循环往复、无穷无尽的。

2.感性具体和思维具体之间的联系和区别。

感性具体是一种直观的整体的表象,在形式上是具体的,是事物表面的、能被人的感官所感知的具体属性;思维具体是在人的思维中对事物整体的本质和属性的认识,是多样性统一的事物整体在思维中的具体展现,不是人的感官所能直接感觉到的。感性具体是认识的起点,是认识的低级阶段;思维具体是思维活动的结果,是认识的发展和升华。感性具体是由思维抽象上升到思维具体的前提和准备;思维具体则是认识发展飞跃的终点,是对认识对象整体本质和规律的认识。感性具体是认识的起点,经过科学的思维抽象和正确地选择思维上升环节,感性具体能够上升为思维具体。

综合探究　领悟辩证精髓　处理复杂问题

教学提示

1.结合学习、生活实际,从如何平衡和运筹长远目标和阶段目标、整体目标和具体目标的角度,体会辩证思维是复杂性思维,它要求我们要在关系、矛盾、运动、变化过程中进行思考。

2.可比较"刻舟求剑"等寓言故事与"草船借箭"等智慧故事中的思维方法。可开展调研活动,了解当地存在的发展问题,并学会运用辩证思维的方法制订解决方案。

背景分析

本单元的三课内容讲解了辩证思维的含义和特征,辩证分析综合方法,在质量互变规律的基础上讲解了思维中的适度原则,在反对简单肯定与简单否定的形而上学思维方法的基础上讲解了辩证否定观,进而从认识的两个飞跃,即从感性具体到思维抽象、从思维抽象到思维具体,说明了认识深化的思维方式。学习了本单元的全部内容,中学生对辩证思维的知识有了比较全面的了解。本单元的综合探究,就是希望中学生能够将所学辩证思维知识应用于实际问题的解决之中。

学习目标

本单元是在学习第二单元逻辑思维基础上的推进，是与“哲学与文化”课程中的辩证思维方式的衔接与拓展，是以科学思维方式把握马克思主义辩证法。马克思主义世界观、认识论和辩证法是统一的。“哲学与文化”课程主要学习的是马克思主义世界观和认识论，对辩证法的讲解不够充分。本单元以具体的思维方式，较为详细地解释了马克思主义辩证法的思维方式。

重点难点

1. 重点：辩证思维的精髓，分析与综合方法、思维中的适度原则、辩证否定观、推动认识深化的思维方式。

2. 难点：由感性具体到思维抽象、由思维抽象到思维具体。

课前准备活动

复习本单元三课的内容，领会辩证思维的要义，把握辩证思维的分析综合方法、适度原则、辩证否定观，为推动认识深化、处理思维实际中的复杂问题做好准备。

教学设计

议　题	情境与任务	表现与评析	教学提示
【议题1】 结合学习、生活实际，从如何平衡和运筹长远目标和阶段目标、整体目标和具体目标的角度，体会辩证思维是复杂性思维，是在关系、矛盾、运动、变化过程中进行思考	【情境】 清华大学双胞胎姐妹马冬晗和马冬昕凭一张“最牛学习计划表”和一段“全能答辩视频”走红网络。 学习计划表精确到小时，是一页A4打印纸，清秀的手写字密密匝匝，记录着马冬晗一周内每天的课程安排、学习情况、生活情况、一天总结等数十项量化内容。计划表显示：早上6点“起床锻炼”……中午11点25分到13点30分“吃午饭，打印课件”……晚上10点到11点“听英语”，晚上11点到凌晨1点“读《飘》，背单词”，凌晨一点之后“SLEEP”。	【学生表现】 很多学生能够回答这个问题，但对其中“关系”的理解不一定透彻。	本环节通过设置与中学生学习生活相似的情境，引导学生体悟如何运用辩证思维平衡和运筹长远目标和阶段目标、整体目标和具体目标，学会处理复杂性问题。

续　表

议　题	情境与任务	表现与评析	教学提示
【议题1】 结合学习、生活实际，从如何平衡和运筹长远目标和阶段目标、整体目标和具体目标的角度，体会辩证思维是复杂性思维，是在关系、矛盾、运动、变化过程中进行思考	她们不是神，有同学笑称，4年多来，与其他同学相比，姐妹俩的时间观念强一些而已，“很多时候姐妹俩是按照计划表去执行的，但有时因各种繁忙安排不免与计划冲突，存在未能按计划执行的情况……除学习外，两人还常参与社团等不同娱乐、交流活动，生活同样精彩”。 【任务】 马冬晗和马冬昕的学习计划表与她们双双成为清华学霸是什么关系？ 【任务指向】 从要实现的某个目标与要处理其中遇到的各种关系、矛盾、变化之中体悟辩证思维的作用。	【教师评析】 任何一个目标的实现，都不是一帆风顺的，在实现这个目标的过程中，会涉及各种各样的关系，遭遇各种各样的矛盾，由于事物是处在不断变化发展之中的，各种各样的关系和矛盾也是在不断变化之中的，所以，要实现某个目标就必须处理好变化中的各种各样的关系和矛盾，既要注重具体性、个别性、阶段性的目的，又要体现系统性、整体性与协同性的总体目标，要注重牵住总体性目标这个“牛鼻子”，用“弹钢琴”的方式处理好局部与全局、当前与长远、重点和非重点的关系，这就要求我们在思维实践中要善于运用辩证思维。	
【议题2】 理解如何掌握辩证思维的条件，正确运用辩证思维方法解决实际难题	【情境1】 刻舟求剑出自《吕氏春秋·察今》：楚人有涉江者，其剑自舟中坠于水。遽契其舟曰：“是吾剑之所从坠。”舟止，从其所契者入水求之。舟已行矣，而剑不行，求剑若此，不亦惑乎？ 【任务】 从思维方式上看，“刻舟求剑”的愚蠢之处表现在哪里？	【学生表现】 学生们大多能够回答这里的问题。 【教师评析】 从思维方式上看，“刻舟求剑”的愚蠢之处表现在形而上学的思维方式上，楚人以孤立、静止、片面的观点看待变化发展中的事物。只有以变化发展的观点看待事物，并用变化发展的思维认识事物，才是辩证思维的体现。	本环节通过形而上学思维方式与辩证思维的对比，帮助学生进一步理解如何掌握辩证思维方式，正确运用辩证思维方法解决实际难题。
	【情境2】 草船借箭是我国古典名著《三国演义》中赤壁之战的一个故事。造箭由周瑜故意提出(限十天造十万支箭)，机智的诸葛亮一眼识破是一条害人之计，却淡定表示“只需要三天”。诸葛亮有鲁肃的帮助，又利用曹操多疑的性格，调了几条草船诱敌，终于借到了十万余支箭。 【任务】 1.从思维方式上看，“草船借箭”的智慧之处表现在哪里？ 2.“草船借箭”的成功，有哪些条件？ 【任务指向】 运用辩证思维方法解决实际问题。	【学生表现】 学生们大多能够回答这里的问题，但是对问题的回答不一定准确。 【教师评析】 “草船借箭”的智慧之处在于，诸葛亮以其独特的方式——不是造箭，而是“借箭”，再加上他善于运用各种关系，如获取鲁肃的帮助，准确把握了实现目标的各种条件，如曹操的多疑，以及江雾弥漫对方弄不清楚实际情形，同时还要做好保密工作，在正式实施计划之前，连鲁肃都不知道诸葛亮要干什么，更不用说周瑜、曹操了。 因此，运用辩证思维解决实际难题，要把各种情况联系起来考虑问题，要有新思路，要善于把握各种关系，利用可以利用的各种条件，推动事情向有利于目标实现的方向发展。	

4

第四单元 提高创新思维能力

★ 第十一课　创新思维要善于联想

★ 第十二课　创新思维要多路探索

★ 第十三课　创新思维要力求超前

★ 综合探究　结合社会实践　勇于开拓创新

第十一课 创新思维要善于联想

第一框　创新思维的含义与特征

课标链接

这一框题与《普通高中思想政治课程标准(2017年版2020年修订)》选择性必修3《逻辑与思维》"4.1"相对应:"4.1体会联想思维中迁移、想象的运用;了解联想思维的方法和特点;知道迁移、想象在创新思维中的作用。"从教科书的内容看,这一框内容是对课标的补充和扩展,力图讲清楚创新思维的含义与特征。

背景分析

我国已经进入新发展阶段,正在贯彻新发展理念,在这个实现民族复兴的伟大征程中,特别要讲"创新"。"创新"的含义是什么?创新思维又如何培养呢?培养创新思维之前首先要了解何谓"创新",创新思维发生的依据是什么,创新思维与其他思维方法之间有着怎样的联系,创新思维都具有哪些特征,这些特征有哪些具体表现,以及创新思维"新"在何处,等等。本框是第四单元的第一框,要让学生了解"创新"与"创新思维"的含义,引导学生认识"创新思维"的根源,在此基础之上理解其特征与表现,循序渐进地推进知识的学习与运用。

学习目标

这一框的目标是把握创新思维的含义,了解创新思维的主要特征。实现这个目标的前提是厘清"创新"的含义,以及科学思维与创新思维的关系。思维是人脑对客观事物的能动反映,而创新思维则是多种思维方式和思维能力的综合体现。在开始学习创新思维的知识之前,很多学生会觉得创新思维离我们的生活较远,是科研人员、创业达人的专有品质。通过课程学习要让学生理解,创新思维是人人都可以拥有的;创新思维的对象是客观存在的一切事物,可以是生活"小事",也可以是国家"大事";创新思维的主体可以是平凡个体"你""我""他",也可以是某一群体。从科学思维的角度来说,创新思维就是综合运用逻辑思维、辩证思维,以创新性地解决问题为目的的思维方式。

重点难点

1. 重点:理解创新思维的含义与客观基础,领会创新思维"新"在何处。

2. 难点:把握创新思维的多向性、跨越性和独特性等主要特征。

课前准备活动

学生要搜集一些关于"创新"的知识与案例,查找一些成功实现创新的素材,比如,做英语翻译时的创新表达。回忆一下,在平时练习翻译题时有没有过转换思路寻找更好的翻译表达的题例?想一想,翻译的新颖点相较于原有的表达方式有什么不同?再如,留心观察一下电视广告的新旧文案对比,思考一下同一款产品的宣传语有何不同？品牌方为何要替换播放了几年的宣传语，以及新使用的营销文案的创新点在哪里？

教学设计

活动与议题	情境与任务	表现与评析	教学提示
导 入	为了繁荣社区文化，弘扬社会主义核心价值观，某社区引入移动图书馆，旨在满足社区居民的阅读需求，创建文明和谐的书香社区。 社区通过线上新书推介会加强对社区移动图书馆的宣传，吸引更多居民借阅、下载电子图书。传统图书馆较为烦琐的借阅手续，限制了受众的借阅意愿，现在社区居民更愿意就近走入移动图书馆，自主选择图书阅读。 【任务】 请同学们阅读以上材料，谈谈对材料中所述变化的感想。	【学生表现】 学生交流并分享，有的同学认为移动图书馆只是便捷了愿意读书的居民，对于不爱看书的人而言只是摆设，所以这样的创新意义不大；有的同学认为移动图书馆有利于营造书香社区的氛围，带动更多的人喜欢阅读。 【教师评析】 在日常生活中，有很多类似图书馆便民化的创新方式，移动图书馆克服了传统图书馆距离部分社区路程远、借阅时间有限制、借阅手续烦琐等弊端。相较于传统基础设施的创新，这为居民阅读提供了便利，也增加了社区乃至一个城市的文化底蕴。	本环节主要是调动学生对“创新”的兴趣，借助日常可见的创新作品或案例去引导学生认识创新思维，理解创新思维是什么。
【议题1】 创新思维的含义	【情境1】 【探究与分享】（教材第96页） 在升旗仪式中，常常发生升旗速度与奏唱国歌不同步的情况。一位中学生想：如果按照国歌的节奏在旗绳上划定一些间隔，再在各个间隔上填入与歌词相对应的数字，升旗时一边拉绳，一边看旗绳上的数字，就可以做到升旗速度与奏唱国歌同步了。	【学生表现】 学生交流与分享各自不同的看法。 【教师评析】 创新源于生活。我们留心观察可以发现生活中有很多像升旗速度与奏唱国歌不同步的“小”问题，这些都是可以进行创新思维的课题。这位同学也是在升旗与奏唱国歌时发现了问题并且思考了解决方案。因此，只要我们善于发现、乐于思考这些问题就可以进行创新思维活动。从小事的创新活动中培养创新思维，日积月累就会有质的改变。 在日常学习与生活中，我们经常会参与诸如升旗仪式的活动。其实在这样的日常活动中有很多潜在的小问题，正因为“小”而很少有人关注和解决。通过上述案例我们可以认识到创新是可以从“小”入手的，此处的“小”可以泛指进行思维活动的主体年龄小、创新的切入点小以及可能发生创新的事情小三个方面。如此认识创新思维，我们就不会认为创新思维与我们无关。	本环节要解决以下问题： ①创新思维的含义。

续　表

活动与议题	情境与任务	表现与评析	教学提示
【议题1】 创新思维的含义	【任务】 这位中学生的想法对我们有什么启示？如果让你解决这个问题，你有什么更好的主意？	那么，作为中学生如何学习创新思维以及有效培养创新思维呢？从哲学的角度来说，认识是主体对客体的能动反映。人的认识反映客观事物不是简单的“照相”或“复制”，而是经过大脑的加工制作。从这个意义上说，人的思维具有主观能动性。科学思维所说的创新思维，不是泛指所有思维都具有能动性，而是特指人们在实践中破除迷信、超越陈规、有所发现、有所发明的思维活动。就如情境活动中这位中学生一样，他的想法不是凭空产生的，他是在观察中发现问题，在实践活动中寻求解决方法。因此，培养创新思维不仅要自觉坚持问题导向，实事求是从现实出发，也要以实践为基础，因地制宜。 所以，基于人的思维具有主观能动性，创新思维的发生要求我们要细心观察生活，主动提出问题，结合实际思考具有可行性的解决方案，从而实现创新。	②理解创新思维的重要性。
	【情境2】(教材第97页) 习近平总书记说：“生活从不眷顾因循守旧、满足现状者，从不等待不思进取、坐享其成者，而是将更多机遇留给善于和勇于创新的人们。” 【任务】 请同学们思考：作为中学生，应如何创新？	【学生表现】 学生交流与分享，发表各自的观点。 【教师评析】 对学生的答案给予点评，引导学生积极面对学习上的挫折，突破自己。学校与社会一直强调勇于创新、敢于超越，并且人们的思维也都具有创新的可能性，但是要把这种可能性变为现实性，需要我们在思想上有积极进取的精神和敢于拼搏的心态，然后在行动上付诸实施。另外，创新思维离不开对前人和他人已有成果的继承，在继承的基础上破旧立新，才能更好地实现创新。 教师要进一步说明，总书记的话暗含实践的重要性，创新思维应以实践为基础，智慧之“花”能否结出创新之“果”，必须经过实践的反复检验。实践是检验创新思维成败得失的最终标准。	本环节要解决以下问题：体会创新思维的价值。

续 表

活动与议题	情境与任务	表现与评析	教学提示
【议题2】 创新思维的特征	【情境1】 【探究与分享】(教材第97页) 蔡伦发现,人们用于书写的材料都有缺陷:竹木简太笨重;丝帛太贵;丝绵纸以蚕茧为原料,难以大量生产;麻纸质地粗劣,不利于书写。在总结前人经验的基础上,他以树皮、麻头、破布和破渔网等为原料,经过精心制作,终于造出质量较高又适合书写的纸张。 【任务】 蔡伦造纸的创新想法来自哪里? 【任务指向】 从创新思维角度看,蔡伦造纸的方法有什么特点?	【学生表现】 学生发表各自不同的看法,进行交流与分享。 【教师评析】 关注学生阅读材料时的想法,并在多媒体上展示竹木简、丝帛以及麻纸等图片,帮助学生在视觉上感受创新的特征。蔡伦在造纸前对当时的书写工具——总结优缺点,竹木简笨重,丝帛过于昂贵不易普及,丝绵纸原料短缺无法量产,麻纸易于携带但质地粗糙,不利于书写,蔡伦在这些原有书写材料的基础上总结出制造质量高且适合书写的纸张的创新想法。 对学生的回答给予综合点评,结合材料分析蔡伦在创新之前对当时的书写材料做的综合考量。首先,蔡伦从重量、成本、产量、质量等不同角度思考各种书写材料的缺陷。其次,他从不同方面、层次、条件等构思和试探,探索用各种材料、不同方法研制新的书写材料。最后,他在造纸的过程中不断转换思路,前后探索过树皮、破布、破渔网等多种材料,当一种材料失败时,就尝试新的材料,通过不断转换思路与总结经验,最终成功造出更为先进的纸张。 由此,教师总结创新思维的特征之一:思路具有多向性。教材对此进行具体阐释:从思维方向上看,创新思维常常从不同的角度去思考问题。当问题出现之后,思维会从不同的方面、层次、条件等构思多种设想,探试多个答案。当某一思路受阻时,能够很快转向另一个方向。与单向性的思维相比,多向性是创新思维的明显特征。	本环节要解决以下问题:思维具有多向性。
	【情境2】 爱迪生要他的助手测量一只灯泡的容积。助手测量了灯泡的直径、高度之后,开始计算。由于灯泡是不规则形状,他在几张纸上写满了数据和算式,还是得不出一个精确的数值。爱迪生取来一杯水注满灯泡,然后把灯泡里的水倒进量筒,很快就得出那只灯泡的容积。 【任务】 结合材料说明创新思维具有什么特征?	【学生表现】 学生发表不同看法,交流与分享。 【教师评析】 创新思维是一种非常规思维,它往往会跳出常规的逻辑推导规则和通常的实践进程,另辟蹊径。爱迪生的助手想通过计算几何图形体积的方式求得灯泡容积的思路是常规思路。而爱迪生跳出了传统测量长宽高计算体积的思路,采用排水法计算灯泡容积,这种对实验推理步骤的省略或跨越,正是体现了创新思维的步骤具有跨越性的特征。	本环节要解决以下问题:思维具有跨越性。

续　表

活动与议题	情境与任务	表现与评析	教学提示
【议题2】 创新思维的特征	【情境3】 【探究与分享】（教材第98页） 出门不用带钱包，只需要带手机；外卖、快递非常便利；高铁出行快捷高效，乘坐更加舒适，而且可以在旅途中用网络学习、办公、娱乐，让旅途更加充实……移动支付、网购、高铁等正在改变着我们的生活方式，让我们的生活变得更加美好。 【任务】 从创新思维角度看，移动支付、网购、高铁等新事物“新”在哪里？ 【任务指向】 上述发明创造是否仍有改进之处？你的改进设想是什么？	【学生表现】 学生分组讨论，合作学习，设想一下未来十年的通信与交通工具还会有什么样的变化。 【教师评析】 借助多媒体播放20年前的通信工具与交通出行工具，引导学生进行今昔对比。在支付方式上，移动支付突破了现金支付的传统思路，引入了手机支付的新思路；在餐饮方面，打破原来必须出门寻求多样口味的餐食的就餐方式，转换为现在足不出户手机点餐送至家门口的外卖叫餐；在消费方式上，想一想平时为爸爸妈妈取的快递，这种消费方式创新，避免出门购物大包小包拎回家的劳累，同时也拓展了购物渠道；在出行方面，小时候旅游时乘坐的交通工具与现在的交通工具有了巨大改变，高铁克服了老火车速度慢、空间拥挤、环境嘈杂且不能兼顾速度与安全的弊端。 由此教师得出结论： 首先，创新思维“新”在思路。思路决定出路，思路不落窠臼，出路才能巧妙，因此创新思维常常表现为突破陈规看问题，另辟蹊径想问题。 其次，创新思维“新”在方法。方法得当，可能会事半功倍，因此创新思维经常不局限于常规方法，敢用新手段，试用新工具。 最后，创新思维“新”在结果。不论是生产活动和科学实验中的新发明、新发现，还是理论上的新见解、新论证，凡是创新思维的成果，总有新颖独到之处。	本环节要解决以下问题： ①思维具有独特性。 ②创新思维之“新”的表现及其评判标准。
总　结	【任务指向】 创新思维的检验标准。	【学生表现】 学生交流与分享各自不同的看法。 【教师评析】 创新思维的智慧之“花”能结出实实在在的创新之“果”，要经得起实践的反复验证。这是在创新思维中坚持马克思主义认识论原则的体现。	本环节要解决以下问题： 理解创新与实践的关系。

资源与拓展

1. 品读《哲学与文化》教材中文化创新的相关内容，谈谈《哲学与文化》中的“文化创新”与《逻辑与思维》中的“思维创新”之异同。

2. 画出本框内容的思维导图，谈谈创新思维几个主要特征之间的关系。

3. 结合自己的学习与生活，谈谈创新思维的培养对你的未来发展有什么帮助。

疑难解答

1. 创新思维与逻辑思维、辩证思维的关系。

创新思维与逻辑思维、辩证思维都是思维，是人脑对客观事物的能动反映。创新思维不是与逻辑思维、辩证思维相并列的思维方式，而是综合应用逻辑思维和非逻辑思维、以创新性地解决问题为目的的思维方式。

2. 创新思维的特殊性体现在哪里。

科学思维所说的创新思维，不是泛指所有思维都具有的能动性，而是特指人们在实践中破除迷信、超越陈规，有所发现、有所发明的思维活动。创新思维的产生，综合了实践、历史等多种条件。一方面，创新思维要以实践为基础，失去实践基础，思维会陷入不切实际的幻想；另一方面，创新思维要继承前人和他人思想成果，只有在继承的基础上破旧立新，才能更好地实现创新。

第二框　联想思维的含义与方法

课标链接

这一框题与《普通高中思想政治课程标准（2017年版2020年修订）》选择性必修3“4.1”相对应：“4.1 体会联想思维中迁移、想象的运用；了解联想思维的方法和特点；知道迁移、想象在创新思维中的作用。”从教科书的内容看，这一框内容对照课标，基本呈现了“4.1”的总体要求。

背景分析

在上一框中，我们了解了创新思维的含义和特征，在这一框中我们主要学习联想思维。在学习联想思维之前，结合第一单元中对“思维”的学习，我们要先弄清楚“联想”的含义。联想，是由某人或某事物而想起其他相关的人或事物，由某一概念而想起其他相关的概念。在日常生活中，人人都会联想，也有联想思维，但是因水平和能力不同，联想的范围和层面也有所不同。联想思维是创新思维的重要方式，可以通过学习积累从而获得培养与提升。在有意识地培养联想思维时，我们可以先从联想做起。比如，从夏日夜空点点繁星联想到第二天或许晴空万里，四月已快过半联想到五一假期可以和父母出去度假。再如，做数学几何题时联想到素描课上的立体石膏模型等。其次，理解联想思维不能局限于其含义。万事皆有章法，培养联想思维也有章可循。创新需要联想，而展开联想需要学会迁移与想象。迁移重在触类旁通，想象重在天马行空。

学习目标

这一框的学习目标是把握联想思维的含义及其特征。借助迁移与想象，进行联想思维。把握联想思维要注意方法，特别是迁移与想象，应明确联想思维中迁移与想象的含义、分类及意义。此外，还应理解联想思维与创新思维的关系，即联想思维是创新思维的基础，提高联想思维质量有助于创新思维能力与水平的提升。

重点难点

1. 重点：理解联想思维的含义与特征。

2. 难点：掌握联想思维的迁移与想象方法，理解联想思维的创新意义。

课前准备活动

从图书馆或者书店查阅建筑、雕塑、绘画设计方面的图书，寻找这些作品的设计初衷与灵感，感受作者思维的跳跃与无限的想象力。或者，回顾我们看过的动漫，思考画面的设计、人物形象的匹配与人物语言的表达，思考设计者的思维过程。通过对这些图书与影视资料的浏览，思考联想思维的基础是什么？有哪些特征或者路径？对于思维产品的创新又有什么帮助？

教学设计

活动与议题	情境与任务	表现与评析	教学提示
导 入	打结的手枪是一个近乎黑色的青铜雕塑，那是一把手枪，但是枪管被卷成“8”字形，打上了一个结，名曰“打结的手枪”。这是卢森堡于1988年赠给联合国的，矗立在联合国总部花园内。这一雕塑的含义是制止战争，禁止杀戮，呼唤和平，也表达了人们对非暴力的向往。  【任务】 领会设计者的设计意图与理念。	【学生表现】 有的学生看到图片会联想到历史书中关于战争的内容，有的同学会思考如此设计的缘由。 【教师评析】 观察学生的表现，引导学生根据材料领会该雕塑设计者的意图与理念。联想思维重在联想，而联想需要迁移与想象。手枪与战争息息相关，人们常常也会将手枪与战争进行思维连线。因此，在枪管口处打结，有避免杀戮之义，形为“8”字，旨在渴求和平。从联想思维的角度来说，设计者将手枪与绳结相联系，是一种联结与畅想的思维活动，兼具跨越的联结性与非逻辑制约的畅想性。	本环节主要是调动学生认识联想思维的兴趣。借由历史知识与雕塑设计帮助学生了解联想，并初步理解联想思维的内涵与特征。

续 表

活动与议题	情境与任务	表现与评析	教学提示
【议题1】 联想思维的含义	【情境1】 【探究与分享】(教材第99页) “美人鱼”的形象,由少女的形象与鱼的模样重组和加工而成;“狮身人面”的形象,由狮子身体的形状与人脸的形象重组和加工而成;“龙”的形象有九似,即头似驼,角似鹿,眼似兔,耳似牛,项似蛇,腹似蜃,鳞似鲤,爪似鹰,掌似虎。 【任务】 有人说,人类创造出来的事物都有联想的参与,请你举例说明。	【学生表现】 学生交流与分享生活中还有哪些事物是人们通过联想而创造的。 【教师评析】 组织学生剖析美人鱼、狮身人面像、龙等形象是由哪些要素构成的。从材料中不难获知,这些经典形象都与联想密切相关。其实,联想思维就是将记忆中对不同事物的认识进行联结与思考的思维活动。没有哪一个创新思维过程不需要在记忆的基础上进行思维材料的联结与加工。人类创造出来的事物都是创新思维的产物,因此,凡是人类创造出来的事物都不能没有联想的参与。正如,剪刀是由大雁尾巴的形状联想而来;微信聊天的一些表情图是由某些经典影视人物形象联想转变而来;无线耳机是因为有线耳机的易缠绕、不够便捷以及蓝牙功能的完善再借由联想而来;等等。回忆《哲学与文化》中辩证法的普遍联系观,事物之间是普遍联系的。联想思维是对事物之间普遍联系的反映。离开了事物之间的客观联系,思维中的联想只能是臆想。脑科学研究揭示,人的大脑的工作机制就是联想思维的生理基础。 教材阐明联想思维的“联”就是把对性质相同、相似甚至是不同的事物的认识联结起来,建立新的关联,产生新的观念。材料中美人鱼、狮身人面像、龙的形象就是将各种相似或相关的元素结合,这也正是体现了联想思维的联结性特征。	本环节要解决以下问题: ①联想思维的客观基础以及含义。 ②联想思维具有联结性的特征。
	【情境2】 第一次世界大战期间,德军突然向法军的一个阵地发动了猛烈进攻,法军方面随军的厨房也未能幸免。一位正在厨房值班的士兵害怕被弹片、飞石击中头部,慌乱之中拿起炒菜锅倒扣在头上。战争结束后,他虽然身上有伤,但头部完好,是这个阵地上唯一的幸存者。一位工程师知道这个士兵的经历后,设计出了军用钢盔。 【任务】 工程师的设计具有什么思维特征?	【学生表现】 学生发表各自的观点,交流与分享。 【教师评析】 材料中引述了受炒菜锅防弹启发而发明军用钢盔的故事。炒菜锅的基本功能是用来炒菜,表面上看与战场上的防护用具毫无关联,却成为军用钢盔的原型,其中的思维过程,没有严格的逻辑制约,可说明联想思维的畅想性特征。	本环节要解决以下问题: 联想思维具有畅想性的特征。

续　表

活动与议题	情境与任务	表现与评析	教学提示
【议题2】 联想思维的方法	【情境1】 【探究与分享】(教材第100页) 大水漫灌和精准滴灌是农业生产中的两种灌溉方式。“大水漫灌”是在田间不做任何沟埂处理，任由水在田间漫流，容易导致有的苗被淹死、有的苗浇灌不到水的后果。这种灌溉方式不仅浪费水资源，而且难获长效。“精准滴灌”是按照作物对水的需要，通过低压管道系统与安装在毛细管上的灌水器，将水均匀而又缓慢地滴入作物根区土壤之中。这种灌溉方式既可以保护土壤结构，又可以节约水资源。我们将“大水漫灌”和“精准滴灌”的思维方式迁移到扶贫工作中，改变了过去那种对贫困地区普遍发放扶贫款的“大水漫灌”方式，采取了因人因地施策、因贫困原因和类型施策的“精准滴灌”方式，使“年年扶贫年年贫”的状况得到了根本性的改变。 【任务】 在生活和学习中，我们在哪些方面也应该实现由“漫灌”到“滴灌”的转变？	【学生表现】 学生发表各自不同的看法，进行交流与分享。 【教师评析】 材料通过对农业生产中“大水漫灌”和“精准滴灌”两种不同灌溉方式的介绍与比较，引出由“漫灌”式扶贫到“滴灌”式扶贫的政策转变，旨在引导学生实现从农业灌溉到扶贫政策的思维迁移。 首先，要了解“迁移”的含义。迁移的本义是离开原地而另换地点，或由于自然力的作用从某地移至他地。从本框目来看，联想思维中的迁移，是将不同认识对象的性质、作用等进行位置变迁与功能移植，以寻求解决问题的新思路。其次，迁移可以为创新思维开拓可能的思路。人们认识新情况、解决新问题是要汲取先前的经验，利用已经掌握的知识。开辟认识新情况、解决新问题的可能道路是基于对过去的经验和认识的合理运用。最后，迁移能够为创新思维搭建由此及彼的桥梁。要将先前的经验运用到对新情况的认识之中，将已经掌握的知识运用到解决新的问题中，实现由“此岸”到“彼岸”、触类旁通的认知过渡，也需要迁移。 因此，将农业中的“大水漫灌”和“精准滴灌”运用到扶贫工作中是典型的运用联想思维的迁移方法的事例。在教育中，教师根据不同学生的接受能力、知识水平、性格性情予以针对性教育，这种因材施教的方法也体现了这种迁移方式的运用。	本环节要解决以下问题： ①联想思维中迁移方法的含义与运用。 ②迁移在创新思维中的作用。
	【情境2】 在进行创新思维训练时，老师鼓励同学们展开联想思维的翅膀，尽情想象。同学们纷纷发言。 ◆假如记忆可以移植，将会怎样？ ◆假如世界上没有货币，将会怎样？ ◆假如真有外星人入侵地球，将会怎样？ …… 【任务】 试着用“假如”方式对你的未来展开想象。	【学生表现】 学生交流与讨论，分享各自的想法。 【教师评析】 观察并综合分析学生的观点。“假如”式问题，实际上是提出了新问题。提出问题往往比解决问题更重要，提出新问题需要想象。这些想象没有标准答案，只要有合理的成分，就是好的想象。对“你的未来”的想象，不是对现在的你或过去的你的简单重复与再现，而是你对自己的期望、社会的需要与个人潜能等因素的重组与加工的结果。比如，我们小时候都有过当科学家、医生、运动员等的愿望，这些都是一种想象。如若这种愿望一直持续，那么就会推动你往那个方向发展。	本环节要解决以下问题： ①联想思维中想象方法的含义与运用。 ②想象在创新思维中的作用。

续 表

活动与议题	情境与任务	表现与评析	教学提示
【议题2】 联想思维的方法	【情境3】 1895年,16岁的爱因斯坦这样想象:假如我以光速追随一束光线运动,将会看到什么情景呢?按照牛顿力学的速度合成法则,这束光线好像是一个空间里振荡却停滞不前的电磁场。但是,按照麦克斯韦的电磁场理论,绝不会发生这样的事情。通过这个想象,爱因斯坦提出了著名的"追光疑难"。狭义相对论就是爱因斯坦对这个疑难长期思考的结果。 【任务】 根据前面对联想思维有关知识的学习,思考材料中"追光"想象对爱因斯坦的科学创新有何作用?	【学生表现】 学生分小组交流与讨论,小组代表发言。 【教师评析】 "追光疑难"始于爱因斯坦"假如我以光速追随一束光线运动,将会看到什么情景"的想象,这种"假如"式问题将与事实相反的情况作为事物发展的条件,打破了原有的电磁场理论的限定,帮助爱因斯坦明确了创新思维的目标,也成就了他的伟大的狭义相对论的科学发现。 因此,想象可以帮助人们明确创新思维的目标。创新思维的根本动力来自社会实践的需要,而想象则起到明确目标的重要作用。	本环节要解决以下问题:想象在创新思维中的作用。
总 结	【任务指向】 培养联想思维对提升创新思维能力的作用。	【学生表现】 学生交流与分享各自不同的看法。 【教师评析】 联想是创新思维的基础,迁移与想象是思维展开联想的重要方式。人的大脑有联想的功能,思维中有联想的机制。如果我们能够在自发联想的基础上,自觉加以训练,那将有助于提高联想思维的质量,提升创新思维的能力和水平。	本环节要解决以下问题:联想对创新思维能力和水平提升的意义。

资源与拓展

1. 品读《哲学与文化》教材中的联系观与发展观，结合本框内容领悟联想与创新的内涵。

2. 画出本框的思维导图，谈谈联想思维的含义、特征和方法。

3. 在课前准备的材料中选择一个你感兴趣的知识，利用本框所学知识深入分析联想思维对于创新的意义。

疑难解答

1. 为什么说提高创新思维能力必须要善于联想？

联想是创新思维的基础，善于联想有助于提高创新思维能力。事物之间是普遍联系的，联想思维基于事物的普遍联系，并且反映了事物之间的普遍联系。首先，联想思维反映了事物之间的普遍联系。联想思维作为一种创新思维方式，是将对不同事物的认识进行联结与思考的过程，这个过程的关键在于"联结"与"畅想"，具有跨越的联结性、非逻辑制约的畅想性等特征。联想思维水平高低的衡量依据在于思维的"联结"速度和畅想得到的结果的数量。善于联想的人面对待解问题与现实困难，一方面能够做到普遍"联结"，也就是能够快速发现相似、相近甚至相去甚远事物之间的各种联系；另一方面能够做到充分"畅想"，打破思维定式，构想、想象甚至幻想。思维训练是提升联想思维的重要路径，但更为关键的是要在生活实践中自觉、主动、积极地去运用联想思维。联想思维是思维创新的重要方式与方法，作为思维方式与方法，提升它的最好路径就是"用"。

2. 如何辨析联想和想象？

联想思维是创新思维的重要方式。联想的关键在于"联结"与"畅想"。想象的实质是联想思维的"畅想"方式。想象是在头脑中对已有的事物表象进行加工、改造，通过重新组合而产生新的事物形象的思维过程。其中，想象以通过感知形成的表象为基本材料，想象是对表象的积极加工。想象是联想的重要环节和方法。

第十二课 创新思维要多路探索

第一框　发散思维与聚合思维的方法

课标链接

这一框题与《普通高中思想政治课程标准(2017年版2020年修订)》选择性必修3《逻辑与思维》“4.2”相对应:“4.2 了解发散思维中所采取的推测等方法;概括发散思维的特点;知道聚合思维和发散思维的功能。”从教科书的内容看,这一框内容对照课标编写,基本实现了“4.2”的要求。

背景分析

在学习本课之前,我们已经围绕创新思维的含义是什么,特点有哪些,学习了创新思维的一般性知识,并重点学习了联想思维这一创新思维的重要方式,把握了联想思维具有的联结性和畅想性等特点。上一课我们介绍创新思维的思路具有多向性。本框侧重从发散思维和聚合思维方面说清楚创新思维的多向性特点。这里重点介绍发散思维和聚合思维的含义、特点、具体技法、功能等。

学习目标

这一框的学习目标是让学生把握发散思维和聚合思维的含义及特征,对这两种思维的相应技法的学习,能够更好地运用发散思维和聚合思维,并辩证把握发散思维与聚合思维的关系,学会将二者“对立统一”,推进创新思维能力的提升。需要注意的是,发散思维的技法主要有检核表法、信息交合法和头脑风暴法,这些方法也有其优点与缺点,需要我们合理运用。

重点难点

1. 重点:了解发散思维和聚合思维的含义与特征。

2. 难点:掌握发散思维和聚合思维的方法,正确理解二者之间的关系。

课前准备活动

了解一些关于“发散思维和聚合思维”的知识,在大脑中形成“发散思维是什么”“聚合思维是什么”的初步认识。同时,找一些训练这两种思维方式的素材。比如,结合魔方游戏中的规律,想一想魔方的拼接有什么方法与规律,与通常的思维方法有什么不同。再如,结合语文试卷中的自拟题目作文,想一想为什么相同的材料,每一个同学写出来的作文题目和内容却是不同的,同学们的写作都是从哪些地方破题的,又是怎么展开的。

教学设计

活动与议题	情境与任务	表现与评析	教学提示
导　入	有个心理学家曾做过这样的试验：在黑板上画一个圆圈，问受试者这是什么？大学生回答："这是一个圆。"幼儿园的小朋友的回答五花八门，是太阳，是地球，是镜子，是西瓜…… 【任务】 阅读材料并思考材料中体现的是什么现象？	【学生表现】 有的同学认为大学生和幼儿园小朋友回答的都是对的，有的同学说小朋友的思维更为活跃。 【教师评析】 大学生回答"这是一个圆"是事实陈述，小朋友回答"是太阳，是地球，是镜子……"也没有错，太阳是圆的，镜子有圆的，说明小朋友在日常生活中善于观察，看到圆圈会运用发散思维想到生活中这些见过的东西。也正是因为他们在生活中有所观察，当看到黑板上的圆圈时，才会向四面八方想，这是发散思维的体现。	本环节主要是调动学生认识发散思维的兴趣，初步了解这种思维方法。
【议题1】 发散思维的含义与方法	【情境1】 【探究与分享】(教材第104页) 寒冷地区的电话线很容易被厚厚的积雪压断。派人清雪，工作量大，效率低。如何解决这个难题呢？某电信公司召开专题会议商讨。有人在会议上开玩笑说："干脆给飞机绑个扫帚，沿着电话线去扫雪，既快又方便。"受此启发，各种各样的意见纷纷产生。有人说："普通飞机肯定不行，应该用直升机。"有人说："普通扫帚肯定不行，得用特制扫帚。"还有人说："用特制扫帚也不行，应该用喷气吹落积雪。"这次会议共产生36个设想。	【学生表现】 学生分小组交流，小组代表汇报观点。 【教师评析】 材料是一个典型的头脑风暴法案例。寒冷地区的电话线很容易被厚厚的积雪压断。如何解决这个难题，与会人员开启头脑风暴，发挥想象力，发散思维，在短时间内产生了36个设想。在会议上，有人说给飞机绑扫帚去扫雪，说明了发散思维是根据已知的事物信息，从不同的角度、不同的方向思考，以寻求解决问题的多样性答案的思维方式。此外，与会人员提出使用直升机甚至用喷气的方式去解决问题，这体现了不同的人有不同的思维方式，也就是发散思维中检核表法的运用。检核表法主要是通过对所设想问题的几个方面进行详细检查，从看似"毫无问题"的事物中找到思维创新的突破口，以求产生创新的思路。 因此，案例中的36个设想是与会人员通过运用思维发散的技法，即头脑风暴法而产生的，这不仅能够解决问题，还有助于发现新问题。	本环节要解决以下问题： ①知道发散思维是什么。

续　表

活动与议题	情境与任务	表现与评析	教学提示
【议题1】 发散思维的含义与方法	【任务】 如果你是与会者，你会提出什么设想？ 【任务指向】 上述会议的讨论方式，对你有什么启发？	【学生表现】 学生讨论交流，并分享各自的想法。 【教师评析】 引导学生思考此次会议的特点是什么，从而对该会议的讨论方式形成初步的认识，结合生活实际谈启发。 首先，我们在生活中常会遇到一些待解难题，类似案例中所说的寒冷地区电话线积雪清扫的问题，这些问题有多种解决方案，寻找这些解决方案需要创新思维，特别是发散思维。其次，案例中有人提出给飞机绑扫帚沿着电话线扫雪，有人提出用直升机，有人提出特别的扫帚等，这些设想体现了发散思维多路探索的特点。最后，案例中，在第一个人看似玩笑的发言后，大家受此启发开始展开畅想，这就是头脑风暴。从案例中可以发现，头脑风暴法也是有规则的，主要包括：以会议的形式开展，有人主持会议，会议有讨论的主题。会议进入自由畅想阶段，不宜过早地评判他人的设想，以利于其他设想的顺利产生，这种会议的原则是“延迟评判”“以量求质”。	②理解发散思维的特点。
	【情境2】 文具设计师小A在做产品使用调查时发现，学生的试卷很多，经常需要用回形针分类收集。但是，回形针不能标记文字，还要用便利贴贴在试卷边上备注科目或时间。为了解决学生的实际使用问题，小A在回形针和便利贴的功能与使用上思考创新，结合学生的实际需要设计出新型回形针，即带有便利贴片的回形针。这种新型回形针既能收纳试卷，也可以用来对归类的试卷做简要标记，成为学生的“收纳神器”。 【任务】 阅读材料并思考，小A是如何设计出新型回形针的？	【学生表现】 学生发表各自的观点，交流并分享。 【教师评析】 对学生给出的答案进行简要点评，引导学生用检核表法和信息交合法解决问题。材料中，文具设计师小A在做产品使用调查时发现了当前产品的问题与缺陷，随即借助检核表法对产品进行他用、借用、改变、扩大、缩小、代替、调整、颠倒、组合多个方面的思维发散，结合学生使用实际设计出新型回形针。这是发散思维中对检核表法的使用体现。另外，小A通过产品使用调查的方式，对当下产品的实际使用情况进行信息收集。比如，学生试卷数量多，各个科目分类收集能够更方便地查找复习，而回形针只能收纳无法做标记，便利贴可以标记却容易掉落，综合多种信息考虑，便利贴式回形针能够更好地满足学生的需要。因此，在该产品的设计中，小A的发散思维也运用了信息交合法进行创新。从概念上说，信息交合法是利用已有的或引进的事物信息，通过列举的方法，将不同信息有目的地进行组合，以产生新的思路。在做思维发散时，将头脑风暴法、检核表法、信息交合法等综合运用，有利于产生更加理想的结果。	本环节要解决以下问题：明晰发散思维的技法以及应注意的问题。

续　表

活动与议题	情境与任务	表现与评析	教学提示
【议题2】 聚合思维的方法与功能	【情境】 【探究与分享】(教材第107页) 在以下所列图形中,若A的对比图形是B,那么,在图形C、D、E中,哪一个图形是F的最佳对比图形? 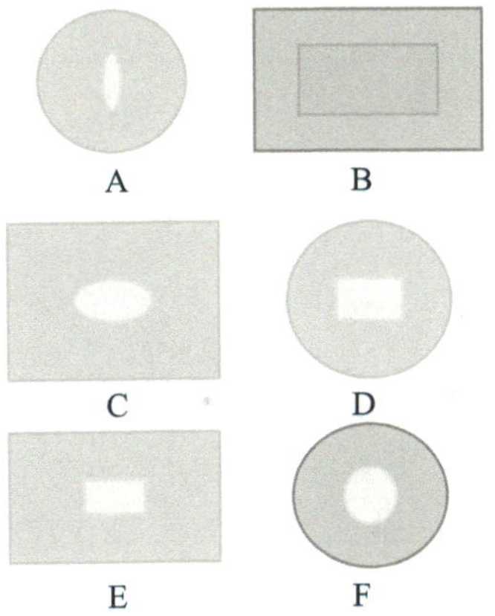	【学生表现】 学生发表各自不同的看法,进行交流与分享。 【教师评析】 引导学生根据指定图片找到最佳对比图形,帮助学生在差异性中寻求共同性。材料中,因为A的对比图形是B,其中的规律是圆与方的对比。依据此限定条件,F的最佳对比图形也应符合圆与方的对比,由此得出E是F的最佳对比图形。 世界上没有两片完全不同的树叶。不同事物之间,不论其差异有多大,总会或多或少地存在这样或那样的相同或相似之处,具有可通约性。为了揭示不同事物之间的联系,把握事物的整体发展,需要运用聚合思维。聚合思维是利用已有的知识和经验,把众多信息逐步引导到条理化逻辑思路中,以便得出合乎逻辑的解决问题的方案。教材通过一个图示形象地说明了聚合思维的特点,即从四面八方向一个目标点想,向联系、共同之处想,是收敛、集中。结合书本的聚合思维的特点图示,聚合思维如同凸透镜把太阳光聚合在一起,让人们的注意力直接对准所思考的目标。它把有关信息集中起来,从中寻找联系,以寻求解决问题的最优方案。 因此,在分析材料寻找F的最佳对比图形时,我们需要多次运用比较、分析、抽象、归纳、演绎、综合等逻辑思维方法找到答案。而这些逻辑思维方法的一项重要功能就是在众多零散的知识之间建立起内在联系,从而把看似互不相关的知识贯穿起来,聚焦所要解决的问题。	本环节要解决以下问题: ①把握聚合思维的含义。 ②理解聚合思维的方法与功能。
【议题3】 辩证把握发散思维与聚合思维	【情境】 写一篇题为《我最尊敬的人》的记叙文,就要以题目的要求为出发点,思考我们所接触过的人,如街坊邻里、亲戚朋友、家庭成员、老师同学等。这是思维发散的过程。然后,对这些人进行比较,从中选定最值得尊敬的人。这是思维聚合的过程。但是,问题至此还没有解决。只有综合考虑我们对这个人的印象、与他的各种联系,以及对他的看法等,才能归纳、概括出他的哪些品质或表现最值得尊敬。只有在思维经过"发散—聚合—发散—聚合"的几个循环后,文章才能做到构思比较全面、重点比较突出。	【学生表现】 让学生谈谈这两种思维方式在学习中的表现。 【教师评析】 观察学生讨论情况并对学生的疑问进行点拨,引导学生感受材料中该命题作文的创作过程。通过命题作文《我最尊敬的人》的创新思维过程,说明发散思维和聚合思维是创新思维的两翼。首先,以题目的要求为出发点,搜索我们所接触过的很多人,如街坊邻里、亲戚朋友、家庭成员、老师同学等,进行思维发散。	本环节要解决以下问题: ①灵活地使用发散思维与聚合思维,以解决问题为目标,将二者辩证地统一起来使用。

续 表

活动与议题	情境与任务	表现与评析	教学提示
【议题3】 辩证把握发散思维与聚合思想	【任务】 想一想材料中发散思维和聚合思维是如何发挥各自作用的?	其次,对这些人进行比较,从中选定最值得尊敬的人,进行思维整合。最后,通过反复的发散和聚合完成文章的构思。	②辩证把握发散思维和聚合思维的关系,明确二者“合力”的重要性。
总 结	【任务指向】 发散思维与聚合思维的辩证关系及对创新思维的作用是什么?	【学生表现】 学生进行归纳总结,并交流与分享。 【教师评析】 引导学生结合思维导图作出归纳:事物既相互区别又相互联系,这是发散思维与聚合思维的客观基础。发散思维与聚合思维,是认识对象个性与共性的关系在思维活动中的体现。解决复杂问题,往往需要人们的思维结合实际情况,反复地“发散—聚合—发散—聚合”。在一定意义上说,发散思维与聚合思维是创新思维的两翼,只有在两翼相互作用所形成的“合力”下,事情才能办好,科学才能进步,真理才能发展。	本环节要解决以下问题:正确理解发散思维与聚合思维的关系。

资源与拓展

1.画出本框的思维导图,谈谈你对发散思维与聚合思维方式的理解。

2.结合学习与生活实际,想一想发散思维和聚合思维对我们的学习有何帮助?

3.品读本框内容,以最近一次语文习作的写作为例,说说自己运用发散思维、聚合思维进行写作的具体过程。

疑难解答

1.发散思维和联想思维有什么区别?

发散思维是联想思维的具体表现方式。联想思维是将记忆中对不同事物的认识进行联结与思考的思维活动,关键在于“联结”与“畅想”,具有跨越的联结性、非逻辑制约的畅想性等特征。发散思维是从一个出发点向四面八方想,向新奇、独特之处想,是扩散、辐射。这里的出发点是已知事物,四面八方的发散方向通常是事物可能存在的其他性质、关系、功能和作用。

2. 聚合思维需要多次使用比较、分析、抽象、归纳、演绎、综合等逻辑思维方法。

聚合思维是创新思维的重要方式。与发散思维在思维方向上的发散性相比，聚合思维是从四面八方向一个目标点想，向联系、共同之处想，是收敛、集中，其特点是思维方向的聚合性。在思维聚合的过程中，要多次运用比较、分析、抽象、归纳、演绎、综合等逻辑思维方法。这些方法是逻辑思维方法，也是聚合思维的主要技法，融汇于思维聚合的过程中。以气流发电厂建造为例：建造一个气流发电厂需要“比较”不同的建造方案、“分析”生产环节、“抽象”关键技术、“归纳”各个生产技术、“演绎”生产流程、“综合”总体方案。建造气流发电厂的过程中，一些聚合思维技法会反复出现，如产生气流的方法很多种，“比较”后发现利用日光、温室技术生产气流的效果较好。宏观地看，气流发电的总生产流程需要“演绎”；微观地看，每个生产环节也需要“演绎”。

第二框　逆向思维的含义与作用

课标链接

这一框题与《普通高中思想政治课程标准（2017年版2020年修订）》选择性必修3《逻辑与思维》“4.3”相对应：“4.3 分析逆向思维的依据和优势；发挥正向思维和逆向思维的互补作用。”从教科书的内容看，这一框内容对照课标编写，基本实现了“4.3”的要求。

背景分析

上一框题我们学习了发散思维和聚合思维，知道了发散思维和聚合思维的特征以及运用方法。在本框题里，我们将对逆向思维的含义、特点与方法做深入学习，把握逆向思维与正向思维的辩证关系。在学习逆向思维之前，我们要先弄清楚正向思维的内涵。所谓正向思维，就是人们在创造性思维活动中，沿袭某些常规去分析问题，按事物发展的进程进行思考、推测，是一种从已知到未知来揭示事物本质和规律的思维方法。坚持正向思维，就应充分估计现有的工作、生活条件及自身所具备的能力，应了解事物发展的内在逻辑、环境条件、性能等。这是获得预见能力和保证预测结果准确性的条件，也是正向思维方法的基本要求。与正向思维相对应的逆向思维应是一切与原有的思路方向相反的思维。因此，掌握了正向思维的“正”，才能合理有效地进行逆向思维的“逆”。

学习目标

这一框的学习目标是把握逆向思维的含义及方法，并且在实践中合理发挥思维的正逆互补的作用。在创新思维过程中，逆向思维主要解决突破既有观念的问题，但仅靠逆向思维而忽视正向思维的基础性作用，是不能实现创新的。当逆向思维提出新想法之后，还需要运用正向思维去解决常规性构思问题。因而，逆向思维建立在正向思维基础之上，二者相互协作、相辅相成，应辩证地看待和应用。

重点难点

1. 重点：理解逆向思维的客观基础和含义。

2. 难点：掌握逆向思维的特点和方法，辩证看待逆向思维与正向思维的关系。

课前准备活动

中华人民共和国成立七十多年来，我们党领导人民创造了世所罕见的经济快速发展奇迹和社会长期稳定奇迹，中华民族迎来了从站起来、富起来到强起来的伟大飞跃。历史是最好的营养剂，搜集“四史”中蕴含经验和教训的事件，特别是那些变“不利事”为“幸运事”、变“危”为“机”的典型事件，以逆向思维的视角对其进行观察和思考。

教学设计

活动与议题	情境与任务	表现与评析	教学提示
导 入	播放《塞翁失马》的动画短片。 【任务】 看完短片，分享你的感悟。	【学生表现】 有的同学认为心态对人的生活有重要影响，有的同学认为凡事都要多维看待…… 【教师评析】 观察学生的表现，引导学生根据短片领会该故事教给我们的哲理，包括心态的调整和看待事物的角度等。其实，该故事也反映了思维方式的问题，无论遇到福或祸，都要超越时间和空间去观察问题，运用正向与逆向思维去面对和解决。	本环节主要是调动学生对逆向思维的兴趣。借由历史小故事帮助学生了解正向与逆向思维的转换与运用。
【议题1】 逆向思维的含义	【情境1】 【探究与分享】(教材第109页) 最初，人们设计电烤炉时按常规思路，热源在下，食物在上。但肉类食物烤熟后，往下滴油，弄得电炉丝上油渍斑斑，电烤炉内烟雾滚滚。后来，人们打破这种常规的结构模式，将热源设计在上面，食物放在下面，上述问题就解决了。	【学生表现】 学生交流与讨论材料中人们是如何运用逆向思维改进电烤炉的。 【教师评析】 组织学生以小组为单位展开课上讨论，体会案例中逆向思维的创新作用。 首先，弄清楚逆向思维的客观基础。事物包含着矛盾，矛盾的双方既对立又统一，因而事物具有复杂的相反相成的性质与功能，人们已经认识到的只是其中的一部分。为了认识事物可能具有的其他性质与功能，人们往往有意识地逆向性地思考既有的认识，这就运用了逆向思维。另外，逆向思维是人们从过去所把握的事物原理的反面、构成要素的反面、功能结构的反面，去思考、去求索，以实现创新的目的的思维方法。逆向思维的突出特征就在于反向求索，因此也被称作反向法。如材料所述，正因为原先的电烤炉热源在下食物在上导致电路丝上油渍斑斑，电烤炉内烟雾滚滚，人们为了解决这个现实问题，转换思路，改变热源设计。这是逆向思维运用的体现。	本环节要解决以下问题： ①逆向思维的客观基础。 ②逆向思维的含义。

续　表

活动与议题	情境与任务	表现与评析	教学提示
【议题1】 逆向思维的含义	【任务】 在生活中，你发现哪些问题可以用逆向思维方法解决？	其次，事物包含矛盾，矛盾双方既对立又统一，聚焦矛盾在现实生活中的普遍性，便可以发现哪些问题是可以运用逆向思维进行解决的。比如：夏日炎热，人们需要凉风；而冬日严寒，人们期待温暖。这是客观存在的矛盾。基于这种矛盾进行逆向思维，将夏日里炎热的空气反向转变为寒冷的空气、冬日里寒冷的空气反向转变为温暖的空气，就可能有所创新。 再次，在学习、生活和工作中，我们可以变挫折、困境等“不利事”为“幸运事”；在科学技术领域，我们可以变废为宝；在国家发展中遇到危机，我们也可以变“危”为“机”；等等。这说明了我们可以对事物结构顺序的已有认识进行反向思考，从而发现事物未被我们认识的新功用。 最后，对已有的有关事物存在状态的认识作转换性思考也是进行逆向思维的方式之一。比如，动与静、冷与热、甜与苦、吸引与排斥、模糊与精细等的认识可能发生相互转换。 因此，综上所述，我们首先要有意识地培养逆向思维。在逆向思维的运用过程中，可以遵循对事物结构顺序的已有认识进行反向思考，对已有的有关事物存在状态的认识作转换性思考，对已有的有关事物功能的认识作反向思考以及对已有的有关事物因果关系的认识作交换性思考等方法或原则。	③逆向思维的广泛使用。
	【情境2】 【探究与分享】(教材第110页) 人们通常习惯于用锅炒菜，把生的食物放在热锅里炒，食物由生变熟。这种炒法只能提供热食，不能满足人们对冷食的需要。有人从加热的反面设想，制造出“炒冰”的锅。将一杯牛奶倒入这种锅内，翻炒几下，就变成洁白细腻、清凉解暑的冰激凌。 【任务】 试着将我们习以为常的某些做法进行逆向思考，看看会得出怎样的结论。	【学生表现】 学生以小组为单位交流与分享。 【教师评析】 从用锅“炒热菜”到用锅“炒冰”，对锅的功能的认识从加热到制冷，这是一种对已有事物功能的认识进行的反向思考。事物的功能，即有用还是无用，是人们依据自己的需要所作出的评价和取舍。不同的人会有不同的需要。随着时间、地点和条件的变化，人们的需要也会发生变化。某种事物此时无用，彼时就会有用；此地无用，彼地却会有用；对此人无用，对他人却会有用。转换场合或对象来认识事物的功用，其缺点可能变为优点。生活中也有很多对逆向思维方法的实际运用，比如：传统冷风机只适用于在夏天出冷风，增加加热丝进行改造后，也可以在冬季吹出暖风。暖风机不是广州等南方城市的家庭必需品，却是高寒地区家庭常备之物等。因而，对已有的有关事物之间因果关系的认识作交换性思考也是逆向思维的方法之一。人们可以根据事物因果关系的转换，由因知果，由果溯因。	本环节要解决以下问题：逆向思维的方法。

续 表

活动与议题	情境与任务	表现与评析	教学提示
【议题2】 发挥思维正逆互补的作用	【情境1】 某游乐园马上就要完工了,然而各景点之间的路径该怎样设计还没有完美方案。焦急的设计师让司机带他去海边散心。汽车在乡间公路上奔驰,这里漫山遍野都是当地农民的葡萄园。当他们的车子拐入一个小山谷时,发现那儿停着许多车。原来这是一个无人管理的葡萄园,只要在路边的箱子里投入5法郎就可以摘一篮葡萄上路。据说这是当地一位老太太因葡萄园无人料理而想出的办法。谁料到在这绵延百里的葡萄产区,总是她的葡萄最先卖完。这种给人自由、任其选摘的做法使设计师深受启发。回到住地,他给施工部拍了份电报:撒上草种,提前开放。在游乐园提前开放的半年里,草地被踩出许多小路,有宽有窄,方便自然。后来,设计师让人按照踩出的痕迹铺设了人行道。1971年,在伦敦国际园林建筑艺术研讨会上,该游乐园的路径设计被评为世界最佳设计。 【任务】 阅读材料,分别从正向和逆向两个角度思考该设计师的独到之处。	【学生表现】 组织学生以小组为单位分别从正向思维和逆向思维两种思维方式的角度思考设计师的设计。 【教师评析】 注意引导学生把握正向思维的正确性和合理性。按照正向思维,一个无人管理的葡萄园即使在无人竞争的情况下也容易荒芜。但是,老太太选择只要每人付5法郎就可以带走一篮葡萄的方式,让葡萄园获得生机并且销售迅速。这是对逆向思维的合"理"运用。正向思维与逆向思维是客观对象的内在矛盾在人们思维中的反映。逆向思维的反向是有合理性的思维反向。不顾客观规律,盲目地"反向"不但难以实现创新,还可能付出相应的代价。设计师受老太太管理葡萄园的方式的启发,在游乐园完工之际不再纠结于路径的设计,而是转换思路,用草地留下踩踏痕迹记录人们的游玩路径习惯,设计出符合游客需求的路径,从而大获佳绩。不知道正向思维就不了解逆向思维。我们只有掌握了正向思维的"正",即人们已有的对事物常规认识的成果,才能够合理有效地进行逆向思维的"逆",即对已有的常规认识作反向思考。 因此,对正向思维和逆向思维的充分了解和把握是巧妙转换两种思维方式的前提。	本环节要解决以下问题: ①把握逆向思维的合"理"性。 ②理解思维正逆互补的意义。

续　表

活动与议题	情境与任务	表现与评析	教学提示
【议题2】 发挥思维正逆互补的作用	【情境2】 【探究与分享】(教材第112页) 光学上把镜像失真叫作像畸变。正畸变使物体图像变宽,负畸变使物体图像变窄。正畸变可以影响负畸变,负畸变也可以影响正畸变。变形宽银幕电影,把光学上的正畸变和负畸变结合在一起。电影拍摄时,把一个宽大的场景变成细窄的压缩画面。放映时,使细窄的压缩画面还原成大场景,获得普通电影所不具有的视觉效果。 【任务】 查找资料,说说哪些科技发明是通过思维的正逆互补方式实现的。	【学生表现】 学生交流与讨论,分享各自的想法。 【教师评析】 观察并综合分析学生的观点。引导学生思考在变形宽银幕电影的发明过程中创新思维方法的运用以及正向思维与逆向思维的具体表现。材料中说明了光学上正畸变与负畸变及二者间的关系,阐释了变形宽银幕电影正是因为把光学上的正畸变和负畸变结合在一起,才获得了普通电影所不具有的视觉效果。教材中也阐明,正逆互补,携手共进。逆向思维并非总比正向思维的效果好。究竟哪种思维的效果好,取决于具体情况,并不是时时处处都要逆向思考。有意识地将两个或多个对立面联系在一起思考,正反补充,可以打破单方面性质的限制,避免思维的僵化和极端化,更有可能发现事物的新功能和新作用,产生创新性的成果。而生活中思维的正逆互补案例也比比皆是,比如疫苗的发明。天花是由天花病毒引发的传染病,曾严重危害人类的生命健康。科学家研究发现,天花病毒易侵犯免疫力低的人,但是经常接触携带天花病毒奶牛的挤奶工却不易感染天花。原因是奶牛携带的天花病毒,毒性较低,非但不会危害人类的健康,还能激发人类对于天花病毒的免疫能力。科学家运用正逆思维的互补作用,发明了"牛痘"疫苗,并广泛为健康人群接种,从而预防了天花疾病。	本环节要解决以下问题: ①正确理解逆向思维的合"理"性。 ②辩证认识思维正逆互补的关系。
总　结	【任务指向】 不同路向的思维在创新中有何作用?	【学生表现】 学生交流与分享,并尝试进行归纳总结。 【教师评析】 引导学生对本单元已经学习过的思维方式进行回顾,带领学生总结:创新思维是有方向的,是以问题为导向的。在创新思维的过程中,人们运用发散思维与聚合思维、逆向思维与正向思维等多路向的思维方法,目的在于从不同的方向和角度认识事物,以求获得常规思路难以得到的新认识。因此,不同路向的思维方法之间不是彼此孤立、相互排斥的,而是相辅相成、相得益彰的。	本环节要解决以下问题: 回顾和总结创新思维的多路向性质。

资源与拓展

1. 画出本框内容的思维导图，谈谈逆向思维的含义、特征和方法。
2. 组建一个学习小组，以数学或者物理学科的相关内容为主题探讨逆向思维在其中所起的作用。
3. 寻找生活或者学习中你认为可以发挥思维的正逆互补作用从而实现创新的议题，与同学们分享。

疑难解答

逆向思维不等于盲目地“反向”。

逆向思维应当合“理”。这里的“理”指的是事物发展的客观规律，即世界上的万事万物不以人的意志为转移的本质属性及其必然性联系。逆向思维应当合“理”，是指我们在运用逆向思维分析问题时，应以事物发展的客观规律为基础和依托，不能想当然地认为，无论在什么情况下都可以进行逆向思维，在任何环境下都应该运用逆向思维。如果我们不顾事物发展的客观规律，盲目地“逆向”，不仅难以实现思维创新的目的，还可能付出惨重的代价。

第十三课 创新思维要力求超前

第一框 超前思维的含义与特征

课标链接

这一框题与《普通高中思想政治课程标准(2017年版2020年修订)》选择性必修3《逻辑与思维》"4.4"相对应:"体会超前思维是对常识局限性的突破和超越;把握超前思维的探索性、预测性特点。"从教科书的内容看,这一框在呈现课标规定的内容的基础上,还作了补充,强调超前思维要具有超前意识,并提出超前思维具有不确定性的特点。

背景分析

凡事预则立,不预则废。国家要规划远景发展目标,学生要筹划未来的生活、学业方向。立足现实,运用超前思维提前规划未来,不仅可以应对未来的困难,也可以助益事情的有序发展,甚至还可推进某些领域的创新。学好、用好创新思维离不开超前思维。在学习了联想思维、发散思维与聚合思维、逆向思维的基础上,再认识立足于超前意识的一种创新思维方式,可以引导学生从了解超前思维的真实事例出发,感受超前思维的益处与优势,再逐渐深入思考"超前思维"的客观依据、含义和特征。

学习目标

这一框题的学习目标是要弄清楚超前思维究竟是一种怎样的思维方式,作为一种"先知先觉"的思维方式,超前思维具有哪些具体特征。在此基础上,提示学生要培养超前意识,要善于反思、勇于质疑。本课是"逻辑与思维"课程的最后一课,要引导学生对"后知后觉""不知不觉"的思维进行反思,帮助学生立足现实,用超前思维规划美好未来。

重点难点

1. 重点:理解超前思维的含义,重视培养超前意识。

2. 难点:了解超前思维的表现和特征。

课前准备活动

我国非常重视在国家治理中运用超前思维,既重视超前规划,通过五年规划对国家建设进行设计;也强调居安思危、下好"先手棋",注重防范"黑天鹅""灰犀牛"事件的发生。请学生在课前了解"十四五"规划、2035年远景目标,选择自己感兴趣的方面,在课上与同学分享。

教学设计

活动与议题	情境与任务	表现与评析	教学提示
导 入	播放都江堰治理前后的对比图片与视频。 【任务】 都江堰的总设计师李冰是如何构造这一宏大工程的。	【学生表现】 学生交流与讨论，发表各自的想法。 【教师评析】 引导学生从思维的角度思考。事物的发生和发展有其规律性，人的思维对事物的反映具有能动性。思维在某种程度上能够对事物的发展趋势作出预测。超前思维是在多角度、全方位地分析事物的历史和现状的基础上，从事物发展的现实情况出发，认识和把握事物的发展状态，运用合理的推理和想象，判断事物未来发展趋势的思维方式。都江堰的总设计师李冰正是分析了原先设计的弊端，结合特殊的地理位置与环境，多角度的思考加以反复推演，最终建成闻名于世的水利工程。	本环节主要是调动学生对认识超前思维的兴趣，初步了解并认识超前思维的表现和方法。
【议题1】 超前思维的含义与客观基础	【情境1】 【探究与分享】(教材第113页) 刘备三顾茅庐，见到诸葛亮之后说：“汉室倾颓，奸臣窃命，主上蒙尘。孤不度德量力，欲信大义于天下，而智术浅短，遂用猖蹶(獗)，至于今日。然志犹未已，君谓计将安出?”诸葛亮说：“今操已拥百万之众，挟天子而令诸侯，此诚不可与争锋。孙权据有江东，已历三世，国险而民附，贤能为之用，此可以为援而不可图也。荆州北据汉、沔，利尽南海，东连吴会，西通巴、蜀，此用武之国，而其主不能守，此殆天所以资将军，将军岂有意乎？益州险塞，沃野千里，天府之土，高祖因之以成帝业。刘璋暗弱，张鲁在北，民殷国富而不知存恤，智能之士思得明君。将军既帝室之胄，信义著于四海，总揽英雄，思贤如渴，若跨有荆、益，保其岩阻，西和诸戎，南抚夷越，外结好孙权，内修政理；天下有变，则命一上将将荆州之军以向宛、洛，将军身率益州之众出于秦川，百姓孰敢不箪食壶浆以迎将军者乎？诚如是，则霸业可成，汉室可兴矣。” 【任务】 在刘备尚不能立足时，诸葛亮为什么说他可以“三分天下有其一”?	【学生表现】 学生分小组交流，并汇报各自观点。 【教师评析】 留心观察学生的讨论动态，引导学生“知其意”从而“明其理”。 首先，超前思维的基础在于多角度、全方位地分析事物的历史和现状。诸葛亮之所以能够作出“三分天下有其一”的超前判断，源于他对时局的多角度、全方位分析。其次，超前思维要认识和把握事物的发展状态。诸葛亮运用超前思维认识和把握了豪杰并起的发展态势，主要包括“操已拥百万之众，挟天子而令诸侯”“孙权据有江东，已历三世，国险而民附”。事物的发生和发展有其规律性，人的思维对事物的反映具有能动性，这是超前思维能够认识和把握事物发展状态的内在机理。最后，超前思维要运用合理的推理和想象，判断事物未来发展趋势。 诸葛亮认为“操已拥百万之众，挟天子而令诸侯”，进而推理得出“诚不可与争锋”；“孙权据有江东，已历三世，国险而民附”，进而推理得出“可以为援而不可图”。这表明诸葛亮运用合理的推理判断事物未来的发展趋势。此外，诸葛亮还为刘备提出先取荆州为家，再取益州成鼎足之势，继而图取中原的战略构想，这体现了超前思维运用推理和想象以判断事物未来发展趋势。这些预测，既是从事物发展的现实情况出发，也是运用了合理的推理和想象，从而把握了事物的发展态势。	本环节要解决以下问题： ①理解超前思维的含义。 ②理解超前思维的客观基础。

续　表

活动与议题	情境与任务	表现与评析	教学提示
【议题1】 超前思维的含义与客观基础	【情境2】 中医药学博大精深，是中华优秀传统文化的代表，其中“治未病”是中医药学的重要思想。《黄帝内经》中《素问·四气调神大论》记载：“是故圣人不治已病治未病，不治已乱治未乱，此之谓也。夫病已成而后药之，乱已成而后治之，譬犹渴而穿井，斗而铸锥，不亦晚乎？”这句话的意思是，圣人不等病已经发生再去治疗，而是在疾病发生之前就治疗，如同不等到战乱已经发生再去治理，而是在它发生之前就治理。如果疾病已发生，然后再去治疗，乱局已经形成，然后再去治理，那就如同临渴而掘井，战乱发生了再去制造兵器，那就太晚了。 【任务】 材料中体现的是怎样的思维方式，有什么具体表现？	【学生表现】 学生运用头脑风暴法展开小组讨论。 【教师评析】 对学生给出的答案进行简要点评。中医讲究“治未病”，国家讲究“不治已乱治未乱”。我国古人对超前思维十分重视，在很多事情上做到了“先知先觉”，并且总结出了规律性的认识。总结来说，思维落后于事物发展状况，是所谓的“后知后觉”或者“不知不觉”，而能够对事物发展情况作出正确预测的，人们将这种现象称为“先知先觉”。“先知先觉”是超前思维的表现。另外，超前思维是有超前意识的思维。超前意识是不满足于现状的意识，是居安思危的意识，是自觉地站得更高、看得更远的意识，是追求事物发展更好、更优、更强的意识。善于反思、勇于质疑是超前意识的基本品质。没有反思，不敢质疑，就不会有超前意识，更不会有超前思维。	本环节要解决以下问题：把握超前思维的表现。
【议题2】 超前思维的特征	【情境1】 【探究与分享】（教材第115页） 早在1987年，邓小平就为中国特色社会主义现代化建设提出了三步走发展战略目标，党的十三大明确而系统地阐述了这一发展战略。第一步，实现国民生产总值比1980年翻一番，解决人民的温饱问题。第二步，到20世纪末，使国民生产总值再增长一倍，人民生活达到小康水平。第三步，到21世纪中叶，人均国民生产总值达到中等发达国家水平，人民生活比较富裕，基本实现现代化。 【任务】 中国特色社会主义进入新时代，全面建成小康社会已经进入决胜阶段。回顾邓小平当初的设想，谈谈他的思维方式具有什么特点。	【学生表现】 学生发表各自不同的看法，进行交流与分享。 【教师评析】 材料中邓小平立足当时中国现实，对未来中国的发展作出规划和预测，提出了中国特色社会主义现代化建设分三步走的发展战略。依此为例，帮助学生了解超前思维的探索性、预测性等特征。 首先，中国特色社会主义进入新时代，党中央提出，将我国从2020年到本世纪中叶的发展分为两个阶段来安排。这“两个阶段”的安排与邓小平当年提出的三步走战略是一脉相承的，充分体现了超前思维的探索性特征。超前思维的探索性，体现在超越事物的现实状况而构想事物发展的可能趋势。其次，中国特色社会主义现代化建设三步走发展战略，大胆预测到21世纪中叶，我国人均国民生产总值达到中等发达国家水平，充分体现了超前思维的预测性特征。相对于事物发展的现状而言，超前思维可以实现某种程度的“事先得知”。中国特色社会主义已经进入新时代，我国现代化建设三步走发展战略完成了前两步，以客观事实有力地说明了三步走发展战略的超前性和科学性。	本环节要解决以下问题：掌握超前思维的探索性、预测性的特征。

续 表

活动与议题	情境与任务	表现与评析	教学提示
【议题2】 超前思维的特征	【情境2】 1927年大革命失败后，中国革命的力量大为削弱。在秋收起义后不久，有人提出“红旗到底能打多久”的疑问。面对这种悲观的论调，毛泽东鲜明地提出：“星星之火，可以燎原。”他用极富想象力的语言作了精辟的比喻：“它是站在海岸遥望海中已经看得见桅杆尖头了的一只航船，它是立于高山之巅远看东方已见光芒四射喷薄欲出的一轮朝日，它是躁动于母腹中的快要成熟了的一个婴儿。”充满激情且形象的语言，揭示了深刻的革命哲理，包含了美好的理想信念，给人们以巨大的鼓舞。 【任务】 依据材料，谈谈如何理解超前思维的不确定性？	【学生表现】 学生分小组进行交流与分享，并派代表总结观点。 【教师评析】 引导学生阅读材料，启发学生思考，科学推理，求得真知。历史事实验证了毛泽东对中国革命未来前途的推断，中国革命的确实现了从“星星之火”到“燎原之势”的胜利，这体现了超前思维具有预测性的特点。需注意的是，由“星星之火”到“燎原之势”，需要满足很多条件，因此，二者之间是可能性的关系，而不是必然性的关系。由此引出下文超前思维具有不确定性的内容。 教材着重从客观和主观两个方面论述了超前思维具有不确定性的原因：从客观方面看，超前思维指向未来，但未来并不是现实的单向直线的延伸，而是存在多向变化的可能性；从主观方面看，人们对事物发展规律的把握有正确与错误、深刻与肤浅之分，事物在其发展过程中会受到各种各样的不可预料的环境和因素的影响，事物发展的具体状况不一定完全按照人们事先预测的方式展开。由此得出，要提高超前思维预测推断的科学性和准确性，需要人们立足实践活动，充分认识和把握事物的规律，创造有利的条件，促使事物向有利于人们预测的方向发展。	本环节要解决以下问题：超前思维具有不确定性。

续　表

活动与议题	情境与任务	表现与评析	教学提示
总 结	【任务指向】 概括超前思维的要义。	【学生表现】 学生交流与分享，并根据思维导图进行归纳总结。 【教师评析】 超前思维具有探索性。超前思维是建立在对事物发展的历史和现实把握之上的，却又不局限于事物的过去和现在的存在状况，而是对认识中落后的、过时的、丧失优势的东西予以否定，肯定其中进步的、先进的、有价值的东西，并在此基础上构想事物发展的可能的趋势。超前思维具有预测性。思维具有能动性，能动的思维能够在头脑中创造观念的对象。超前思维正是利用思维的创造性，超越了事物发展的具体时间和空间，以及事物发展的具体环节，在头脑中推想事物发展的未来情况。相对于事物的现状而言，超前思维的结果具有“事先得知”的特征。超前思维具有不确定性。超前思维指向未来，但未来并不是现实的单向直线的延伸，而是存在多向变化的可能性。	本环节要解决以下问题： ①正确把握超前思维的要义。 ②科学地运用超前思维。

资源与拓展

1.画出本框的思维导图，谈谈你对超前思维的内涵的理解。

2.结合中国特色社会主义的发展史、中国共产党的发展史等相关知识，查找能够体现超前思维特征的典型事例，分析并分享其中的超前思维。

3.品读本框内容，结合必修一《中国特色社会主义》教材，谈谈“十四五”规划中哪些方面体现了超前思维。

疑难解答

1.超前思维具有重要的创新功用。

创新思维是具有主观能动性的思维，特指人们在实践中破除迷信、超越陈规，有所发现、有所发明的思维活动。超前思维是在多角度、全方位地分析事物的历史和现状的基础上，从事物发展的现实情况出发，认识和把握事物的发展状态，运用合理的推理和想象，判断事物未来发展趋势的思维方式。具有科学性、准确性的超前思维能够管控事物发展的不确定性，进而能够引导事物朝人们预测的方向发展，具有重要的创新意义。

2.正确把握超前思维的不确定性。

首先，未来具有不确定性，超前思维指向未来，因而超前思维具有不确定性。未来不是现实的单向直线的延伸，而是存在多向变化的可能性。其次，人们对于事物发展规律的把握，以及事物发展过程本身具有不确定性，导致超前思维对事物发展的预测也有不确定性。人们对事物发展规律的把握有正确与错误、深刻与肤浅之分，事物在其发展过程中会受到各种各样的不可预料的因素的影响，事物发展的具体状况不一定完全按照人们事先预测的方式展开。因此，要提高超前思维的科学性、准确性，管控事物发展的不确定性，推动事物朝人们预测的方向发展。

第二框　超前思维的方法与意义

课标链接

这一框题与《普通高中思想政治课程标准(2017年版2020年修订)》选择性必修3《逻辑与思维》"4.4"相对应："了解创造性预测事物发展态势的意义。"从教科书的内容看，这一框在呈现课标内容的基础上，补充了掌握超前思维的具体方法。

背景分析

本课是本单元也是本册教材的最后一课，核心内容是超前思维的具体方法，承担了总结单元内容、提升创新思维方式的任务。在上一课中我们了解并认识了超前思维的含义与特征，这节课主要任务在于把握方法、领会意义。超前思维是有超前意识的思维。人人都说要提前规划好生活、学业和事业。提前规划能够减少很多困难，也可以让每件事都有条不紊地进行，甚至可以快人一步实现某一领域的创新。古往今来，能够成功者大多是那些具有创新意识、懂得如何去正确思考、善于超前发展的人。因而，培养中学生的超前思维，也是服务青少年未来人生发展的需要。

学习目标

这一框的目标是把握超前思维的方法和意义。在学习超前思维的含义与特征的基础上，教育学生掌握超前思维的方法，并从方法运用的实践中克服超前思维的不确定性，体会超前思维的积极意义。本框在贯通逻辑思维、辩证思维的基础上，融汇了联想思维、发散思维与聚合思维、逆向思维与正向思维，在更高的水平上认识创新思维方式，以求更好地实现创新。

重点难点

1. 重点：把握超前思维的方法。

2. 难点：领会超前思维在哲学层面和现实层面的意义。

课前准备活动

党的十八大以来，以习近平同志为核心的党中央着眼党和国家发展全局，坚持大历史观，以高超的政治智慧、宏阔的战略格局、强烈的使命担当，以疏解北京非首都功能为"牛鼻子"，制定了推动京津冀协同发展的重大国家战略。在京津冀协同发展领导小组的直接领导下，经过反复论证、多方比选，党中央和国务院决定设立雄安新区。请你从网上查阅相关政策、浏览图片与视频，想一想党中央和国务院的这一决策内含什么思维，有何意义，对你又有何启发。

教学设计

活动与议题	情境与任务	表现与评析	教学提示
导 入	材料一：老来疾病都是壮时招得；衰时罪孽都是盛时作得。 ——《菜根谭》 材料二：习近平总书记指出：中国经济是一片大海，而不是一个小池塘……没有风狂雨骤，那就不是大海了。狂风骤雨可以掀翻小池塘，但不能掀翻大海。经历了无数次狂风骤雨，大海依旧在那儿！经历了5000多年的艰难困苦，中国依旧在这儿！面向未来，中国将永远在这儿！ 【任务】 上述材料给你什么启发？	【学生表现】 学生交流与讨论，发表各自的看法。 【教师评析】 材料一中的古语体现了古人对超前思维的领悟：人到老年时所生的疾病，都是年轻力壮时留下的病根；家道衰败以后遭受的困苦，都是家道兴盛时种下的祸根。 材料二中习近平总书记的论述则代表了当代中国共产党人对于国家、民族未来发展情势的超前分析：我们必须清醒认识到，中华民族伟大复兴绝不是轻轻松松、敲锣打鼓就能实现的。我们面临着难得的机遇，也面临着严峻的挑战。“度之往事，验之来事，参之平素，可则决之。”在这个关键当口，容不得任何停留、迟疑、观望，必须不忘初心、牢记使命，一鼓作气、继续奋斗。	本环节主要是调动学生对超前思维方法的兴趣。
【议题1】 超前思维的方法	【情境1】 【探究与分享】(教材第116页) 全面抗战爆发后，亡国论者说什么“中国武器不如人，战必败”，而革命阵营内部的盲目乐观派却低估了日本帝国主义的力量，认为“只要打三个月，国际局势一定变化，苏联一定出兵，战争就可以解决”。毛泽东在《论持久战》中指出，中日战争是半殖民地半封建的中国和帝国主义的日本在20世纪30年代进行的一场决死的战争。这是对中日战争矛盾的总体分析。具体而言，“敌强我弱、敌退步我进步、敌小我大、敌寡助我多助”，这些矛盾决定了这场战争要经历防御、相持、反攻三个阶段。在不同阶段，我们应该采取不同的战略方针。经过持久战，最后胜利必然是中国的。 【任务】 毛泽东为什么说“最后胜利必然是中国的”？他得出这个结论采取了什么思维方法？	【学生表现】 学生分小组交流，并发表各自的观点。 【教师评析】 留心观察学生的讨论过程，及时就学生的观点进行评价。毛泽东对抗日战争中存在的矛盾的分析，既有“半殖民地半封建的中国和帝国主义的日本”之间矛盾的总体分析，又有“敌强我弱、敌退步我进步、敌小我大、敌寡助我多助”等具体分析。由此，他预测了战争要经历防御、相持、反攻三个阶段，并指出针对不同的具体阶段，要采取不同的战略方针。基于矛盾分析，毛泽东认为，经过持久战，“最后胜利必然是中国的”。毛泽东的超前思维就是用了矛盾分析方法。 任何事物、任何时候都存在矛盾，事物的内在矛盾是推动事物发展的内在动力，并决定事物发展的方向。矛盾分析方法是分析矛盾、解决矛盾的方法。用矛盾分析方法把握事物发展的内在矛盾，才能对事物发展的状况和趋势作出正确的判断和预见。所以，超前思维要实现“事先得知”的预测结果，就要运用矛盾分析方法。	本环节要解决以下问题：把握超前思维的矛盾分析方法。

续 表

活动与议题	情境与任务	表现与评析	教学提示
【议题1】 超前思维的方法	【情境2】 【相关链接】(教材第117页) 随着时代决策的科学化,对具体事件的预测往往采用定性预测和定量预测相结合的方法。定性预测是对事物发展状况的直观估计和评价,比如采取历史类比推测相关事件的走势等。定量预测是使用因素变量、统计数据,运用数学方法,比如回归分析方法、组合预测方法等,构建数学模型,借以揭示有关变量之间的规律性联系,用于预测和推测事件的未来发展情况。 【任务】 阅读材料,思考并概括定性预测和定量预测的含义及用途。	【学生表现】 学生分小组讨论并举例说明。 【教师评析】 对学生的举例进行简要点评。从材料中不难得知,定性预测是对事物发展状况的直观估计和评价。定量预测是使用因素变量、统计数据,运用数学方法构建数学模型,借以揭示有关变量之间的规律性联系。定性预测强调对事物未来发展趋势的根本性质的预判。定量预测侧重于对事物未来发展趋势的数量性描述即表现形式的预判。在学习中,我们可以运用定性预测和定量预测的方法跟踪本学期思想政治课程学习成绩的变化,从而及时调整学习方法。	本环节要解决以下问题:超前思维的定性预测和定量预测方法。
	【情境3】 习近平总书记在一系列讲话和文章中,用“五个过程”和“五个要求”简明而深刻地概括了调查研究的科学内涵和基本要求。“调查研究是一个了解情况的过程”,真正搞清楚本地区本部门本单位的实际情况,真正搞清楚影响改革发展稳定的突出问题,真正及时了解人民群众的所思所盼,必须深入调查研究,多层次、全方位、多渠道调查了解情况,做到耳聪目明、心中有数。“调查研究是一个联系群众、为民办事的过程”,“通过深入基层、深入实际、深入群众”,“了解群众在想什么、盼什么、最需要我们党委、政府干什么”,“调查研究是一个推动工作的过程”,政策实施后要跟踪反馈,发现问题要及时调整完善。 【任务】 结合材料,想一想调查研究有什么重要性?	【学生表现】 学生发表各自的观点,交流与讨论。 【教师评析】 引导学生深入理解调查研究既是一种科学研究方法,也是中国共产党的“谋事之基、成事之道”。教材指出,超前思维建立在对事物发展情况的把握之上,而把握事物的发展情况离不开调查研究。没有调查就没有发言权。调查是有计划、有目的地了解事物的真实情况,研究是对调查得到的材料进行分析与综合,以便认识事物的本质和规律。只有通过调查研究,我们才能对事物作出正确的判断和预测。科学决策离不开科学的超前思维的支撑,更离不开正确的调查研究方法。	本环节要解决以下问题:超前思维的调查研究方法。

续　表

活动与议题	情境与任务	表现与评析	教学提示
【议题2】 超前思维的意义	【情境】 【探究与分享】(教材第117—118页) 为携手应对世界经济面临的挑战,开创发展新机遇,谋求发展新动力,拓展发展新空间,实现优势互补、互利共赢,2013年秋,习近平提出了共建“一带一路”倡议。共建“一带一路”符合各国实现联动和共同发展的普遍愿望,与欧盟“欧亚互联互通战略”、俄罗斯“欧亚经济联盟”、蒙古国“发展之路”、哈萨克斯坦“光明之路”、波兰“琥珀之路”等重大发展规划战略对接。“一带一路”是一条和平之路、繁荣之路、开放之路、绿色之路、创新之路、文明之路。它逐渐从理念转化为行动,从愿景转化为现实,从谋篇布局的“大写意”走向深耕细作的“工笔画”新阶段。共建“一带一路”的国际影响力正在不断显现,在国际舞台上发挥着越来越重要的作用。 【任务】 了解共建“一带一路”的情况,从超前思维的角度分析提出共建“一带一路”倡议的深远意义。	【学生表现】 学生以小组为单位交流思考结果。 【教师评析】 引导学生总结得出:共建“一带一路”倡议运用了超前思维,利用其前瞻性功能,可以事先得知而下先手棋,掌握应对事物变化发展的主动权。首先,共建“一带一路”,对于应对世界经济困境,开创中国和世界发展的新机遇,谋求发展新动力,拓展发展新空间,实现不同国家之间的优势互补与互利共赢有着重大意义。其次,它是朝着人类命运共同体方向迈进的和平之路、繁荣之路、开放之路、绿色之路、创新之路、文明之路,也让越来越走近世界舞台中央的中国国际影响力不断得到显现,让新时代的中国在国际舞台上发挥越来越重要的作用。最后,以“一带一路”倡议为例阐明超前思维不仅有助于人们能动地认识世界,也有助于人们趋利避害、防患于未然,成功地改造世界。 超前思维能发挥其探索性和预测性功能使人把握事物发展状态,帮助人们规划和调整思路,从而进行正确的决策,抓住有利的发展机遇。	本环节要解决以下问题:领会超前思维的意义。
总　结	【任务指向】 总结概括超前思维的意义。	【学生表现】 学生交流与分享,并根据思维导图归纳总结。 【教师评析】 培养超前意识,提高超前思维水平。超前思维的前瞻性功能,有利于我们规划成长成才的方案,有利于企业开发供给侧的产品和市场,有利于社会绘制更为全面合理的服务蓝图,有利于国家和民族进行科学的顶层设计和整体谋划,推动经济社会持续健康发展。	本环节要解决以下问题:概括运用超前思维的意义。

资源与拓展

1. 画出本框的思维导图，谈谈你对超前思维的方法和意义的理解。

2. 结合本课知识，搜集现实生活、国家决策中有关调查研究方法的典型事例，一起分享其中的思维方法。

3. 品读本框内容，观看《一带一路》纪录片，请你谈谈“一带一路”于国于民有哪些具体好处。

疑难解答

1. 把握事物的内在矛盾并运用矛盾分析法是展开超前思维的前提条件。

首先，矛盾是普遍存在的，矛盾是推动事物发展的内在动力。矛盾无时不有、无处不在。其次，矛盾分析方法是分析矛盾、解决矛盾的方法。超前思维是指向事物发展趋势的，矛盾是事物发展的内在动力，因此，超前思维一定要聚焦矛盾，抓住矛盾，分析矛盾进而解决矛盾。总的来说，矛盾分析方法就是围绕矛盾，分析矛盾、运用矛盾、解决矛盾，进而预测事物发展趋势的方法。这种方法与超前思维的内核高度匹配、因而是培育超前思维应当掌握的基本方法。最后，把握事物的内在矛盾是运用矛盾分析法展开超前思维的前提条件。矛盾是推动事物发展的内在动力，矛盾分析方法是聚焦矛盾、运用矛盾并预测事物发展趋势的方法。超前思维之所以具有科学性、准确性，能够克服不确定性，关键在于把握住了事物的内在矛盾，用好了矛盾分析的方法。

2. 超前思维要运用推理和想象等多种思维方式。

首先，超前思维预测事物未来发展趋势，需要运用定性预测和定量预测相结合的方法。超前思维是能够预测事物未来发展趋势的“先知先觉”。定性预测和定量预测是开展预测的具体方法。其中，定性预测是对事物发展状况的直观估计和评价的方法，如气象预报明天将会降温或升温。定量预测是使用因素变量、统计数据，运用数学方法，借以揭示有关变量之间规律性联系的方法，如气象预报明天将降温10℃或升温5℃。定性预测方法强调对事物未来发展趋势的根本性预判；而定量预测侧重对事物未来发展趋势的数量性描述即表现形式的预判。在实际运用中，将定性预测和定量预测相结合，有助于实现现代决策的科学化。其次，运用推理的方法有助于超前思维把握事物的因果关系。推理是逻辑思维的基本形式，无论是演绎推理还是归纳与类比推理，都是通过一个或几个已知的判断(前提)推出新判断(结论)的过程，有效推理既能够从结果倒推出原因，也能够从原因推理出未来的结果。超前思维是指向未来的思维方式，恰恰需要从眼前的事实也就是原因，推导出事物未来发展的状况也就是结果，这就是在把握事物的因果联系。最后，运用想象的方法有助于超前思维弥补前提条件的不足。想象是联想思维的“畅想”方式，是在头脑中对已有的事物表象进行加工、改造，通过重新组合而产生新的事物形象的思维过程。事物的未来发展受诸多因素的影响，人们基于现实展开超前思维预测事物未来的发展势必受到前提条件不充足等因素的影响，这时，运用想象的方法展开思维“畅想”，可以对有限的前提条件加以完善、丰富，从而弥补超前思维所需前提条件的不足。

综合探究　结合社会实践　勇于开拓创新

教学提示

搜集科技发明背后的故事，了解科学家探究未知现象时的思维方法，尝试运用“头脑风暴”等创新思维方法和技巧举办创意大赛。

背景分析

本单元的三课内容讲解了创新思维的含义和特征，讲解了创新思维中的联想思维，以及如何自觉地进行迁移和想象开展思维联想。讲解了发散、聚合和逆反等不同路向的思维创新方式。最后，全书在超前思维的讲解中结束。学生学习了这些内容，对创新思维的含义和方法有了一定的了解，本单元综合探究活动就是要把他们所学的创新知识应用于学习和生活的实践，发挥“知识”改造主观世界和客观世界的力量。

学习目标

本单元是本课程思维知识学习的落脚点，即学习逻辑思维、辩证思维的知识，是为了实际应用，要化科学思维知识为解决实践问题有效和高效的思维方法。

重点难点

1. 重点：掌握创新思维的几种重要方法，活学活用，实现化科学思维知识为解决实践问题的有效和高效的方法。

2. 难点：将“知识”转化为能力，关键要看“知识”能否转化为解决问题的方法。不能转化为解决问题的方法，那样的“知识”就是“死”知识，不可能成为“活”的能力。

课前准备活动

复习本单元三课的内容，领会创新思维的要义和特征，理解联想思维中迁移、想象等方法，以及创新思维的多种路向，学会在把握事物历史的基础上预测事物发展的方向和趋势，用超前思维为未来学习和生活做好准备。

教学设计

<table>
<tr><th>活动与议题</th><th>情境与任务</th><th>表现与评析</th><th>教学提示</th></tr>
<tr>
<td rowspan="2">【议题1】
结合具体案例，体会联想思维的迁移或想象在问题解决中的运用</td>
<td>【情境1】
系鞋带太麻烦，人们发明了拉链。鞋带不值几个钱，但是手工制作的拉链价格很高，销路并不好。后来，一位服装店的老板把拉链用到钱包口上。有了这样的新用途，拉链逐渐受到大家的注意。1921年，美国富善公司首先在夹克衫上使用了拉链。1930年，法国时装设计师开始将拉链用在妇女的睡衣上。我国有人把拉链用在被罩的侧面，制成了“不用缝的被子”。治疗腹膜炎患者，要经常开刀去脓。某家医科大学的两位主治医师将“拉链”安到了患者的肚皮上，帮患者减轻了痛苦。
【任务】
1. 你能说出拉链还有哪些用途吗？
2. 从思维方式上看，拉链是如何推广的？</td>
<td rowspan="2">【学生表现】
很多学生能够回答这几个问题，但不一定能准确说出其中的道理。
【教师评析】
关于情境1，联想是打开创新思路的一把利刃。联想虽然不排除胡思乱想，但有目的地“联”和“想”更能够提高解决问题的效率。拉链被人们广泛使用在多种物品上，拉链的结构没有改变，功能却大大增加了。这是迁移性联想的结果。
关于情境2，这幅漫画很多人是看后一乐，但是漫画家为什么能够画出这幅让人一乐的漫画，其中说明了什么道理，这是我们要思考的。它的思维创新之处就是通过身边的猫抓取被风吹落到井里的帽子，这一便捷而又灵活的处理方式，不是常规思维所能够想到的，因此，它也是思维创新的结果。</td>
<td rowspan="2">本环节通过生活中平常性案例告诉学生，创新思维并不神秘，学习了创新思维知识，特别是联想思维知识后，要善于迁移和想象，发挥联想思维的作用。</td>
</tr>
<tr>
<td>【情境2】
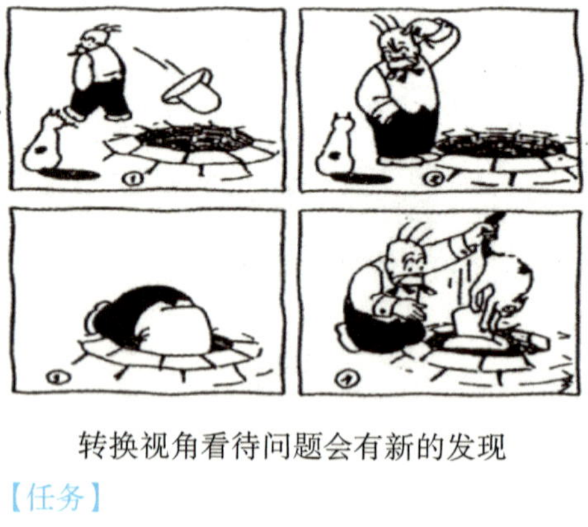
转换视角看待问题会有新的发现
【任务】
这幅漫画对你的思维有什么启发？
【任务指向】
联想思维如何开展？</td>
</tr>
</table>

续　表

活动与议题	情境与任务	表现与评析	教学提示
【议题2】 理解发散思维和聚合思维、正向思维和逆向思维的特征和方法，分析不同思维方式的依据和优势，领悟它们之间的互补作用	【情境1】 回形针(曲别针)有什么用？一般人只是把它当作一种文具。有人却能列举出3000种，甚至30000种用法。比如，可以用在衬衣口袋上，别住“服务员”或“小队长”等标签；可以用它代替发夹，夹住散乱的头发；也可代替领带夹子；假如有很多回形针的话，可以把它们联结起来，做成链条；可用它剔除地板和指甲缝里的脏东西；可以用它来作鱼钩；必要时，可以把整个回形针拉直，当作鞋带使用——穿过鞋带孔，再将它扭结起来；可以把回形针缝在窗帘布上端，代替窗帘圈；等等。 【任务】 关于回形针的用途，你能够想到多少？ 【情境2】 一位犹太商人来到纽约一家银行的贷款部，要求借贷1美元。银行经理很惊讶，但这又不违反贷款的规定。经理告诉那个犹太人，只要有抵押，借多少钱都可以。那位商人用50万元的股票、国债作为抵押，从银行贷出了1美元，并约定年息是6%，到期归还贷款和利息，银行返还抵押物。事后，经理向那个犹太人请教其中的奥秘。那个犹太人告诉他：“我是来纽约办事的，这些票证放在身上不安全，放到银行保险箱里租金又太贵，我就把它们作为抵押物存放到贵行里，而这最多不过交6美分的利息！” 【任务】 犹太商人的思维方式对我们有什么启发？ 【任务指向】 发挥不同路向的思维在创新中的作用。	【学生表现】 学生大都能够回答出情境1中的问题，但是对情境2中问题的回答不一定准确。 【教师评析】 由情境1而设问的任务，实际上是关于发散思维的问题。发散思维是以量求质，正如阿诺德·汤因比所说：“要获得一个好想法的最佳方式是拥有许多的想法。”如何拥有许多想法呢？发散思维是必不可少的路径。当然，在有限的时间内能否获得尽可能多的想法，也是一个人聪敏与否的体现。聪敏的衡量标准之一就是思维的流畅性，在有限的时间得到许多想法，不流畅是不行的。 由情境2设问的任务，要求运用逆向思维要考虑现实生活中的问题，不能违背法律和道德，要合理逆向。这个犹太人借贷1美元，的确很少，但这并不违反银行的贷款规定。逆向思维是反其道而行之，但是不论怎么反，其中的“道”是存在的。在情境2中，“道”就是银行的贷款规定。	本环节通过案例方式说明不同路向的创新思维方法可以贯通使用，不要把教科书上学习的不同框题的内容割裂开来，创新思维是以解决问题为目标，而不是以运用哪一种路向的思维为目标。

续 表

活动与议题	情境与任务	表现与评析	教学提示
【议题3】 把握超前思维的要义，理解超前思维的特征，体会其在创造性预测事物发展态势方面的意义	【情境】 北大方正的开创者王选教授主持研究的激光照排技术，使汉字印刷告别了铅与火的历史，进入光和电的时代，引发了全球范围报业、出版业又一场深刻的变革。在刚开始搞研究时，他从资料里得知，当时美国流行的是第三代照排技术，日本流行的是第二代照排技术，中国使用的技术早已过时了。在别人看来，我们只能沿着其他国家发展的路径，先研究第二代技术。王选不这样想。他认为，中国发展第二代技术的材料过不了关，寻找新的材料不容易。如果建立在电脑技术之上，抢先研究第四代照排技术，反而能后来居上。后来，通过软、硬件结合，用数学方法解决问题，王选获得了成功。 【任务】 从思维角度看，北大方正王选教授开创的激光照排技术为什么能够世界领先？ 【任务指向】 超前思维如何才能真正实现超前？	【学生表现】 学生会佩服王选教授的战略眼光，但这里的战略眼光所体现的思维方式，有些学生可能会忽视。 【教师评析】 超前思维与战略思维是相辅相成的。战略思维总是面向未来而规划的大策略。不论是超前思维还是战略思维，只要是真正能够起到正确地规划未来的作用，都必须认真分析现有的条件，以及事物发生发展的历史，只有掌握了事物发展的规律，才能正确预测事物发展的趋势。王选教授的创新思维体现在两个方面。一方面，在别人看来，只能沿着其他国家发展的路径，先研究第二代技术。而王选不走寻常路，另辟蹊径，跨越了跟在别人后面发展的阶段，直接走到别人的前面。另一方面，王选也是在分析了发展第二代、第三代技术的问题后才作出跨越发展决定的。这样的超前思维是有分析根据的超前，不是盲目乐观的超前。	本环节是全书的落脚点，也是创新思维教育中比较“新”的内容，要解决以下问题： ①要启发学生大胆设想，勇于超前。 ②要引导学生脚踏实地，有理有据、有把握地实现超前。